高等院校程序设计系列教材

C++程序设计简明教程

董鑫正　邓秀华　崔瀚文
任昌荣　汪元卉　滕国文　编著

清華大学出版社
北京

内 容 简 介

本书全面介绍 C++语言基础、过程化编程、面向对象编程和泛型编程的思想和理论。全书共 17 章，主要内容包括程序与主函数、基本类型与变量、运算符与表达式、流程控制、函数、多文件、数组、指针、引用与结构体、类与对象、C++标准库、构造函数、静态成员与友元、运算符重载、继承与多态、模板、输入/输出流。

本书提供电子课件和程序源码，以及配套在线练习和任务驱动的讲解视频。书中所有代码均在 Dev-C++ v6.7.5 环境下运行通过。

本书适合高等院校计算机及相关专业学生使用，可以作为程序设计基础和 C++程序设计课程的教材，也可以供编程爱好者学习程序设计使用。

图书在版编目（CIP）数据

C++程序设计简明教程 / 董鑫正等编著. -- 北京: 清华大学出版社, 2025.8. -- (高等院校程序设计系列教材). -- ISBN 978-7-302-69288-1

Ⅰ. TP312.8

中国国家版本馆CIP数据核字第20254FL168号

责任编辑： 袁勤勇　薛　阳
封面设计： 常雪影
责任校对： 刘惠林
责任印制： 刘海龙

出版发行： 清华大学出版社
网　　址： https://www.tup.com.cn，https://www.wqxuetang.com
地　　址： 北京清华大学学研大厦 A 座　　**邮　　编：** 100084
社 总 机： 010-83470000　　**邮　　购：** 010-62786544
投稿与读者服务： 010-62776969，c-service@tup.tsinghua.edu.cn
质 量 反 馈： 010-62772015，zhiliang@tup.tsinghua.edu.cn
课 件 下 载： https://www.tup.com.cn,010-83470236
印 装 者： 三河市铭诚印务有限公司
经　　销： 全国新华书店
开　　本： 185mm×260mm　　**印　　张：** 22.75　　**字　　数：** 557 千字
版　　次： 2025 年 8 月第 1 版　　**印　　次：** 2025 年 8 月第 1 次印刷
定　　价： 69.00 元

产品编号：110394-01

FOREWORD 前言

随着信息与人工智能技术迅猛发展，计算机编程已成为现代社会不可或缺的一部分。C++作为一种高效、灵活且功能强大的编程语言，广泛应用于系统软件、游戏开发、嵌入式系统等领域。本书旨在为读者提供一本系统而实用的 C++程序设计教程，帮助读者掌握 C++编程的基本概念、方法和技巧。

客观上，C++语言涵盖的知识点丰富密集，且强调实践操作。主观上，学习过程涉及读者思维模式的转变和行为习惯的培养。因此，对于初学者而言，要在短短一个学期内掌握 C++程序设计，无疑是一项充满挑战的任务。

本书以清晰的逻辑脉络，系统地构建了 C++程序设计的知识体系。以实践为驱动，以应用为导向，致力于帮助读者深入理解和掌握核心知识点，并通过实践强化对基本方法的熟练运用。书中通过提炼程序设计解决问题的具体思维模式，强化对计算思维的培养。同时，本书将 C++编程的概念和思想扩展到与个人息息相关的社会生活层面，旨在培养读者正确的价值观和优秀的职业素养，从而促进其全面成长和发展。

本书具有以下特色。

（1）横向分类，化繁为简。知识点横向上分为 4 列：函数、变量、流程控制和 C++标准库，所有知识点都能被归入这 4 个核心要素之下，视作它们各自的延伸和相互之间的组合交叉，如图 1 所示。通过这种方式，读者可以更清晰地理解每个知识点是如何与核心概念相联系的，从而促进知识的系统化和概念的深入理解。

（2）纵向分层，由浅入深。在纵向结构上，知识点自底向上分为 4 层：C++语言基础、过程化编程、面向对象编程、泛型编程。随着层次的提升，抽象程度也随之增加，以适应程序复杂性的递增，如图 1 所示。通过这种由浅入深的学习路径，读者将首先掌握语言的基本要素，然后逐层深入更抽象的编程范式，最终掌握程序设计的方法。

（3）竖向分面，知行合一。竖向垂直于横向与纵向组成的知识点平面，另外包含顶层的任务平面和中间层的模式平面，如图 2 所示。任务平面代表问题，包含各章的课内示例、课后练习和综合应用等；而模式平面则代表穷举、迭代、递归、排序、组合、继承、多态等解决问题的核心思想，在各章的小结中归纳总结。通过模式平面的桥梁作用，任务平面与知识平面之间的联系得以清晰展现。

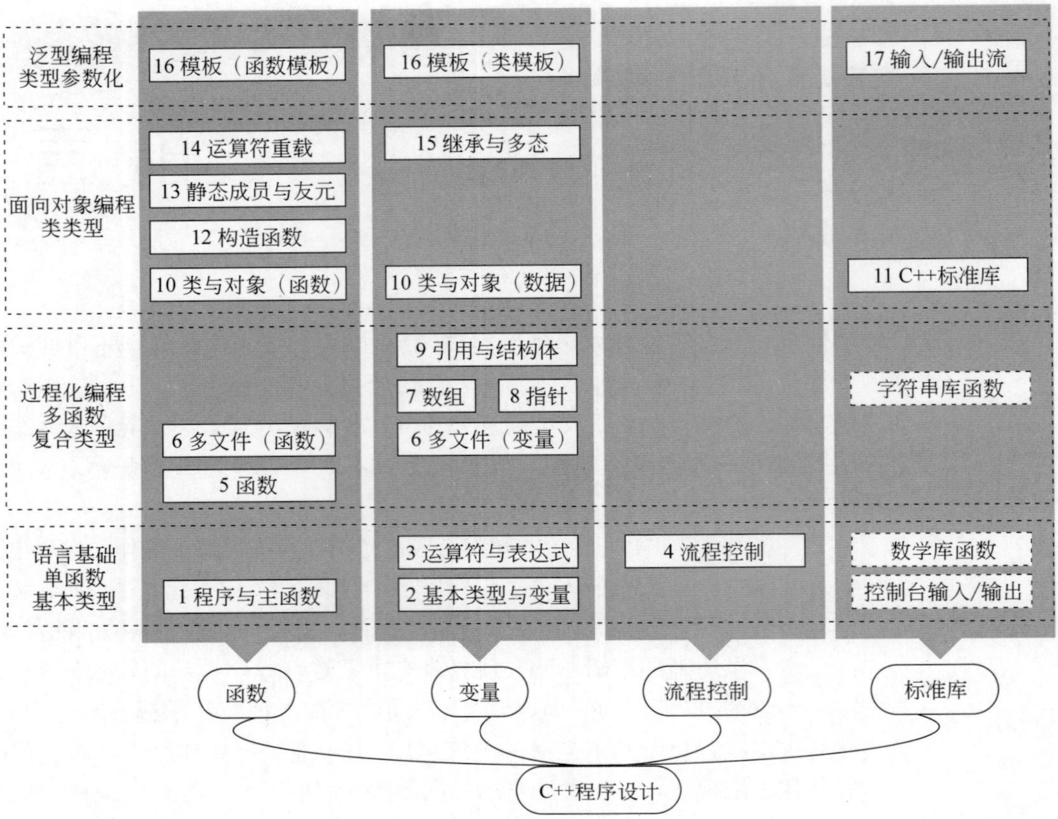

图 1　C++知识结构

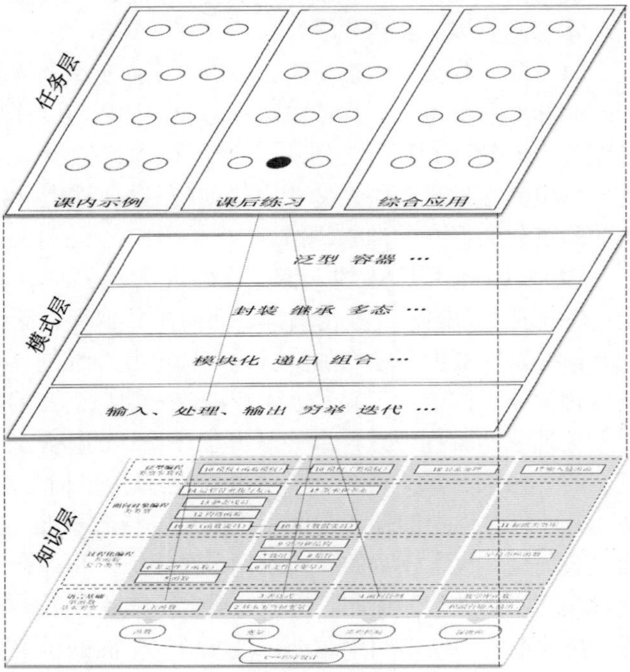

图 2　C++学习架构

（4）思维养成，资源配套。为了方便读者学习，本书采用通俗易懂的语言和清晰的逻辑结构。每个章节都精心设计了引言、小结和练习题，以引导读者深入理解、整理和巩固所学知识。在小结部分，特别加入了思维导图、思维模式和逻辑结构，旨在帮助读者更好地吸收和掌握章节要点。同时，还提供了配套的在线资源，包括电子课件、源代码和教学视频等，以便读者在学习过程中得到及时的帮助和支持。

本书共分为 4 部分，共 17 章。第 1 部分 C++语言基础，包括第 1 章程序与主函数，第 2 章基本类型与变量，第 3 章运算符与表达式，第 4 章流程控制。第 2 部分 C++过程化编程，包括第 5 章函数，第 6 章多文件，第 7 章数组，第 8 章指针，第 9 章引用与结构体。第 3 部分 C++面向对象编程，包括第 10 章类与对象，第 11 章 C++标准库，第 12 章构造函数，第 13 章静态成员与友元，第 14 章运算符重载，第 15 章继承与多态。第 4 部分 C++泛型编程，包括第 16 章模板，第 17 章输入/输出流。其中第 1、7～9、11、17 章由董鑫正编写，第 2～6 章由邓秀华编写，第 10、12 章由任昌荣编写，第 13、14 章由汪元卉编写，第 15、16 章由崔瀚文编写。本书编写过程中，得到了滕国文、吴志祥、吴方、宋小庆、敖丽敏、徐健等的帮助，在此表示感谢。

本书适合高等院校计算机类专业和相关专业学生使用，可以作为程序设计基础和 C++程序设计等课程的教材，也可以供编程爱好者学习程序设计使用。

限于编者水平，书中难免存在不足之处，恳请读者批评指正，提出宝贵的意见和建议，以便我们不断改进和完善。

作者

2025 年 6 月于珠海

高等院校程序设计系列教材

CONTENTS

目录

第1部分　C++语言基础

第 2 部分 C++过程化编程

第 3 部分 C++面向对象编程

第 17 章 输入/输出流 ············ 314

附录 A 常见编译错误分析 ······ 334

附录 B Dev-C++程序调试 ······ 346

参考文献 ············ 351

PART

第1部分

C++语言基础

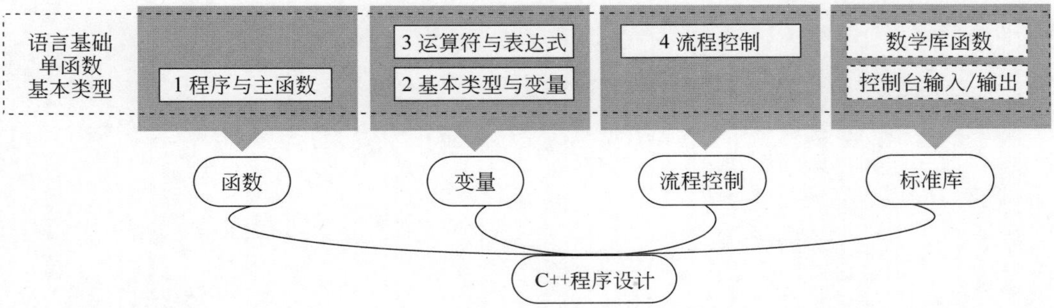

本部分将引入程序设计的三个核心要素：函数、变量和流程控制，并涉及控制台输入/输出、数学库函数等标准库工具的使用。从程序规模和复杂性角度来看，这一部分的主要特点是只涉及主函数和基本类型。

在C++程序设计语言中，简单程序通常由若干函数组成，其中，主函数是程序的入口。变量用来存储数据，创建变量时必须指定其数据类型，而数据类型则代表数据的含义和数据支持的操作。操作数包括变量、常量和字面量，操作符表示对操作数的具体操作，操作数经由操作符的连接形成表达式。除了顺序执行代码外，流程控制还包含分支和循环结构，它们允许程序有条件地执行或重复执行一组操作。这些内容构成了C++语言的入门基础。

本部分包含的章节如下。

第1章　程序与主函数

第2章　基本类型与变量

第3章　运算符与表达式

第4章　流程控制

第 1 章
程序与主函数

程序是什么？一个程序的入口在哪里？如何编写并运行程序？

通过本章的学习，读者将理解程序的概念，了解 C++语言的特点，掌握 C++程序的入口函数和一般处理流程，掌握 C++开发环境的使用。

课程思政

个人成长：程序有入口，课程有起点，鼓励学生以积极的态度迎接个人成长旅程中这一充满机遇与挑战的崭新起点。

1.1 程序及其表示

程序（Program）是一系列指令的集合，这些指令定义了计算机执行特定任务时所遵循的步骤。计算机硬件提供了程序执行的物理环境，两者一起组成了计算机系统。作为系统基础的计算机，其工作原理是什么？

程序是用程序设计语言编写的，用于解决具体问题或实现特定功能，例如，数学计算、数据处理、用户交互、设备控制等。程序有哪些形式？程序的具体组织结构是什么？

1.1.1 计算机

计算机是一种能够接收、处理并存储数据，然后输出信息的电子设备。它通过执行预设的程序来完成各种复杂任务。现代电子计算机的工作原理基于冯·诺依曼体系结构，如图 1-1 所示。冯·诺依曼体系结构由匈牙利裔美国科学家约翰·冯·诺依曼提出，它定义了计算机的基本组成部分和工作流程，主要特征如下。

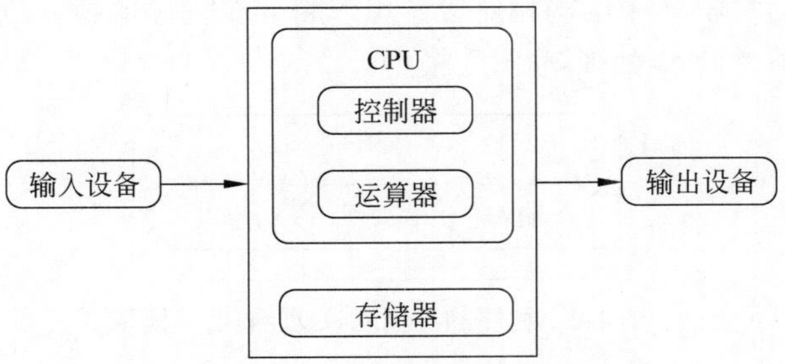

图 1-1　冯·诺依曼体系结构

1. 5 大组件

冯·诺依曼体系结构定义了计算机的 5 个基本组成部分。

运算器：执行各种算术和逻辑运算操作的部件。

控制器：负责协调和控制其他各部件的工作。与运算器组成了中央处理器，负责执行指令。

存储器：用于存储当前正在执行的程序和数据。

输入设备：允许用户向计算机输入数据和指令，如键盘、鼠标等。

输出设备：用于显示或输出计算结果，如显示器、打印机等。

2. 存储程序概念

计算机的指令集可以存储在计算机内部的存储器中，这意味着程序可以像数据一样被处理，从而实现了程序控制的灵活性和通用性。

3. 二进制系统

冯·诺依曼架构使用二进制数表示数据和指令，简化了电路设计，提高了计算机的计算速度和可靠性。

计算机的硬件架构不仅为计算机程序执行提供了物理环境，而且深刻影响着计算机程序的运行机制和组织结构。

1.1.2 计算机程序

“程序”一词在不同的语境中可能代表不同的含义。源程序、可执行程序、运行中的程序是程序从编写到执行过程中的三个关键阶段，它们分别代表了程序的不同状态和形式。

源程序（Source Code）：源程序是指用高级编程语言（如 C、C++、Java、Python 等）编写的源代码，它包含开发者为了实现特定功能而设计的逻辑和算法。源程序是人类可读的，通常需要通过编译或解释才能转换为计算机可执行的形式。

可执行程序（Executable Program）：可执行程序是源程序经过编译器或解释器处理后的结果。对于编译型语言，源程序会被编译器转换为目标代码，再将多个目标文件和库文件连接在一起，形成可执行文件（如 Windows 下的.exe 文件）。可执行程序可以直接由操作系统加载并运行。

运行中的程序（Running Program）：当可执行程序被加载到计算机的内存中，并开始执行指令时，它就变成了运行中的程序。运行中的程序能够响应用户输入，处理数据，产生输出，直到完成预定任务或被用户终止。

与图 1-1 中的计算机体系结构相对应，可以将一个程序的执行过程划分为三个阶段，如图 1-2 所示的程序“输入-处理-输出”模型。

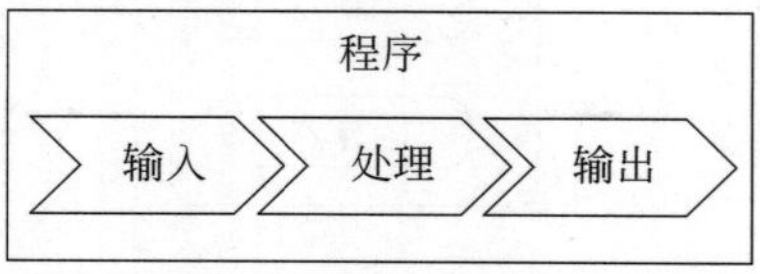

图 1-2　程序的“输入-处理-输出”模型

输入：即输入数据，程序可能需要从外部接收数据，这些数据可以来自键盘、鼠标、文件或其他设备。

处理：即处理数据，这是程序的核心部分。依据既定需求，对输入数据执行一系列计算步骤，以实现数据处理的目标。

输出：即输出结果，处理数据完成后，程序会输出结果，这些结果可以是屏幕上的文字、打印的文档、保存到硬盘的文件等。

假设要设计一个计算圆面积的程序，可以如下表示。

输入：用户通过键盘输入圆的半径。
处理：程序使用公式“面积=π×半径^2”计算圆的面积。
输出：程序将计算得到的面积显示在屏幕上。

以上的简单程序刚好是一次输入、处理、输出的过程。许多复杂的程序，如文字处理软件，不仅仅是单次的输入、处理、输出过程，而是不断重复这个过程，直到用户退出程序。

1.1.3　程序设计语言

程序设计语言是人与计算机沟通的媒介，用于编写计算机程序。它们可以按照不同的标准进行分类，但最常见的是按照抽象级别和执行方式来划分。

1. 按照抽象级别分类

机器语言：最低级别的编程语言，由二进制代码组成，直接与硬件通信。每条指令对应处理器的一条基本操作。

汇编语言：比机器语言稍高一级，使用助记符代替二进制代码，使得程序更容易阅读和编写。汇编语言与特定的处理器架构紧密相关。

高级语言：远离硬件细节，提供了更接近自然语言的语法和结构。例如，C、C++、Java、Python 等。

2. 按照执行方式分类

编译型语言：源代码需要经过编译器转换为机器代码，生成可执行文件后才能运行。编译型语言的程序运行速度快，因为不需要在运行时进行翻译。例如，C、C++。

解释型语言：解释器逐行读取源程序，对其进行解释，翻译成机器可执行的指令，并立即执行，无须预先全部编译成机器代码。解释型语言的开发周期短，调试方便，但是运行速度相对较慢。例如，Python、JavaScript。

半编译半解释型语言（字节码语言）：源代码首先被编译成中间代码（如字节码），然后再由虚拟机解释执行。这种方式结合了编译和解释的优点，既有一定的速度优势，也便于跨平台移植。例如，Java、C#。

按照以上的分类标准，C++属于编译型高级语言。C++程序在编写完成后，需要通过编译器将其转换为计算机可以识别的机器语言，然后才能在计算机上运行。

1.2　C++介绍

C++ 作为一种高级语言，在兼容 C 语言过程化编程的基础上，增加了对面向对象编程和泛型编程等不同编程范式的支持，是全球范围内最广泛使用的编程语言之一。

1.2.1 C 语言

C 语言是一种过程化编程（也称为面向过程编程）语言，由丹尼斯·里奇（Dennis Ritchie）于 1972 年在贝尔实验室设计开发。C 语言的设计目标是提供一种既能够接近底层硬件，又能够保持高级语言的抽象性和可移植性的编程工具。以下是 C 语言几个关键的特点。

1. 过程化编程

C 语言支持过程化编程范式，程序由一系列函数（也称为过程）构成，每个函数完成特定的任务。这种模块化的方式有助于代码的组织和重用。

2. 可移植性

C 语言的可移植性是其一大优点。C 语言标准库提供了跨平台的 API，使得 C 语言编写的程序可以在不同的操作系统和硬件架构上运行，只需编译即可。

3. 效率

C 语言生成的机器码通常非常高效，接近汇编语言的性能，这使得 C 语言在需要高性能的场合下非常有用。

C 语言的重要性在于它对整个计算机科学领域的影响。许多操作系统，包括 UNIX、Linux、iOS、Android 等，都是用 C 语言编写的。此外，C 语言还影响了其他许多编程语言的设计，如 C++、Objective-C、C#等。

1.2.2 C++语言

C++（C plus plus）是由本贾尼·斯特劳斯特卢普（BjarneStroustrup）于 1979 年开始设计开发的。C++ 进一步扩充和完善了 C 语言，最初命名为带类的 C，在 1983 年正式命名为 C++。

C++语言是 C 语言的一个超集，它继承了 C 语言的大部分特性。C++设计时考虑了与 C 语言的兼容性，C++编译器通常可以编译 C 语言的代码。C++在 C 语言的基础上增加了面向对象编程的特性，如类、对象、继承、多态和封装。这些特性使得 C++在处理复杂问题时更加灵活和方便。

C++语言的发展经历了多个版本，每个版本都引入了新的特性和改进，以增强语言的表达能力和灵活性。1998 年，制定了第一个 C++标准 C++98，标志着 C++进入标准化时代。到目前为止，已经发布了 6 个 C++标准，如表 1-1 所示。随着信息技术的不断发展，C++语言仍在持续发展之中。

表 1-1 C++标准的不同版本

发布时间	名称	说明
1998 年	C++98	第一个 C++标准，开启标准化时代
2003 年	C++03	第二个 C++标准，对上个版本的小修正
2011 年	C++11	第三个 C++标准，重大革新，引入众多新特性
2014 年	C++14	第四个 C++标准，对上个版本的增量式改进
2017 年	C++17	第五个 C++标准，对上个版本的增量式改进
2020 年	C++20	第六个 C++标准，重大革新，引入众多新特性

尽管 C++标准在不断发展，引入了许多新特性以适应现代编程需求，但其根基——即那些最初定义 C++为何种语言的元素——依然坚实稳固，这为 C++提供了一个稳定的平台，使得它能够在不断变化的技术环境中持续繁荣。本书包含的内容集中在这一稳定的 C++语言核心，涉及面向过程编程、面向对象编程和泛型编程三种编程范式。

现代 C++指的是 C++11 及其之后的版本，不包括 C++98/03 及其更早的版本。这些新标准和特性的引入，为开发者提供了更多的工具和特性，使得 C++成为一门现代化的高效编程语言。本书涉及的个别内容与版本有关，以 C++11 为准。

1.2.3　C++应用领域

C++的广泛应用得益于其高效性、灵活性和强大功能的组合。以下是一些 C++被广泛使用的主要领域。

1. 系统软件开发

由于 C++接近硬件的控制能力和高效的运行速度，常用于操作系统、设备驱动、嵌入式系统等底层软件的开发。

2. 游戏开发

游戏行业大量使用 C++，因为它能提供高性能的图形渲染、物理模拟和实时交互所需的低延迟处理能力。一些著名游戏引擎，均采用 C++构建。

3. 高性能计算

在科学计算、大规模数据处理、模拟仿真等领域，C++是实现高性能计算应用的首选语言。

4. 图形和多媒体应用

从桌面出版到专业级的视频编辑软件，再到 3D 建模和渲染，C++都是开发这类应用的重要工具。

5. 实时系统

在需要严格时间限制和高可靠性的系统中，如航空电子设备、工业控制系统，C++的性能和控制力使其成为理想的选择。

1.3　简单的 C++程序示例

下面通过三个简单的 C++程序来了解其基本结构。

1.3.1　仅包含输出的程序

视频讲解

第一个程序的目标是输出一句简单的问候语（“Hello, World!”）到屏幕上。这个简单的演示程序省略了输入数据和处理数据部分，直接输出一个确定的结果。

【例 1-1】 在屏幕上输出“Hello, World!”。

```
#include <iostream>
using namespace std;
int main()
{
```

```
    cout<< "Hello, World!" <<endl; //输出字符串并换行
    return 0;
}
```

运行结果：

```
Hello, World!
```

在这个程序中：

（1）第 1 行代码包含<iostream>头文件。iostream 是 C++ 标准库（Standard Library）中的一个头文件，提供了输入/输出流的功能，其中最重要的是 cin 和 cout 对象，分别用于从标准输入流读取数据和向标准输出流写数据。标准输入流默认情况下是与键盘关联的，而标准输出流默认对应于控制台或终端窗口。

（2）第 2 行代码引入了 std 命名空间。std 是 standard 的缩写，std 命名空间包含 C++ 标准库的所有名字，如 cout 和 endl。使用这条语句之后，在代码中可以直接使用 std 命名空间下的名字，而不需要每次都加上 std:: 前缀。

（3）main 函数是 C++ 程序的入口，程序从这里开始执行。函数体包含花括号及其中包含的若干条语句。在大多数情况下，main 函数的返回类型规定是 int，表示程序的退出状态，0 表示程序正常结束。

（4）函数中的第一条语句使用 cout 对象和插入运算符<<输出字符串"Hello, World!"到控制台，然后再输出一个换行符 endl。双引号之内的字符串原样输出，endl 代表"end line"，表示换行。

（5）单行注释以"//"开始，后面跟着注释的内容。多行注释以"/*"开头，以"*/"结尾，中间是注释的内容。

（6）第 6 行表示程序执行完毕，返回 0 退出。

以上程序展示了一个 C++程序的基本结构，除了第 5 行代码因程序功能有所变动外，其余的部分内容为本书中每个 C++程序所必需。

常见错误

（1）endl 写成 end1，即字母 l（L 的小写字母）写成了数字 1。

（2）漏掉语句结束标记英文分号";"，或写成了中文分号"；"。

1.3.2 包含输入、处理、输出的程序

【例 1-2】 编写一个程序，该程序接收用户输入一个整数，然后输出该整数的平方。

```
#include <iostream>
using namespace std;
int main()
{
    int number;
    cout<< "Enter a number: ";
    cin>> number;                      //读取用户输入的整数
    int square = number * number;      //计算平方
    cout<< "The square of " << number << " is " << square <<endl; //输出结果
    return 0;
```

```
}
```

运行结果：

```
Enter a number: 4↵
The square of 4 is 16
```

运行结果第一行中的"Enter a number: "为程序输出的提示内容，数字 4 为用户输入内容，后面的↵符号表示回车，即按 Enter 键。本书示例中的↵符号均表示按 Enter 键。第二行中的内容为程序输出的处理结果。

在该程序中：

（1）在 main 函数体内，首先声明了一个名为 number 的整型变量，用于存储用户输入的数字。然后使用 cout 输出提示信息，提示用户输入一个数字。

（2）cin 是标准输入流对象，提取操作符“>>”用于从输入流中读取数据。当用户从控制台输入一个数字并按 Enter 键后，cin 将读取这个数字并将其存储在 number 变量中。

（3）接下来，代码计算了 number 的平方，将结果存储在名为 square 的整型变量中。这一步使用了乘法运算符 *。

（4）然后，使用 cout 输出计算结果。这里使用多个插入运算符“<<”连接不同的输出项，包括双引号之内的字符串、变量 number 和 square 的值，以及 endl 来添加换行符。

以上程序在 C++程序基本结构的基础上，实现输入数据、处理数据和输出结果，是典型的 C++程序示例。

1.3.3　包含自定义函数的程序

【例 1-3】 创建自定义函数，该函数用于计算两个整数的和，并在主函数中调用该函数。

```
#include <iostream>
using namespace std;
//自定义函数，用于计算两个整数的和
int add(int a, int b)
{
    return a + b;
}
int main()
{
    int num1, num2;
    cin >> num1 >> num2;
    int result = add(num1, num2); //调用自定义函数
    cout << "The sum of " << num1 << " and " << num2 << " is " << result <<endl;
    return 0;
}
```

运行结果：

```
5 10↵
The sum of 5 and 10 is 15
```

运行结果第一行中的两个数字 5 和 10 为用户输入内容，中间以空格分隔，然后再按 Enter 键。第二行中的内容为程序输出的计算结果。

在这个程序中：

（1）4～7 行代码定义了一个名为 add 的自定义函数，它接收两个整型参数 a 和 b，并返回它们的和。函数的返回类型是 int，表示函数将返回一个整数值。

（2）程序执行仍然从主函数开始，在这部分，首先声明了两个整型变量 num1 和 num2，用于存储用户输入的两个整数。然后，使用 cin 从标准输入读取两个整数，分别赋值给变量 num1 和 num2。

（3）接下来，调用了前面定义的 add 函数，传入 num1 和 num2 作为参数，并将返回的结果存储在 result 变量中。

（4）使用 cout 输出结果。这里使用插入运算符<<将字符串、变量 num1、num2 和 result 的值连接起来，形成一个完整的句子，然后输出到控制台。endl 表示添加一个换行符。

1.3.4 主函数

每个程序必须有一个，且只能有一个入口函数，称为主函数，其名称固定为 main。同时，C++规定该函数的返回类型为整型（int），所以一般在主函数的最后一行返回整数 0（return 0;），表示程序正常结束。

总结以上三个示例，一个基本的 C++程序框架如下，可以根据具体需求在相应的注释部分添加代码来实现特定的功能。

```
#include <iostream>
using namespace std;
int main()
{
    //输入数据
    //处理数据
    //输出结果
    return 0;
}
```

函数是 C++程序设计的三个核心概念之一。

从静态角度来看，C++程序（源程序）是通过函数（Function）来组织的。除了主函数之外，程序还可以包含若干用户自定义函数。这些函数是为了处理特定的任务或实现特定的功能而精心设计的。当程序规模扩大，自定义函数数量较多时，往往根据它们的功能和逻辑关联性组织到不同的源文件中，形成多文件结构，以便于管理。

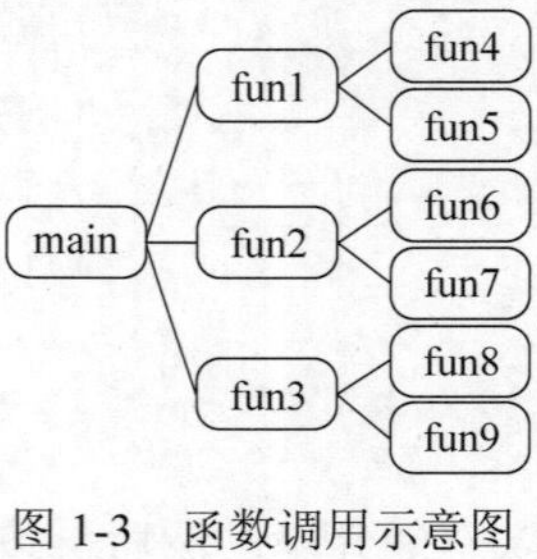

图 1-3 函数调用示意图

从动态角度来看，C++程序（运行中程序）是通过函数来驱动的。程序执行时，从主函数开始运行，遇到对其他函数的调用时，进入被调函数中继续执行。这种函数调用机制还支持更深层次的嵌套调用，即一个函数内部也可以进一步调用其他函数。被调函数完成后，会返回主调函数，这个过程会一直持续，直到最终返回主函数。当主函数全部语句执行完毕后，程序正常结束并退出，如图 1-3 所示。

1.4　C++开发环境

接下来介绍 C++程序的开发过程，以及本书使用的实验环境。

1.4.1　程序开发过程

一个 C++程序的开发过程可以分为编辑、编译、连接、运行 4 个阶段，如图 1-4 所示。

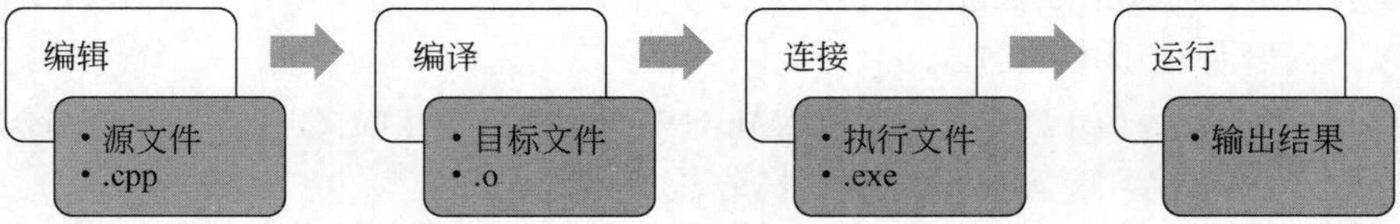

图 1-4　C++程序的开发过程

1. 编辑

在编辑阶段，开发者使用文本编辑器或集成开发环境（Integrated Development Environment，IDE）编写源代码。源代码使用 C++语言编写，源文件后缀为.cpp，包含程序的所有逻辑和功能。

2. 编译

编译是将源代码转换为目标代码的过程。C++编译器 GCC 读取源代码文件，并检查语法错误。如果源代码没有语法错误，编译器会将其翻译成计算机可以直接执行的机器语言指令，目标文件后缀为.o。否则，返回第一步修改源代码。

3. 连接

连接是将编译生成的多个目标文件和库文件合并成一个可执行文件的过程。一个 C++程序可能包含多个源文件，每个源文件会被单独编译成目标文件。连接器负责将这些目标文件以及任何需要的库文件连接起来，生成最终的可执行文件，可执行文件后缀为.exe。如果连接过程发生错误，则返回第一步修改源代码。

4. 运行

运行阶段是指操作系统加载可执行文件到内存，并开始执行程序的过程。当程序运行时，操作系统会创建一个新的进程，并将可执行文件加载到该进程的地址空间中。然后，控制权传递给程序的主函数，程序从这里开始执行。如果运行时发生错误，或输出结果不符合预期，则返回第一步修改源代码。

整个开发过程通常是一个迭代循环，无论哪个阶段出现问题，一般都要回到编辑阶段修改源代码或项目配置，然后再编译、连接和运行，直到程序完全满足要求为止。

1.4.2　本地开发环境

C++本地开发环境一般由编译器和集成开发环境（或文本编辑器）组成。常见的 C++编译器有以下三种。

- GCC（GNU Compiler Collection）：广泛使用的开源编译器，支持 C++标准。
- Clang：由 LLVM 项目提供的编译器，与 GCC 兼容，但通常被认为有更好的诊断信息和更快的编译速度。

- Microsoft Visual C++ Compiler：Windows 平台上的官方编译器，集成在 Visual Studio 中。

本书采用基于 GCC 编译器的 Dev-C++，Dev-C++是一个流行的轻量级开源集成开发环境，主要用于 Windows 平台上的 C 和 C++程序开发。下面介绍 Dev-C++的使用方法。

1. 下载和安装

Dev-C++有多个历史发布版本，本书使用相对较新的 Red Panda Dev-C++。下载地址为 https://sourceforge.net/projects/dev-cpp-2020/。其中包含多个版本，建议下载 v6.7.1 及之后的版本，以下内容使用版本 v6.7.5。

如果下载安装版（如 Dev-Cpp.6.7.5.MinGW-w64.X86_64.GCC.10.3.Setup.exe），需要双击安装文件，一般使用默认选项，完成安装。

如果下载绿色版（如 Dev-Cpp.6.7.5.MinGW-w64.X86_64.GCC.10.3.Portable.7z），只需要解压缩文件，即可使用。

2. 启动 Dev-C++

双击如图 1-5 所示程序图标，Dev-C++启动后的主界面如图 1-6 所示。

图 1-5　程序图标

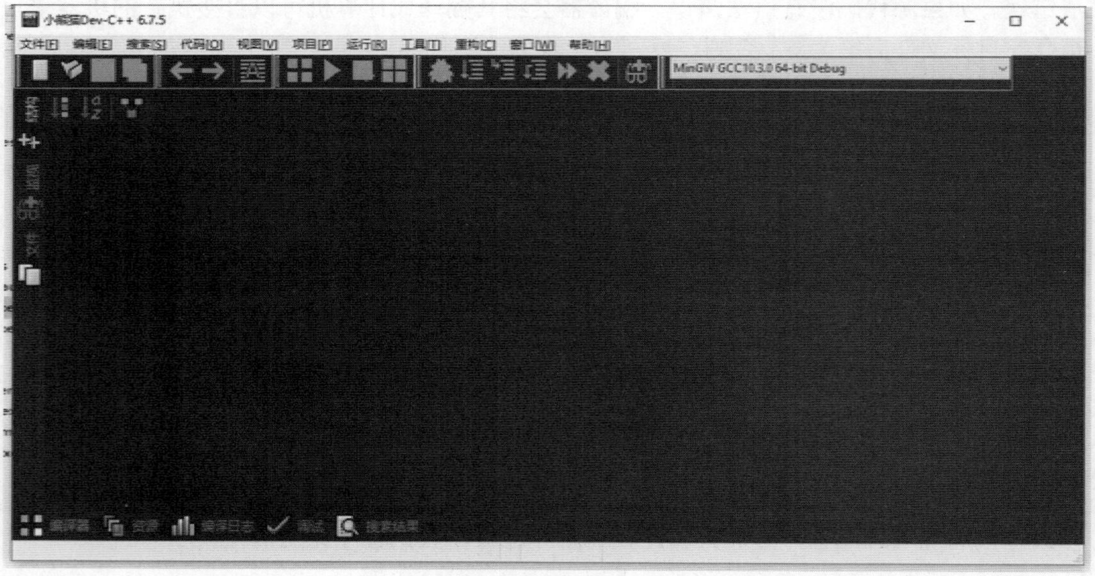

图 1-6　Dev-C++主界面

3. 创建新项目

依次选择菜单“文件”→“新建”→“项目”，弹出“新项目”设置界面，如图 1-7 所示。需要选择项目类型为控制台程序 Console Application，项目语言为 C++，并根据需要设置项目名称和项目文件夹。需要注意的是，项目名称和项目路径中不能出现中文。项目创建成功后，自动添加并打开了文件 main.cpp，如图 1-8 所示。

图 1-7　“新项目”设置界面

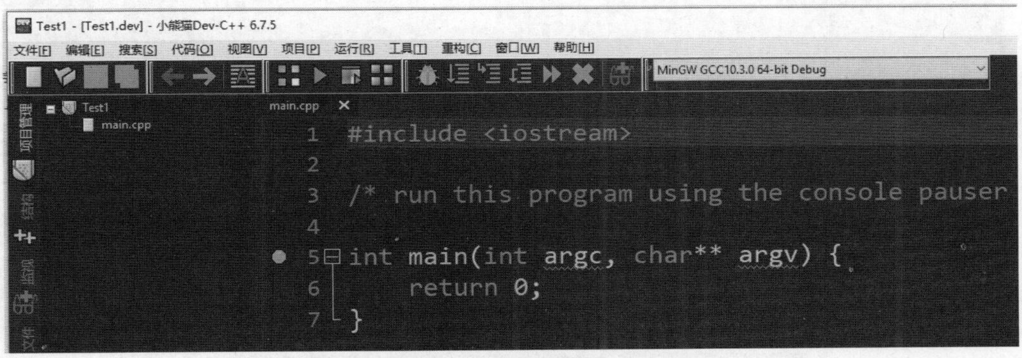

图 1-8　项目创建成功

4. 编写代码

在编辑器中编写 C++代码。创建工程时，文件 main.cpp 中已经自动添加了主函数的框架，接下来可以直接在主函数中添加代码。Dev-C++提供了一些基本的代码辅助功能，如语法高亮和自动完成，见图 1-9。

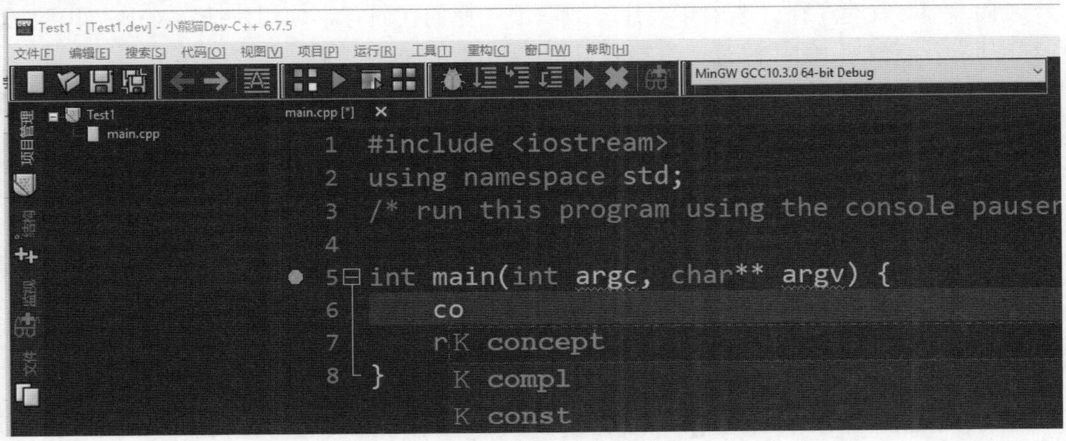

图 1-9　语法高亮和自动完成

5. 编译和运行

编辑完成后，单击工具栏中的按钮或使用快捷键 F9 启动编译和连接。如果有错误，错误会出现在下方的消息窗口中，如图 1-10 所示。修改代码后重新编译。

编译成功后，单击工具栏中的按钮或使用快捷键 F10 运行程序。程序会启动一个控制台窗口，用来进行输入数据或输出结果，如图 1-11 所示。

编译和运行也可以合并执行，只需单击工具栏中的按钮或使用快捷键 F11。

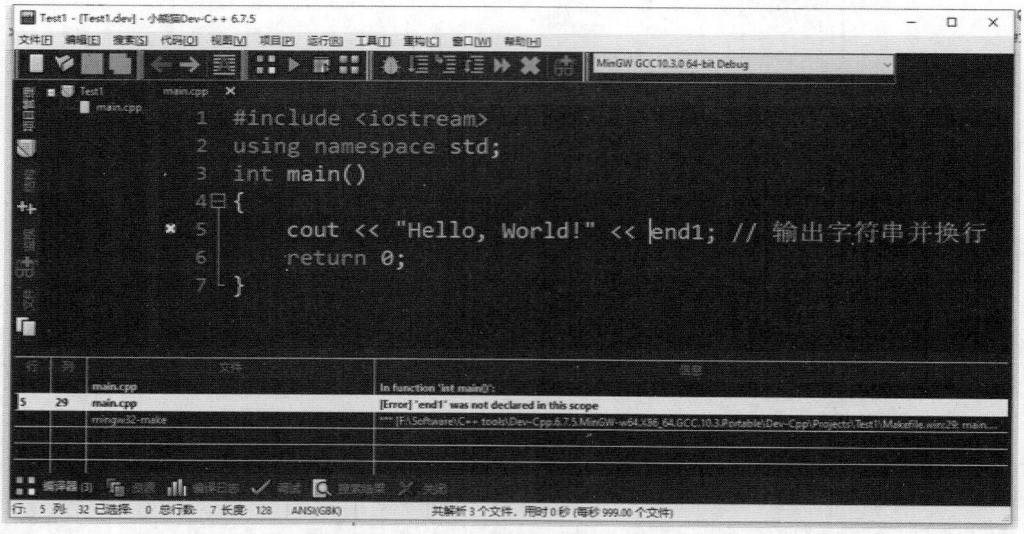

图 1-10　编译时发现错误

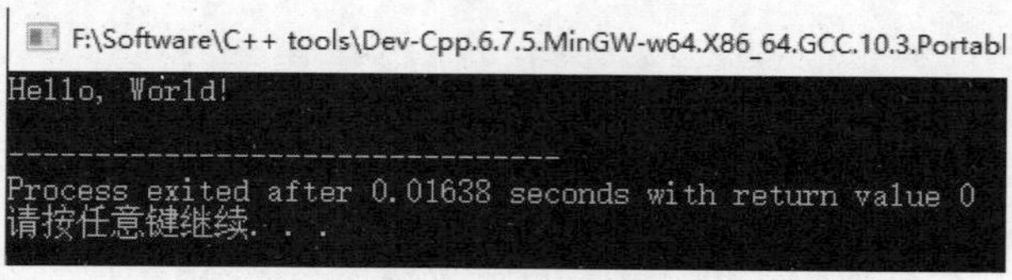

图 1-11　输出“Hello, World!”的运行结果

6. 其他操作

（1）注释/取消注释。选中想要注释或取消注释的代码行，使用快捷键 Ctrl+/即可快速注释或取消注释选中的代码行。注释是以“//”开始的单行注释。

（2）格式化代码。将光标放在编辑器内，单击工具栏中的按钮或使用快捷键 Shift+Ctrl+A 即可格式化代码。

（3）调整代码字体大小。将光标放在编辑器内，按住 Ctrl 键滚动滑轮可以放大或缩小字体。

（4）设置界面语言。依次选择菜单“工具”→“环境选项”，在弹出的对话框中找到“语言”下拉列表，选择对应的界面语言，单击“确定”按钮。

1.4.3　在线判题系统

在线判题系统（Online Judge，OJ）是一种对用户程序进行自动化测评的在线平台，常用于编程竞赛，现在也逐渐流行于编程语言的课程作业和练习。在线判题系统通常提供以下功能。

（1）编辑代码。用户可以直接在线编辑程序源代码，在线编辑器往往还支持语法高亮显示、自动完成提示、自动代码保存等功能。

（2）提交代码。用户可以上传用 C++（或其他语言）编写的程序源代码给系统后台，以启动自动测评。

（3）自动测评。系统自动编译并运行代码，然后用一组预设的测试用例来验证程序的正确性和性能。

（4）即时反馈。用户可以立即获得关于代码是否通过测试的反馈，也包括编译错误、运行错误或测试用例未通过的具体信息。

1.4.4　编译错误信息

当出现编译错误时，在 Dev-C++环境中会从底部弹出“编译器”子窗口，在该窗口中列出了当前源文件中的错误列表，如图 1-10 所示。如果是（使用 GCC 编译器的）在线判题系统，可能会直接给出如下文本信息。两者包含的信息相同，只是显示方式不同。

```
main.cpp: In function 'int main()':
main.cpp:5:29: error: 'end1' was not declared in this scope
```

解决编译错误的一般策略是“一次解决一个错误”，即每次专注于解决编译器报告的第一个错误，然后重新进行编译。这个过程需要不断重复，直到编译器不再报告任何错误。

例如，从以上编译错误报告中，可以获得关于一个错误的以下信息。

（1）所在文件：错误发生在文件 main.cpp 中。

（2）所在函数：错误发生在函数 int main()中。

（3）行号列号：错误发生在第 5 行第 29 列，即第 5 行从左开始的第 29 个字符所在位置。如图 1-10 所示，在编译器窗口中双击错误行（白色背景高亮行），光标（白色竖线）便可以自动定位到错误所在的行列，并高亮当前行（红色背景高亮行）。

（4）错误类型：如 error（错误）、warning（警告）等，本例中的错误类型是 error。如果编译过程中出现任何错误，编译将失败。如果编译器只报告了警告，编译过程仍然可能成功完成，但这并不意味着程序完全没有问题。警告表明代码中可能存在潜在的问题，这些问题可能不会阻止程序的编译，但它们可能会导致运行时错误或程序行为异常。因此，即使编译成功，开发者也应该仔细审查警告信息，以确保程序的质量和稳定性。

（5）错误说明：如“'end1' was not declared in this scope”。该错误表示标识符“end1”在当前作用域内未被声明，实际上是由于“endl”被错误写成“end1”引起的，只要改正拼写即可。错误说明信息通常以英文形式呈现，理解了这些信息的含义后，才能识别出错的原因，并找到相应的解决办法。

前三项信息用来定位错误，以确定错误发生的位置或范围。第 4 项信息用来判断处理错误的优先级。第 5 项信息表示错误的具体描述，用来作为推断错误原因的关键线索。初学者要学习如何从编译器提供的错误提示中提取关键信息，这些信息是理解并解决编译错误的线索。

编译错误说明与解决方案并不是一对一的关系，一个编译错误可能由多种原因引起，而同一个错误说明可能对应多种不同的解决方案。如引起错误说明“'variable' was not declared in this scope”的可能原因有变量未声明、拼写错误、缺少头文件等，对应的解决方案分别为声明变量、修正拼写、包含正确的头文件等。开发者需要根据错误说明、代码上下文和编程经验来综合判断和解决问题。迅速解决编译问题的能力是衡量编程技能水平的一个重要标志，提升解决编译错误的技能需要在实际编程中不断练习和积累经验。

1.5 小结

1.5.1 思维导图

本章思维导图如图 1-12 所示。

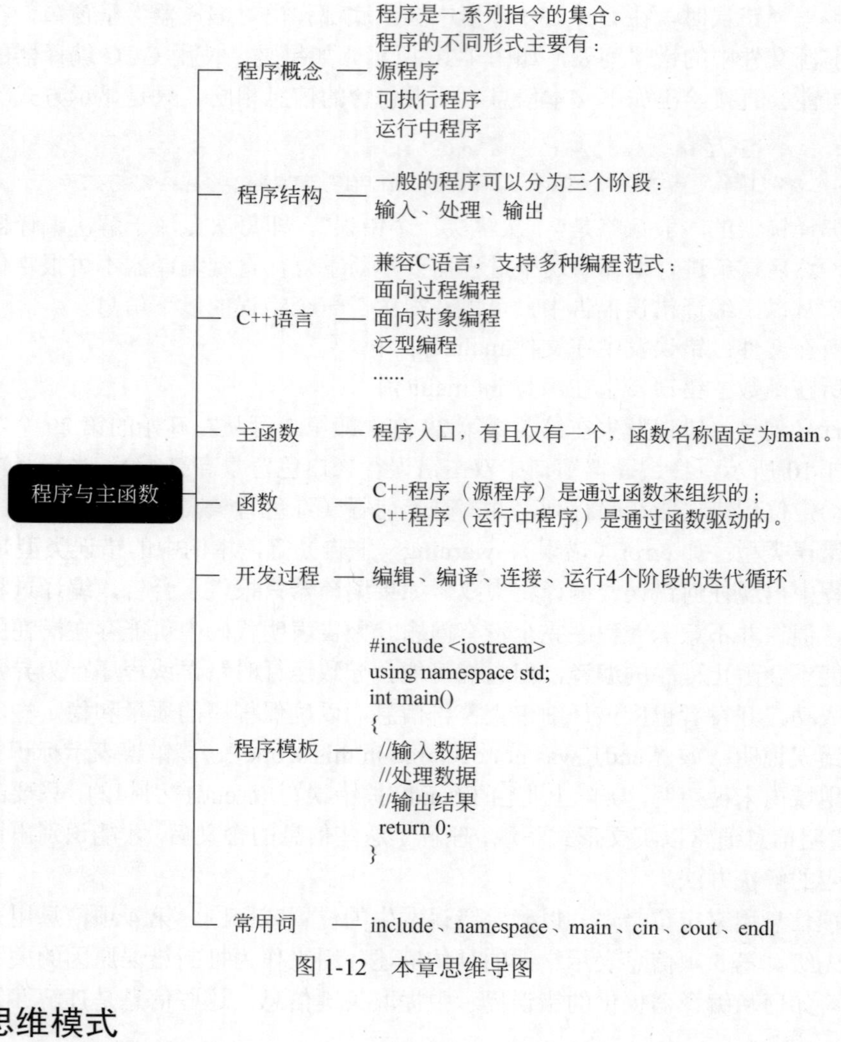

图 1-12 本章思维导图

1.5.2 思维模式

本章涉及的主要思维模式如表 1-2 所示。

表 1-2　本章主要思维模式

模　式	说　明
输入-处理-输出	计算机程序的一般组织结构遵循“输入-处理-输出”模式，这一模式涉及输入数据、处理数据和输出结果。这一过程可能被执行多次，以完成复杂的任务
主函数	主函数是 C++程序的入口，也是程序的出口。每个 C++程序有且只有一个主函数

1.5.3　逻辑结构

本章的主题是“程序和主函数”。程序主要涉及概念层面，主函数既涉及概念，也涉及实践操作。

首先引入程序的概念，明确区分程序的不同形态，强调程序的“输入-处理-输出”模型，简单介绍决定该模型的电子计算机体系结构。

然后引入函数的概念，作为 C++程序设计三大核心概念之一。通过三个简单程序示例，总结主函数作为程序入口，其具体内容按“输入-处理-输出”模型组织。C++程序是通过函数来组织的，也是通过函数来驱动的。

最后介绍 C++开发过程和实验环境，以指导接下来的实验和练习。

练习

一、单项选择题

1. 关于计算机与程序，下列描述中正确的是（　　）。
   A. 计算机硬件和软件程序独立工作，硬件负责所有计算任务，软件只负责数据存储
   B. 程序是由一系列指令组成的，这些指令由计算机硬件执行，以完成特定任务
   C. 程序只能以二进制代码形式存在，无法以高级语言编写
   D. 计算机系统仅由硬件组成，程序对系统运行没有影响
2. 下列关于程序结构的描述，哪一项是错误的？（　　）
   A. 程序的输入数据可以来自键盘，也可以来自文件
   B. 程序的核心在于处理数据阶段，该阶段对输入数据进行计算，以产生期望的结果
   C. 输出结果可以输出到屏幕上，也可以输出到文件中
   D. 在输入数据之前，程序不能有任何的输出
3. 选出下列描述中描述 C 语言与 C++语言之间关系不正确的一项是（　　）。
   A. C++是 C 语言的超集，它包含 C 语言的所有特性，并且添加了一些新的特性
   B. C++和 C 语言的语法基本兼容，C++程序员可以使用 C 语言的函数库
   C. C++设计的初衷是在 C 语言的基础上加入面向对象的编程特性
   D. C++摒弃了 C 语言中的所有低级特性，以提高代码的安全性和可维护性
4. 在 C++中，关于程序的入口函数，以下哪一项描述是不正确的？（　　）
   A. 程序必须有且仅有一个入口函数，这个函数被命名为 main
   B. main 函数的返回类型是整型(int)，表示程序的退出状态
   C. 当 main 函数执行完毕后返回 0 时，操作系统会将其解释为程序正常终止
   D. main 函数必须放在所有函数之前，否则无法找到 main 函数

5. 关于 C++程序中的函数，下列哪个陈述是不正确的？（　　）

A. C++程序在静态视角下是由一系列函数组成的，包括主函数和可能的自定义函数

B. 自定义函数可以根据其功能保存于多个源文件中，以利于代码管理和维护

C. 在程序运行时，C++程序的执行是从主函数开始，并且只能顺序执行，无法跳转至其他函数

D. C++程序支持函数嵌套调用，即一个函数可以调用另一个函数

6. 从 C++程序的编译错误提示中，不能获得的信息是（　　）。

A. 错误所在函数

B. 错误所在行

C. 错误所在列

D. 错误的解决方法

二、填空题

1. 程序的不同形式主要有________、________和________。

2. 程序执行过程一般可以分为三个阶段，依次为________、________和________。

3. C++程序的入口函数称为________，源程序是通过________来组织的，运行中程序是通过________驱动的。

4. 程序的开发过程由________、________、________和________4 个阶段迭代循环。

三、程序设计题

1. 在屏幕上输出字符串"This is my first program"。

2. 编写一个程序，该程序接收用户输入一个整数，然后输出该整数的三次方。

3. 创建自定义函数，该函数用于计算两个整数的积，并在主函数中调用该函数。

第 2 章
基本类型与变量

一个简单的程序通常可以分为输入、处理、输出三个阶段。那么，这些输入的数据应当如何存储呢？这就涉及变量的概念。变量是程序中用于存储数据的容器，它们具有类型、名称、值和存储单元这 4 个要素。如果限定一个变量的值在初始化之后就不能被修改，那么它就被称为常量。而在给变量或常量赋初值时，字面量就发挥了作用。

通过本章的学习，读者需要理解 C++中的基本数据类型与变量、常量之间的关系，掌握不同数据类型的变量与常量的特点、定义以及使用方法。同时，还需要学会如何使用 C++的输入/输出流来读取和写入数据，并熟悉 I/O 流的常用控制符。

课程思政

角色认知：每个变量都有其特定的类型，正如社会中的每个个体都承载着自己独特的角色与身份。通过引导学生有意识地自我认识，明确自我定位，并积极追求自我价值的实现，从而推动其全面而均衡地发展。

2.1 一个 C++程序例子

在学习本章内容之前，首先看看以下这个简单的例子，以及例子中所包含的元素。

【例 2-1】 由键盘输入一个圆的半径值，程序计算这个圆的面积，并输出结果。

（1）分析并设计这个程序所需步骤。

第 1 步：用户从键盘输入一个圆的半径值。（输入）

第 2 步：将第 1 步所输入的半径值，用圆面积公式 πr^2 计算面积。（处理）

第 3 步：输出第 2 步计算的面积。（输出）

（2）代码实现。

```
/*功能：计算圆面积*/
#include <iostream>
using namespace std;
int main()
{
    double r, area;                          //定义变量：半径，面积
    cout << "请输入圆的半径：";               //输入提示
    cin >> r;                                //输入半径
    area = 3.14159 * r * r;                  //公式计算
    cout << "圆的面积：" << area << endl;     //输出面积
```

```
    return 0;
}
```

（3）运行代码。

首先在显示屏上显示一条输入半径的提示信息：

```
请输入圆的半径：
```

按提示信息，用户从键盘输入半径。假设键盘输入值为 1，按 Enter 键（以下用↵字符代表 Enter 键），表示数据输入结束。

屏幕上显示结果如下。

```
请输入圆的半径：1↵
圆的面积：3.14159
```

（4）主函数 main( )所涉及的主要元素对象。

- **数据类型**：代码第 4 行 main( )前的函数类型 int；第 6 行 r 和 area 前定义的变量类型 double。
- **变量**：代码第 6 行用来存储半径 r 和面积 area 的两个变量，其中，随输入半径 r 的不同，面积也会发生相应的变化。
- **常量**：代码第 7 行的输入提示字符串“请输入圆的半径：”，是给运行这个程序的人的提示；第 10 行的输出提示字符串“圆的面积：”，使得运行时界面有完整的信息；第 9 行面积公式中的浮点数（**通常包含小数部分**）3.14159；第 11 行的整数 0。
- **运算符与表达式**：代码第 9 行面积公式中的“=”是赋值运算符，构成赋值表达式；其右边的*是乘法算术运算符构成的算术表达式。
- **输入和输出**：代码第 7、10 行通过 I/O（输入/输出）流 cin 和 cout，实现从标准输入设备输入和从控制台输出信息。
- **函数**：代码第 4~11 行是程序的主函数 main( )，程序由此处开始执行。主函数 main 由函数首部 int main( )和花括号{ }括起的函数体两部分构成。

需要强调的是，C++是一种强类型语言，即要求在使用变量和常量之前必须先定义其类型。由于代码第 9 行面积的结果是一个浮点数，因此，代码第 6 行中定义的面积 area 变量需要也是浮点型变量。

思考题：

假设将第 5 行修改为"int r, area;"，那么运行结果还会一样吗？

当用户从键盘输入半径为：1，按 Enter 键，屏幕上显示的结果如下：

```
请输入圆的半径：1
圆的面积：3
```

由此可见，不同的数据类型不仅影响着数据的存储方式，还决定了求解问题的算法设计。不合适的数据类型选择会导致程序产生非用户所期望的计算结果。

在高级编程语言中，数据成分是通过数据类型来描述不同的数据形式的。之所以要对数据进行类型区分，主要是为了更有效地组织和管理数据，规范数据的使用，提高程序的可读性和可维护性。**同时，这样做也能让编译系统在编译、调试和运行程序时，捕获到更**

多可能出现的错误，从而提高程序的健壮性和稳定性。

2.2　词法元素

C++的**词法元素**（Tokens）是指构成 C++源代码的最小语法单位，它们是编译器在编译过程中首先识别和处理的基本成分。C++的词法元素主要包括注释、标识符、保留字、运算符和分隔符等。

2.2.1　字符集

C++程序语句（除字符串外）只能由字符集中的**字符**（Character）构成，这些字符可以由键盘输入。字符集主要包括以下几类字符。

（1）26 个大、小写英文字母。

通常用于构成标识符，如变量名、函数名等。

（2）10 个数字。

通常用于构成整数和浮点数的字面量，也可以作为标识符的一部分。

（3）其他字符。+ − * / % = ！ & | ~ ^ < > ; : ? , . ' " \ ( ) [ ] { } # _ 空格。

通常用于语句、表达式、函数参数中，包含标点符号（如逗号、分号等）、运算符（如+、/ 等）、空白字符（如空格、换行符等）、特殊字符（如反斜杠、井号等），以及注释。

2.2.2　注释

注释（Comments）是编译系统忽略的文本，编译系统将它们视为空白，但它对程序员特别是初学者很有用。它是程序员在编写代码过程中添加的解释和说明性文本，添加必要的注释不仅可以提高代码的可读性和可维护性，还有助于团队协作和代码交接。随着人工智能和大型语言模型的发展，甚至可以通过注释分析来生成和建议代码，识别潜在的问题，提出优化建议等，从而方便开发者。

C++注释的编写方法主要有以下两种。

1. 多行注释

以“/*”字符开头，后跟任意字符序列（包括新行），然后是“*/”字符。

例如，在例 2-1 第 1 行，在程序代码前有该程序的功能注释。

```
/*功能：计算圆面积*/
```

此方法既可以单独一行出现，也可以跨多行出现，如下。

```
/*
  功能：计算圆面积
*/
```

2. 单行注释

以“//”字符开头，后跟任意字符序列。

例如，在例 2-1 第 6~10 行代码后面添加的注释，起解释其含义的作用。

```
double r, area;   //定义变量：半径，面积
```

此方法既可以在代码后面出现，也可以单独一行出现，但不可以跨行。

```
//定义变量：半径，面积
double r, area;
```

视频讲解

2.2.3 标识符

标识符（Identifier）分为系统预定义标识符和用户自定义标识符两种。

（1）系统预定义标识符：由 C++语言或其标准库预定义的标识符。

例如，例 2-1 中的主函数名 main、类型 int 等。

这些标识符包括保留字、标准库函数名、类名、对象名等。它们在 C++语言中具有特定的含义和用途，因此，用户在编程时不应将它们用作用户自定义标识符，以避免冲突和混淆。

（2）用户自定义标识符：由程序员创建，用于表示变量、函数、类、对象等名称。这些标识符用于在程序中唯一地标识某个实体。

例如，例 2-1 中的变量名 r、area 等。

用户自定义标识符的命名规则如下。

（1）由大小写字母、下画线（_）、数字组成。

（2）以字母或下画线（_）开头。

（3）区分大小写。大小写字母代表不同的标识符。

（4）不能是 C++保留字。

在符合命名规则的前提下，为了提高代码的可读性，标识符要有意义、简洁、易区分，以便程序易读。

2.2.4 保留字

保留字又称为**关键字**（Keyword），是具有特殊意义的预定义保留标识符。如例 2-1 中的“int”“double”“return”等。保留字不能用作程序中的标识符，用户只能使用而不能重新定义改变其含义。表 2-1 列出了 ANSI C 规定的 32 个保留字，以及 ANSI C++补充的几个常见的保留字。

表 2-1　C++常见的保留字

ANSI C	数据类型（12 个）	short	int	long	float	double	char
		enum	struct	signed	unsigned	void	union
	存储类型（4 个）	auto	extern	register	static		
	流程控制（12 个）	return	if	else	while	do	for
		switch	case	default	continue	break	goto
	其他（4 个）	const	sizeof	typedef	volatile		
ANSI C++	bool、false、true、delete、new、class、private、public、protected、this、inline、friend、virtual、template、using、namespace、try、catch、throw、typeid、static_cast 等						

2.2.5　运算符

C++中的运算符是用来执行程序中操作和运算的符号。它们可以对变量、常量等进行各种数学和逻辑操作。如算术运算符+（加法）、−（减法）、*（乘法）、/（除法）、%（取模，返回两个整数相除的余数），关系运算符==（等于）、!=（不等于）、>（大于）、<（小于），逻辑运算符&&（逻辑与）、||（逻辑或）、!（逻辑非）。具体内容详见第 3 章。

如例 2-1 中使用了运算符+、*、=、>>和<<。

2.2.6　分隔符

C++中的分隔符是一组用于分隔程序中不同元素的符号或字符，它们对于理解和解析代码，以及在程序的语法结构中起着重要作用。主要的分隔符包括逗号（,）、分号（;）、冒号（:）、圆括号（( )）、方括号（[ ]）、花括号（{ }）、尖括号（< >）以及双引号（"）、单引号（'）等。

如例 2-1 中使用了#、< >、( )、{}、逗号、分号、双引号等分隔符。

2.3　C++数据类型

2.3.1　概述

为了描述现实世界中具有不同特点的事物，C++提供了多种数据类型。如图 2-1 所示，这些数据类型基本能够满足程序处理事物时的各种需要。

（1）基本数据类型：也称为内置类型，这些类型是 C++语言的核心组成部分，由语言标准直接定义，不需要包含任何头文件即可使用。基本数据类型的特点是不可再分解，它也是构成非基本数据类型的基本元素。

其中，无法指定的类型为 void 空类型。void 类型主要用于声明不返回值的函数，或用于声明指向非类型化或任意类型化数据的一般指针，详见第 8 章。

（2）构造数据类型：构造数据类型是由基本数据类型或其他构造数据类型组合而成的更复杂的数据类型。它可以分解成若干“成员”或“元素”；每个“成员”或“元素”都是一个基本数据类型或一个构造数据类型，详见第 9 章。

（3）抽象数据类型：抽象数据类型是指利用数据抽象机制把数据与相应的操作作为一个整体来描述的数据类型。抽象数据类型的实现细节对外不可见，仅通过其提供的接口（一组公共函数或方法）来访问和操作数据，详见第 10 章。

本章将聚焦整型、浮点型、字符型和逻辑型这 4 大基本数据类型，对于其他数据类型将会在后续章节中展开详细解析。

2.3.2　类型修饰符

除 bool 和 void 类型外，基本数据类型之前都可以加各种修饰符，这样可以更准确地对类型进行定义。用于修改基本类型的修饰符有如下 4 种。

（1）signed 有符号：“有符号”表示可取负数、0 和正数。

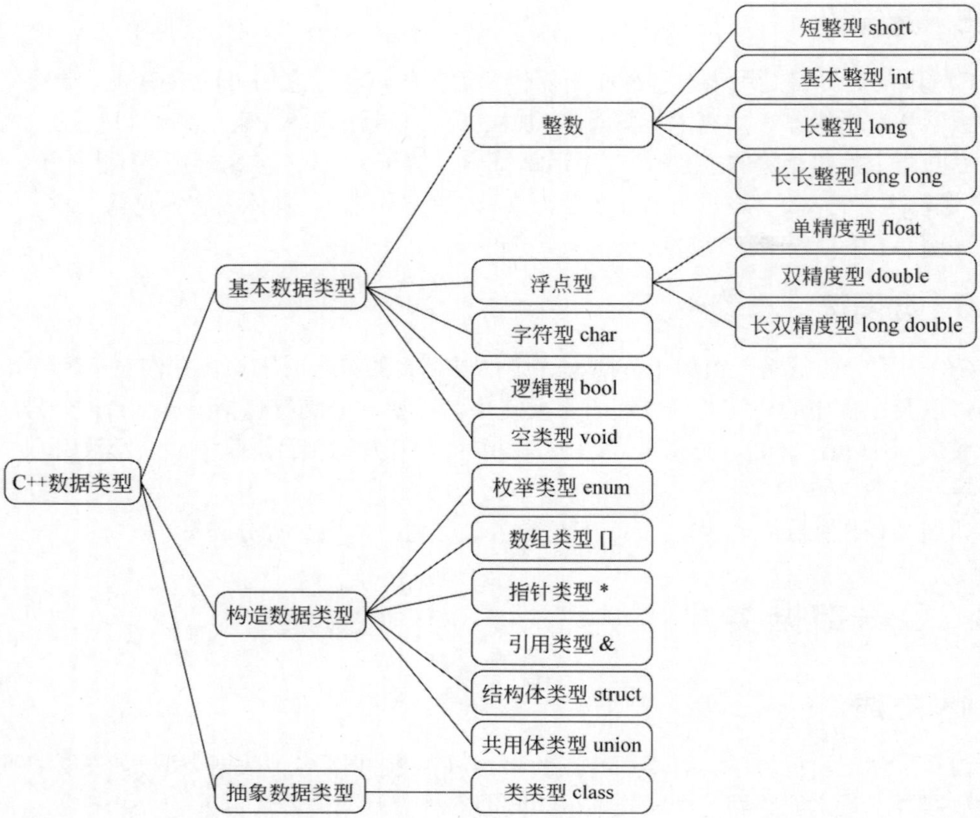

图 2-1　C++数据类型

signed 可以修饰 char、int 基本类型。默认的 int 整型定义为有符号整数，因此，signed int 等价于 int 和 signed。

（2）unsigned 无符号："无符号"表示可取 0 和正数。unsigned 可以修饰 char、int 基本类型。signed 和 unsigned 不能修饰浮点型类型。

（3）long 长型符：可以修饰 int、double 基本类型。

（4）short 短型符：可以修饰 int 基本类型。

计算机处理数据的最小单元是位（bit，b），代表二进制位数中的 0 或 1。8 位二进制数构成 1 字节（Byte，B）。计算机中的有符号数和无符号数的表示方式会直接影响其取值范围。下面以短整型数 2 字节为例，解释有符号和无符号短整型数的取值范围。

- 有符号短整型范围

10000000 00000000	…	00000000 00000000	…	01111111 11111111
-32 768		0		32 767

- 无符号短整型范围

00000000 00000000	…	…	…	11111111 11111111
0				65 535

由此可见，无符号整型的正数范围比有符号整型的要大一倍。

另外，在计算机内存中，对于有符号数，最高位是符号位，其值为 0，表示该数为正；

符号位为 1，表示该数为负，而负数是以二进制补码形式表示和存放的。一般来说，由于计算机处理整型速度快，因此若运算不涉及小数，就尽量选用整型。而那些没有负值的整型数，如年龄等，应选择使用 unsigned 类型。

2.3.3　常用基本数据类型

不同类型的数据在数据存储形式、取值范围、占用内存大小及可参与的运算种类等方面都有所不同。以在 32 位计算机中表示为例，加上修饰符的基本数据类型，其取值范围如表 2-2 所示。

表 2-2　常用基本数据类型

类型	标 识 符	说　明	长度/B	范　围	有效位
逻辑型	bool	又称为布尔型	1	0(false) 或 1(true)	
字符型	[signed] char	有符号字符型	1	−128~127	
	unsigned char	无符号字符型	1	0~255	
整型	[signed] short [int]	短整型	2	−32 768~32 767	
	unsigned short[int]	无符号短整型	2	0~65 535	
	[signed] int	整型	4	−2 147 483 648~2 147 483 647	
	unsigned int	无符号整型	4	0~4 294 967 295	
	[signed] long [int]	长整型	4	−2 147 483 648~2 147 483 647	
	unsigned long [int]	无符号长整型	4	0~4 294 967 295	
浮点型	float	单精度型	4	−3.40282e+38~3.40282e+38	7 位
	double	双精度型	8	−1.79769e+308~1.79769e+308	15 位

需要说明的是，C++标准并没有为所有数据类型规定严格的内存长度和数值范围，这些类型数据在内存空间中实际占据的大小要依赖于具体实现环境，即可能会因系统或编译器不同而产生不同的结果。例如，在 Visual C++中规定，long double 在内存中占 8B；而在 GCC 中 long double 占 12B。

用户可以使用 sizeof 运算符计算得到类型或数据量在内存中所占的字节数。

【例 2-2】 输出各基本数据类型的内存字节数。

```
#include <iostream>
using namespace std;
int main()
{
   cout << "short       的长度：" <<sizeof(short) << " Bytes" << endl;
   cout << "int         的长度：" <<sizeof(int) << " Bytes" << endl;
   cout << "long        的长度：" <<sizeof(long) << " Bytes" << endl;
   cout << "long long   的长度：" <<sizeof(long long) << " Bytes" << endl;
   cout << "float       的长度：" <<sizeof(float) << " Bytes" << endl;
   cout << "double      的长度：" <<sizeof(double) << " Bytes" << endl;
   cout << "long double 的长度：" <<sizeof(long double) << " Bytes" << endl;
   cout << "char        的长度：" <<sizeof(char) << " Bytes" << endl;
   cout << "bool        的长度：" <<sizeof(bool) << " Bytes" << endl;
   return 0;
```

```
}
```

运行结果（Windows 10，MinGW GCC10.3.0 编译器）

```
short       的长度：2 Bytes
int         的长度：4 Bytes
long        的长度：4 Bytes
long long   的长度：8 Bytes
float       的长度：4 Bytes
double      的长度：8 Bytes
long double 的长度：12 Bytes
char        的长度：1 Bytes
bool        的长度：1 Bytes
```

注意：sizeof 是运算符不是函数。该运算符使用的一般格式为

sizeof(类型标识符| 变量名 | 常量)

例如，假设有一个字符型变量 ch，以及一个字符型字面量 'A'，则可以使用 sizeof('A')、sizeof(ch)求出它们在内存中所占字节数为 1。

常量和变量是有数据类型的。在程序执行过程中，按其值是否可以发生改变分为常量和变量两种。

视频讲解

2.4 变量

变量（Variable）是在程序运行期间其值可以改变、可以赋值的量。C++变量必须遵循“先定义，后使用”的原则。

2.4.1 变量的定义与初始化

定义变量的一般格式为

变量类型　变量名列表;

例如：

```
double r, area;            //定义了两个双精度浮点型变量
unsigned short age;        //定义 age 为无符号短整型变量
char ch1, ch2, ch3;        //定义了三个字符型变量
```

在定义变量的同时，可以为变量提供初始值，又称为变量的初始化。一般变量初始化用赋值运算符“=”给它赋初值，其一般格式如下。

变量类型　变量名 1 = 初值 1,变量名 2 = 初值 2,…,变量名 *n* = 初值 *n*;

需要特别强调这里的“=”不是数学中“等于”的含义，而是“=”右边的数据存放在左边的变量（对象）表示的存储单元中。

例如：

```
unsigned short age = 0;
char ch1='a', ch2='0';      //定义两个字符型变量，并将其值初始化为'a'、'0'
```

以上示例中，通过赋值运算符“=”进行初始化，这种方法称为赋值初始化。除此之外，还有一种方法称为直接初始化，通过将初始值放在圆括号中来完成。其一般格式如下。

变量类型　变量名 1(初值 1),变量名 2(初值 2),…,变量名 *n*(初值 *n*);

例如：

```
unsigned short age(0);
char ch1('a'), ch2('A'); //定义两个字符型变量，并将其值初始化为'a'、'A'
```

初始值是可选的，如果变量并没有提供初始值，则变量的初始值将是不确定的，通常称为未初始化。

在 C++中定义和初始化变量时，有以下几个关键点和注意事项需要了解。

（1）变量 4 要素。

变量的定义包含 4 个基本要素：类型、名称、值和存储单元。其中，类型、名称和值通常在变量定义时就被明确指定了。

- 类型：决定了变量可以存储的数据类型。
- 名称：用于在代码中引用变量的标识符。
- 值：变量在特定时刻所持有的具体数据。
- 存储单元：指变量在计算机内存中对应的存储空间，这个存储空间由系统根据变量的类型自动分配。

当编程时需要通过变量名来引用变量时，实际上是在访问对应的存储单元。

变量名与变量值示意如图 2-2 所示。

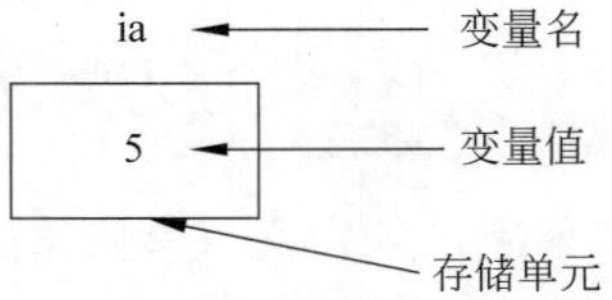

图 2-2　变量名与变量值示意图

说明：这行代码声明了一个名为 ia （变量名）的 int（变量类型）整型变量，它的值被初始化为 5（变量值），并且占用了 4B 的内存空间（存储单元）。

（2）在一条语句中可声明或定义同类型的多个变量，但不能混合定义不同类型的变量。例如：

```
int age, char ch1;          //错误
```

（3）变量名的命名。

变量名是标识符的一种，取名必须遵循标识符的构成规则。例如：

```
stu_8、StuId、_box、INT、my_Case       //合法变量名
8_stu、Stu Id、-box、int、my-Case      //非法变量名
```

变量名不推荐使用 C++ 库名、库函数名、类名、对象名。例如：

```
cout、string、sin、main                //不合适的变量名
```

用户在自定义变量名时，除了要符合标识符构成规则，还要“见名知意”，要让其有

意义、简洁、易区分，以便程序易读，提高用户阅读效果。例如：

```
StuAge、stuAge、AgeOfstu、nameOfage、age_stu、stu_age、iStuAge
```

上例中的变量名都是用来表示学生年龄的，但它们的命名风格不同，反映了不同的命名约定。目前流行的命名风格有驼峰式、帕斯卡、下画线、匈牙利标记法等。

（4）给变量赋值。

变量初始化与变量定义后的赋值不同，前者是创建变量时赋予变量一个确定的值，后者则是无论变量原来的值是什么，都将被新值所替代。

给变量赋值的一般格式为

变量名 = 表达式;

例如：

```
int ia;
ia = 5;             //给变量 ia 赋值 5
…
ia = 10;            //重新给 ia 赋值为 10，变量 ia 的值已改变，不是原值 5
```

（5）别名 typedef。

如 int、float、double 等类型名称是保留字，原则上是不能更改的，但可以用 typedef 为一个已有的类型名创建一个同义词（别名）。其用法为

typedef 类型名 别名列表;

例如：

```
typedef int INT, integer;   //给 int 定义了两个别名
INT ia;                     //即 int ia;
```

上例中，如若没有 typedef，变量 ia 的定义就是错误的。

注意：typedef 并没有实际定义一个新的数据类型，且无法更改现有类型名称的含义。

为满足不同的编程需求，在定义变量时，需要结合以下 4 种常用的基本数据类型。

2.4.2 整型变量

整型分为短整型 short、基本整型（简称整型） int、长整型 long。每种类型前可以加上修饰符 signed（常省略）和 unsigned，还有在 long 前加上修饰符 long 描述的长长整型。

在定义整型变量时，需要根据变量的取值范围选择合适的数据类型。

例如，人的年龄取值范围不会超过整型的最小范围（−32 768~32 767），可以将年龄定义为 short 类型。

```
short age;                  //年龄变量 age 定义为短整型
```

并且年龄不可能为负，则也可以使用无符号数据类型，这样变量可以表示更大的值。

```
unsigned short age;     //年龄变量 age 定义为无符号短整型
```

需要注意的是，当一个整数超出其定义类型的范围时，计算机会将其转换为在数值范围内所允许的一个数，这就很容易造成整型数据的溢出，而且编译系统并不会发现这类

错误。

【例 2-3】 整数的溢出问题。

```
#include <iostream>
using namespace std;
int main()
{
    short data;
    data = 32767 + 1;
    cout<< "data = " << data << endl;
    return 0;
}
```

运行结果：

```
data = -32768
```

预期的计算结果不是 32 768，是因为 32 768 超过了有符号整型的取值范围，导致其值向上溢出变为负数。因此，作为程序员，需要在编写代码前就要考虑到整数溢出的可能性，并采取适当的预防措施。要想避免这类问题发生，就要尽量准确估算计算结果的可能取值范围，选择取值范围更大的变量类型。如例 2-3 中可以将 short 型修改为更大取值范围的 int 类型。

2.4.3 浮点型变量

浮点数是用于表示带小数部分的数据。浮点型又称为实型，包含整数部分和小数部分两部分数据。浮点型分为单精度（float）、双精度（double）和长双精度（long double）三种。

与整数存储方式不同，浮点型数据是按照指数形式存储的，遵循 IEEE 754 标准。这种表示方法包括三部分：符号位、指数部分和尾数部分（也称为小数部分或有效数字）。

例如，单精度浮点数 7.625 在内存中的表示（ IEEE 754 格式）如图 2-3 所示。

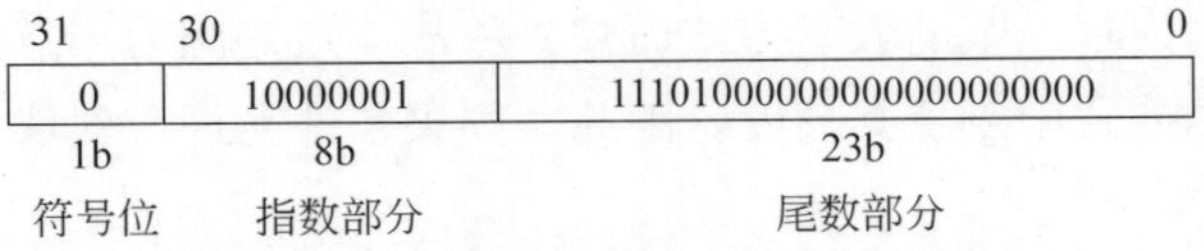

图 2-3　单精度浮点数 7.625 在内存中的表示

将 7.625 转换为二进制数：$7.625 = (111.101)_2$。再将其转换为科学记数法：将小数点移动到第一个 1 之后，得到 1.11101。小数点从原来的位置移动了两位，所以指数是 2。

- 符号位：由于 7.625 是正数，所以符号位是 0。
- 指数部分：指数是 2，但 IEEE 754 标准使用单精度偏移量 127，所以实际存储的指数值是 $2 + 127 = 129$，转换为二进制数是 10000001。
- 尾数部分：尾数是 1.11101。在 IEEE 754 标准中，第一个 1 被省略（隐含的），所以尾数部分是 11101（需要对尾数进行填充，使其达到 23 位）。

浮点数小数部分占的位（bit）数越多，其精度越高。指数部分的位数越多，其取值范围越大。浮点型各类型是按它们可以表示的有效数位和允许的指数最小范围来描述的。一个数有效数字的个数，反映了这个数的精确度。所以选择何种浮点数类型定义可以根据其类型的有效位选择。例如：

```
float g = 9.8;            //定义重力加速度变量 g
double pi = 3.1415926;  //定义圆周率变量 pi
```

与整数相比，虽然浮点数精度高，表示的范围也更大，但其处理时间比整数长。同时，因浮点型数据长度和精度有限，所以浮点数存在舍入误差和计算误差。

【例 2-4】 浮点型有效位的意义。

```
#include <iostream>
using namespace std;
int main()
{
   float data1, data2;
   data1 = 123456.789e3;     //指数表示法
   data2 = data1 + 20.0f;
   cout<< fixed << "data1 = " << data1 << endl;
   cout<< "data2 = " << data2 << endl;
   return 0;
}
```

说明：fixed 是 I/O 流的常用控制符，此处的作用是设置输出以小数形式显示浮点数，见 2.6.2 节。

运行结果：（Windows 10，MinGW GCC10.3.0 编译器）

```
data1 = 123456792.000000
data2 = 123456816.000000
```

说明：在本例中，结果与预期不符，原因在于单精度浮点数（float）无法精确表示某些数值。在浮点数运算中，当一个非常大的数与一个非常小的数进行相加或相减时，较小的数值部分可能会因为浮点数的表示方式而被“丢失”。这是因为浮点数通过有限的位数来表示数值，这种表示方式限制了其精度。因此，如果条件允许，建议使用更高精度的数据类型来降低这种误差。

例如，将例 2-4 中的 float 类型更改为更高精度的 double 类型，即

```
double data1, data2;
```

修改后的运行结果：（Windows 10，MinGW GCC10.3.0 编译器）

```
data1 = 123456789.000000
data2 = 123456809.000000
```

另外，也应尽量避免两个浮点数的比较。这是由于浮点数的表示方式，即使是看起来相同的计算，也可能因为舍入误差而导致结果略有不同。因此，直接比较两个浮点数是否相等可能会导致不准确的结果。具体用法详见 3.3 节。

在实际编程中，float 隐含的精度损失是不能忽视的，使用 double 的代价相对于 float

可以忽略，现代的计算机能直接对 double 做硬件运算，性能不会比 float 慢。

2.4.4 字符型变量

字符型数据或变量可分为有符号和无符号，其中，在书写 signed 时常省略。但无论是有符号还是无符号，它们的内存占用都是相同的，即 1B，其取值范围和内存所占字节数等具体描述见表 2-2。

由于字符型数据在内存中只占用 1B，所以又称为字节型。它除了可以存储单字节字符，也可以存储较小范围的整数（特别是在位操作中），其存储形式是以 ASCII 码的二进制值存储。**ASCII 码**（American Standard Code for Information Interchange，美国标准信息交换代码）是一种将英文字母、数字和其他字符编码为二进制值的标准。每个字符都对应一个唯一的整数。例如，字符'A'的 ASCII 码值为 65（十进制）。

在计算中最常用的 ASCII 码值如下。

字符：	'0'	'1'	'2'	…	'A'	'B'	'C'	…	'a'	'b'	'c'	…
ASCII 码值：	48	49	50	…	65	66	67	…	97	98	99	…

注意：这里的'0'字符不能理解为数字 0，它们不是同一数据类型。

【例 2-5】 字符型变量的赋值与输出。

```
#include <iostream>
using namespace std;
int main()
{
   char ch1, ch2;
   ch1 = 'A';
   ch2 = 65;          //以整数赋值
   cout<< "ch1 = " << ch1 << ",ch2 = " << ch2 << endl;
   ch1 = 'A' + 32;
   ch2 = ch1 + 1;
   cout<< "ch1 = " << ch1 << ",ch2 = " << ch2 << endl;
   return 0;
}
```

运行结果：

```
ch1 = A,ch2 = A
ch1 = a,ch2 = b
```

2.4.5 逻辑型变量

逻辑型（bool）是 C++中新增的数据类型。它的名称来源于英国数学家 George Boole，他创立了现代符号逻辑的基础，因此，逻辑型也称为布尔型。在计算中，布尔变量的值可以是 true（表示“真”）和 false（表示“假”）。逻辑型数据在内存中通常占用 1 个字符，并且以二进制形式存储。

需要注意的是，true 和 false 是保留字，必须使用全小写形式，不能修改。例如，TRUE、True、False 等都是不正确的写法。

在第 4 章中，读者将会看到，在 C++中非 0 值被解释为 true，而 0 值被解释为 false。

这意味着，使用 bool 类型与使用整数类型在逻辑上是等价的。

【例 2-6】 逻辑型变量的赋值与输出。

```
#include <iostream>
using namespace std;
int main()
{
    bool isReady = true;      //以逻辑值赋值
    bool start = false;
    cout<< "isReady = " << isReady << ",start = " << start << endl;
    isReady = 0;              //以整数赋值
    start = -100;
    cout<< "isReady = " << isReady << ",start = " << start << endl;
    return 0;
}
```

运行结果：

```
isReady = 1,start = 0
isReady = 0,start = 1
```

视频讲解

2.5 常量

与变量类似，常量也有自己的数据类型。**常量**（Constant）是程序中其值保持不变的量。**字面量**（Literal Constant，字面常量）是指在源代码中可以直接使用而不需要定义的常数。根据数据类型，字面量可以分为整型、浮点型、逻辑型、字符型、字符串等。

2.5.1 整型数

整型数也叫作整型字面量，可以用十进制、八进制和十六进制来表示。其方法是通过在数字前加上进制前缀来区分。

（1）**十进制整数**：没有前缀，由 0~9 共 10 个数字构成。

例如 12、−1、0 等。

（2）**八进制整数**：以“0”为前缀，由 0~7 共 8 个数字构成。

例如 012 表示八进制数 12，转换为十进制数是 10。

注意：23、28、03a2、o13、0x13 都是不合法的八进制数。

（3）**十六进制整数**：以“0x”或“0X”为前缀，由 0~9 及 a~f 或 A~F 构成。

例如 0xa 或 0XA 都表示十六进制数 a，相当于十进制数 10。

注意：英文字母的大小写可以混用，A~F 表示十进制数 10~15。

例如 2a、0x2H、03a 都不是合法的十六进制数。

C++14 还允许使用二进制整数表示，以“0b”或“0B”为前缀，由 0、1 两个数字构成，例如 0b1111 表示十进制数 15。

整型数的默认类型是 int。可以在整数后面加上后缀“l”或“L”来表示该整数是 long int 类型。另外，整数默认是有符号的（signed），可以在整数后面加上后缀“u”或“U”来表示该整数是无符号的（unsigned）。C++11 提供了用于表示 long long 类型的后缀“ll”

或“LL”。

例如：

```
0               //signed int（默认表示）
214             //signed int（默认表示）
2147483648      //long long
12u             //unsigned int
-1L             //signed long
12Lu            //unsigned long
```

2.5.2　浮点型数

浮点型数也就是实数字面量，可以通过小数形式和指数形式来表示。

（1）小数形式：由数字 0~9 和小数点组成，必须包含小数点。

例如 3.14、−12.3、1.0、2.、.03 等。

（2）指数形式：表示格式为

[+/-] 十进制浮点数 / 整数 **e/E** **[+/-]** 十进制整数

说明：

① [+/−]为可选项，用来表示正负号。

② e 或 E 表示以 10 为底的指数。例如，12e4 或 12E4 都表示 12×10^4。

③ e 或 E 前必须有数字，可以是十进制的浮点数，也可以是十进制的整数。

④ e 或 E 后必须跟一个整数。

例如 12.3e−4、−3.1E2、.5e1 等；而 e5、3.4e5.5、e、1e 是不合法的指数形式。

浮点型数的默认类型是 double。在浮点数后加上后缀“f”或“F”表示 float 类型；使用后缀“l”或“L”表示 long double 类型。

例如：

```
12e-4           //double（默认表示）
7.65            //double（默认表示）
7.65f           //float
-7.6e5L         //long double
3.5e400         //long double
```

2.5.3　字符

字符即字符字面量，可以通过普通字符和转义字符形式来表示。

1. 普通字符

以单引号引起来的单个字符（单引号不可少）。如'a'、'4'、'$'、'Z'等。

注意：并不是所有字符都能使用这种形式表示，如单引号（'），即 ''' 是不合法字符。如果想在字符中表示单引号，需要改为转义字符 '\''。这样，反斜杠（\）后面的单引号就被视为普通字符，而不是字符的边界。

2. 转义字符

以反斜杠（\）开头，后面紧跟一个或多个字符来表示特殊字符的字符。如'\n'、'\\'、'\a'等。

转义字符中有些是控制字符，如'\n'表示换行符；有的是表示字符的符号，如单引号（'）转换为字符 '\'' 表示；而反斜杠（\）本身要转换为 '\\' 表示。具体可以参照表 2-3。

转义字符的反斜杠（\）还可以与八进制数和十六进制数结合起来一起使用，以表示相应的该数值的 ASCII 码值。

1）八进制数转义字符

用 1~3 位八进制数表示字符形式：**\ddd**。

例如，'\101' 表示八进制数 101，相当于十进制数 65，即字符 'A'。

'\12'表示八进制数 12，相当于十进制数 10，即换行符 '\n'。

2）十六进制数转义字符

用 1~2 位十六进制数表示字符形式：**\xhh**。

例如，'\x41' 表示十六进制数 41，相当于十进制数 65，即字符 'A'。

'\xA' 表示十六进制数 A 或 a，相当于十进制数 10，即换行符 '\n'。

表 2-3 列举了 C++字符的 ASCII 码对照表。

表 2-3 C++字符的 ASCII 码对照表

字符	值	字符	值	字符	值	字符	值	字符	值
\0 空字符	0	SO	14	FS	28	*	42	A~Z	65~90
SOH	1	SI	15	GS	29	+	43	[	91
STX	2	DLE	16	RS	30	,	44	\反斜杠	92*
ETX	3	DC1	17	US	31	-	45	]	93
EOT	4	DC2	18	SPC	32	.	46	^	94
ENQ	5	DC3	19	!	33	{	47	-	95
ACK	6	DC4	20	"双引号	34*	0~9	48~57	`	96
\a 响铃	7*	NAK	21	#	35	:	58	a~z	97~122
\b 退格	8*	SYN	22	$	36	;	59	{	123
\t 水平制表符	9*	ETB	23	%	37	<	60	|	124
\n 换行	10*	CAN	24	&	38	=	61	}	125
\v 竖向制表符	11*	EM	25	'单引号	39*	>	62	~	126
\f 换页符	12*	SUB	26	(	40	?	63*	DEL	127
\r 回车	13*	ESC	27	)	41	@	64		

备注：ASCII 码值为十进制整数。ASCII 码值后加"*"为常用的转义字符。其中，ASCII 可显示的字符共有 95 个，包括 ASCII 码值为 32 的空格字符到 ASCII 码值为 126 的"~"字符。

由表 2-3 可见，每个字符都有一个等价的整数值与其对应，从这个意义上看，字符字面量可以看成一种特殊的整型数。

【例 2-7】 字符字面量的使用与输出。

```
#include <iostream>
using namespace std;
int main()
{
    char quote = '\"';
```

```
    cout<< quote << "It is a example." << quote << "\n";
    cout<< "Enter your id:***\b\b\b123\xA" ;
    cout<< "disappear\r1*******2*******3\n" ;
    cout<< "\x41\tB\tC\nAAA\tBBB\tCCC" << endl;
    return 0;
}
```

运行结果：

```
"It is a example."
Enter your id:123
1*******2*******3
A       B       C
AAA     BBB     CCC
```

程序说明：

（1）变量 quote 定义了一个双引号字符。

（2）换行符可以以字符 '\n'的形式出现，也可以以字符串 "\n"的形式使用，在输出字符串时可替代 endl，从而在输出中起重起一行的作用。

（3）'\r '：转义字符，表示回车，但不换行，即将光标移到当前的起始位置，而不是下一行处。

（4）'\t'：水平制表符，它也是一个具有特殊含义的转义字符，相当于按 Tab 键。在屏幕上，一行通常被划分为若干个域，相邻域之间的交界点被称为“制表位”，每个域的宽度相当于一个 Tab 宽度。因此，在输出数据时，使用'\t' 可以帮助达到数据对齐输出的效果。

（5）'\b'：表示退格。

2.5.4　字符串

在前面介绍的例子中，有不少字符串，如"isReady = "、"\n"、"请输入半径 r：\n" 等。字符串是由一对用双引号引起来的字符序列，并以空字符 '\0'作为结尾，用于标识字符串的结束。

例如，"Hello World"在内存中表示为连续 12 个内存单元。其中第 6 个字符空格也是一个字符，见图 2-4。

H	e	l	l	o		W	o	r	l	d	\0

图 2-4　"Hello World"字符串的内存表示

注意：虽然字符串和字符字面量都由字符构成，但一定要注意字符串和字符是不同的。它们之间主要有以下区别。

（1）字符字面量由单引号引起来，字符串由双引号引起来。

（2）字符型变量可由字符字面量赋值，但不能由字符串赋值。

（3）字符字面量只能是单个字符（占 1B 大小），字符串的长度并不固定（内存字节大小 = 字符字节数+1）。

例如，"a"在内存中占 2B，'a'占 1B。

2.5.5 const 常量

在编程实践中，若需要定义一个初始化后不再改变的变量，或使用一个有名字的字面量，可以使用关键字 const 来实现。例如，在计算圆的面积和周长时，圆周率 π 在程序中会被多次引用。此时，定义一个易于理解且含义明确的名称，可以在需要修改时实现“一改全改”，从而避免字面值不一致的问题。

定义的一般格式为

const 数据类型 常量名称 = 初始值;

例如，在例 2-1 中，圆周率 3.14159 作为常量可以如下定义。

```
const float PI = 3.14159;
```

在程序中使用 PI 代替字面量 3.14159，编译器会确保 PI 的值不被改变。这种方法不仅提高了代码的可读性，而且因为更容易修改和被检查出来，从而提高了代码的可维护性。

使用 const 常量时，需要注意以下几点。

（1）定义为 const 后的常量在程序中不能修改。

在 C++中，声明 const 常量时必须提供初始值，因为一旦声明为 const，其值就不能被改变。这意味着常量在程序运行期间保持不变。如果在声明时没有提供初始值，编译器将无法确定该常量的值，这将导致编译错误。

另外，常量的声明确实类似于在变量声明前加上 const 限定符。这个限定符告诉编译器，这个变量的值是恒定的，不能被修改。因此，在赋值语句中，常量名称不能出现在赋值符号的左侧。例如：

```
const float PI;      //错误
PI = 3.14;           //错误
```

（2）常量定义中初始化的值是一个不依赖于运行的表达式。

例如：

```
const int Class_number = 30 * sizeof(int);      //正确
const int classNumber = max(29,30);             //错误
```

由前面的介绍已知，在声明 const 常量时必须提供初始值。这意味着初始化表达式必须是一个在编译时就能确定的值。与 sizeof 运算符不同，max( ) 是一个运行时函数，其值不能在编译时确定，因此不能用于常量的初始化，这是错误的。

（3）常量名称需要合法的标识符。

为了在阅读时与变量名区别，一般的做法是将常量名称的首字母大写或全大写，以提醒程序员它在程序中是一个常量。例如，上例中的常量 PI。另外，“π”字符不属于 C++语言的有效字符集，不能用作常量名称，可以用 Pi 或 PI 来表示。

在 C 语言中，尽管可以使用**预处理器指令**#define 定义宏常量（也称为符号常量）来完成类似 const 的工作，但 const 通常被认为是更好的选择，主要原因如下。

① 类型安全。

const 常量具有类型，而 #define 宏常量没有。例如：

```
#define PI 3.14159
```

当程序被编译时，预处理会用浮点数 3.14159 替换程序中的所有 PI。由于 PI 不属于 C++程序中的名字，它不是一个具有一定类型的常量名，在随后的编译中，无法发现由它引起的数据类型误用的错误。

② 存储方式。

const 常量在内存中有存储空间，可以被编译系统优化。而 #define 宏常量只是简单的文本替换，不会分配存储空间。

③ 可以用于更复杂的类型。

const 常量可以用于数组和结构，也可以使用 C++的作用域规则将定义限制在特定的函数或文件中。

因此，虽然#define 宏常量在某些情况下可能足够使用，但为了提高代码的可读性、可维护性和安全性，建议使用 const 来定义常量。

2.6 输入与输出

C++的输入/输出操作是通过流（stream）对象来实现的。在 C++中，程序的输入被视为从键盘、磁盘文件或其他输入源中读取的一串连续的字节流；而程序的输出则是向显示器、打印机、磁盘文件或其他输出目标发送的一串连续的字节流。这些流充当了程序与输入/输出设备间的桥梁。因此，C++ 的输入/输出被称为 I/O 流。字节可以构成字符或数值数据的二进制表示。

C++为程序员提供了标准化的输入/输出功能，cout 是标准输出流对象，cin 是标准输入流对象。当使用 C++的标准输入/输出时，必须在源文件的开头包含头文件 iostream。即

```
#include <iostream>
using namespace std;
```

说明：代码第 2 行是标准输入/输出流类库需要使用的标准命名空间。若没有该语句，在使用 cin、cout 和流运算符时，要求添加“std::”。例如：

```
int a, b;
std::cout << "请输入两个整数：";
std::cin >> a >>b;
std::cout << "你输入的数是：" << a << " 和 " << b << std::endl;
```

2.6.1 cin 与 cout 对象的使用

1. cin 输入数据

使用 cin 输入数据的一般格式为

cin >>变量 1 >>变量 2 >> …;

说明：在书写 cin 输入流输入数据时，需要与提取操作符“>>”一起使用。操作符“>>”用于从输入流中提取数据。即它会按顺序将从输入设备（如键盘）接收到的数据依次提取到变量 1、变量 2 等变量中。

cin 输入数据示意图见图 2-5。

```
int ia, ib;
cin>> ia >> ib;
cout<< "ia = " << ia << "ib = " << ib << endl;
```

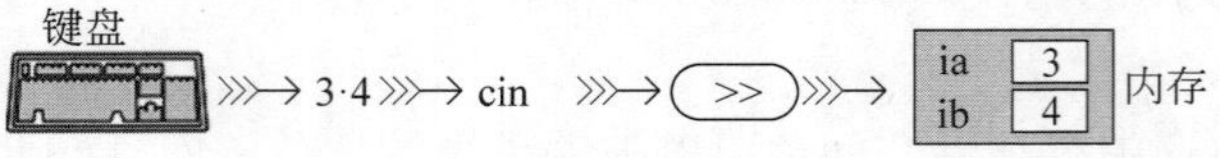

图 2-5 cin 输入数据示意图

说明：cin 输入数据，缓冲区不为空时，直接从缓冲区中提取数据；否则等待键盘输入。键盘输入必须以按 Enter 键结束输入。

执行第 2 行“cin >> ia >> ib;”，即当需要输入 ia 和 ib 两个变量值时，为了分隔提取的这两项数据，在两个数据之间需要输入任一空白符。空白符有三种：空格、Tab 键、回车。

例如，由键盘输入（⌣表示空格，→表示 Tab 键，↵表示回车）：

方式一：	方式二：	方式三：
3⌣4↵	3→4↵	3↵ 4↵

注意：当需要输入多个数据项时，可以混合使用这三种空白符之一，但不能使用逗号“,”或其他符号来替代。

2. cout 输出数据

使用 cout 输出数据的一般格式为

cout <<表达式 1 <<表达式 2 <<…;

说明：在书写 cout 输出流输出数据时，需要与插入操作符“<<”一起使用，操作符“<<”可以将右侧的数据插入输出流中，即将表达式 1、表达式 2 等依次按顺序插入标准输出流对象中，实现数据在显示器上的输出。可以参考图 2-6 中的示例。

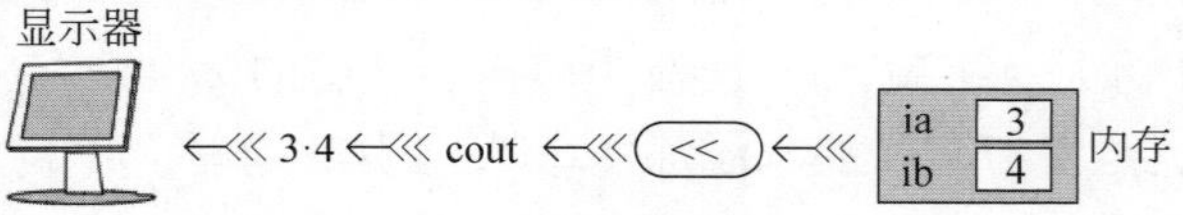

图 2-6 cout 输出数据示意图

说明：cout 输出数据时，并不是每插入一个数据就立即输出，而是将插入的数据顺序存放在一个输出缓冲区中。直到输出缓冲区满或者刷新操作（如 endl、'\n'、flush 或 ends 等）时，才会将缓冲区中已有的数据一次性输出，并清空缓冲区。

有时，仅使用输入/输出流的默认格式无法满足特殊的输入/输出要求。例如，如果需要将整数以十六进制而非默认的十进制数输出，应如何操作呢？

C++的 I/O 流提供了一系列的预定义控制符，可以修改 I/O 流对象的格式状态。

2.6.2 格式控制

控制符（Manipulators，也称为操纵符）是用于控制 I/O 流行为的特殊函数。它们通常与插入运算符（<<）和提取运算符（>>）一起使用，以改变流的格式或行为。表 2-4 列举了一些常用的 I/O 流控制符。

表 2-4　常用的 I/O 流控制符

控　制　符	说明（*表示程序需要包含头文件<iomanip>）	
endl	插入换行符，刷新缓冲区输出到设备上	
ends	插入空字符 '\0'，刷新 ostream 缓冲区输出到设备上	
flush	刷新 ostream 缓冲区，缓冲区的字符立即输出到设备上	
dec	默认状态，设置基数为 10 输入/输出整数	
hex	设置基数为 16 输入/输出整数	
oct	设置基数为 8 输入/输出整数	
setbase(n)	设置整数进制基数，n 只能是 8、10 或 16	*
noshowbase	默认状态，不显示进制基数前缀；showbase 则为显示	
lowercase	十六进制数下小写输出	
nouppercase	默认状态，十六进制数下显示 0x 和 e；uppercase 显示 0X 和 E	
fixed	默认状态，将浮点数输出为定点数（小数形式）	
scientific	以指数表示法显示浮点数	
setprecision(n)	设置浮点数的精度为 n 位	*
setfill(c)	设置填充字符为 c	*
noboolalpha	默认状态，逻辑值用 1/0 表示；boolalpha 是以 true/false 表示	
setw(n)	设置下一个数据的字段宽度为 n	*
left	在设定域宽内左对齐输出，右边用填充字符填满	
right	在设定域宽内右对齐输出，左边用填充字符填满	
noshowpos	默认状态，非负数中不显示+；showpos 为显示+	
noshowpoint	默认状态，小数部分存在才显示小数点；showpoint 即使小数部分为 0，也显示小数点	
skipws	默认状态，控制输入流是否跳过空白字符（空格、制表符、换行符等）；noskipws 禁用空白字符跳过功能	

说明：在 Windows 10，MinGW GCC10.3.0 编译器环境下，若使用表中标识“*”的控制符，除了需要包含头文件 iostream 外，还必须在程序前包含头文件 iomanip。

【例 2-8】 使用 cin 和 cout 输入/输出数据。

```
#include <iostream>
#include <iomanip>
using namespace std;
int main()
{
    bool isReady;
    int intNum;
    float denominator, numerator;
    double dblNum;
    char ch1, ch2, ch3;
    cout << "----------逻辑型数据的输入与输出------------\n";
    cout<< "Are you ready?(1/0): ";
    cin>>  isReady;
    cout  << boolalpha << "Your answer is " << isReady << endl;
```

```
    cout << "\n-----------整型数据的输入与输出-------------\n";
    cout << "number of apples: ";
    cin>> intNum;
    cout<< showbase << "oct is " << oct << intNum
        << "\thex is "<< hex << intNum << endl;
    cout << "\n----------浮点型数据的输入与输出-----------\n";
    cout << "input denominator and numerator: ";
    cin>> denominator >> numerator;
    cout<< showpos << "denominator = " << denominator << "\t"
        << "numerator = " << numerator << noshowpos << endl;
    dblNum = denominator / numerator;
    cout<< "denominator/numerator = " << denominator / numerator << endl
        << fixed << "no decimal places is \t" <<setprecision(0) << dblNum << endl
        << "8 decimal places is\t" <<setprecision(8) << dblNum << endl
        <<scientific<< "8 decimal places is\t" << setprecision(8) << dblNum << endl;
    cout << "\n----------字符型数据的输入与输出------------\n";
    cout << "input ch1、ch2、ch3: ";
    cin>> ch1 >> ch2 >> ch3;
    cout<< ch1 << '\t' << ch2 << '\t' << ch3 << endl;
    cout<< setfill('*') << setw(3) << ch1 << '\t'
        << left <<setw(4) << ch2 << '\t'
        <<right<< setw(5) << ch3  << endl;
    return 0;
}
```

运行结果：

```
----------逻辑型数据的输入与输出------------
Are you ready?(1/0): 1↵
Your answer is true

-----------整型数据的输入与输出-------------
number of apples: 1001↵
oct is 01751    hex is 0x3e9

----------浮点型数据的输入与输出-----------
input denominator and numerator: 2238.5 -2.5↵
denominator = +2238.5   numerator = -2.5
denominator/numerator = -895.4
no decimal places is    -895
8 decimal places is     -895.40000000
8 decimal places is     -8.95400000e+02

----------字符型数据的输入与输出------------
input ch1、ch2、ch3: a 1 c↵
a       1       c
**a     1***    ****c
```

程序说明：

1. 逻辑型数据的输入与输出

对于逻辑型数据，I/O 流默认设置为 noboolalpha，其中，true 表示为 1，false 表示为

0。如果将代码第 14 行的格式设置为 boolalpha，逻辑型数据将以字符串形式 true 或 false 输入与输出。

2. 整型数据的输入与输出

整数的数制默认为十进制（dec），若需要以不同进制显示结果，可以使用相应的进制控制符。例如，代码第 18、19 行使用的 oct 和 hex 控制符，将十进制数 1001 分别转换为八进制数 1751 和十六进制数 3e9。

整数的前缀默认设置为 noshowbase，这意味着不会显示进制基数的前缀。如果代码第 18 行没有设置 showbase，则八进制数 1751 前不会有 0，十六进制数 3e9 前不会有 0x。

3. 浮点型数据的输入与输出

浮点数默认是以小数点表示的（控制符是 fixed），以指数形式表示的控制符是 scientific。

setprecision(n) 用于将实数的精度设置为 n 位。结合 fixed 使用，可以通过设置 n 值来设置浮点数的小数位数。例如，代码第 27、28 行分别设置了小数位数为 0 位和 8 位。

控制符 showpos 用于在正数前显示 + 号。例如，代码第 23 行设置为 showpos 后，正数前的 + 号会显示出来。默认设置 noshowpos 则不会显示 + 号，如第 24 行所示。

4. 字符型数据的输入与输出

输入字符型数据时，除了空白符外，键盘上输入的任何符号都可能被提取，因此在输入时需要注意字符是否能被变量正确接收。

转义字符如'\t'可以用来对齐和分隔数据，但其方向和域宽是不可修改的。相比之下，使用 setw(n) 这样的控制符（通常在 C++的<iomanip>库中定义），程序员可以更精确地控制输出数据的宽度。这里的 n 是指定的域宽整数值，如本例第 34~36 行所示。如果数据的实际宽度小于 n，则数据左侧会填充空格；如果实际数据宽度大于 n，则数据按实际长度输出，不会被截断。

需要注意的是，setw(n)是一个临时设置输出字段宽度的控制符。它只对紧接着的数据项有效，之后会恢复到默认的宽度设置。这意味着之后的输出将不再受先前 setw(n) 设置的影响。因此，如果需要在多个输出操作中保持相同的字段宽度，需要在每个操作前都重新设置 setw(n)。

本节简要介绍了使用 cin 与 cout 对象进行输入和输出的基本方法，但 C++的输入/输出功能远不止于此。例如，文件的输入和输出将通过 ifstream 和 ofstream 对象在后续章节中阐述。此外，C++还保留了与 C 语言兼容的输入/输出操作，这些操作由标准库函数实现。例如，在 C 程序中，使用 scanf 函数进行格式输入，printf 函数进行格式输出。在 C++中，也可以使用这些 C 语言的输入/输出函数，只需要通过预处理命令将 C 语言的头文件<stdio.h>或相应的 C++风格头文件<cstdio>包含到源文件中。这样的设计确保了 C++ 与 C 语言之间的兼容性，同时也为开发者提供了更广泛的选择性和灵活性。

2.7　C++编码风格

尽管 C++语言在编程风格上为开发者提供了较大的自由度，但对初学者而言，遵循合理的编程风格会使程序更易于阅读和理解。这样做不仅有助于编写出更可靠、更易于维护的程序，而且在软件规模不断增大、程序复杂性增加的情况下尤为重要。在多个编程人员参与开发、测试和维护的情况下，阅读和理解程序的需求也随之增加。显然，阅读程序的时间往往比编写程序的时间还要多。因此，遵循一致的编码规则对于团队协作和项目管理至关重要。

下面是大多数程序员遵循的一些编码规则，供初学者和开发者参考。

（1）通常情况下，每条简单语句应单独占一行。当语句过长，例如输出时，可以拆分成多行书写。

（2）添加必要的注释。

程序中应包含解释代码功能、目的、逻辑结构或特定细节的注释，以便程序员自己或其他开发者日后能够更轻松地理解和维护代码。这些注释是编程实践中的重要组成部分，它们不仅提高了代码的可读性和可维护性，还有助于团队协作和代码交接。

（3）用户自定义的标识符应规范命名。

变量名和用户定义的函数名应“见名知意”，并保持统一的风格。另外，由于 C++对英文字母的大小写敏感，应注意区别。常量名称推荐首字母大写，或者全大写。

（4）合理使用留白。

使用空格或 Tab 键进行合理的间隔、缩进或对齐。使用 Tab 键缩进可以使程序形成逻辑相关的块状结构，从而养成优美的程序编写风格。另外，保留字后应留一个空格分隔。运算符与操作数间也应留有一个空格，但复合运算符间不能加空格。

（5）使用必要的花括号。

每个函数都应有一对花括号，且各占一行，函数中的语句相对于花括号进行缩进。函数中的内置结构（如选择、循环）不管是单一语句还是复合语句，都应带一对花括号，结构中的语句应相对于花括号进行缩进，形成逻辑块状结构。

2.8 小结

2.8.1 思维导图

本章思维导图如图 2-7 所示。

2.8.2 思维模式

本章新增的主要思维模式如表 2-5 所示。

表 2-5 本章主要思维模式

模　式	说　明
类型决定变量尺寸和操作	数据类型决定了变量可以存储的数据范围、数据的含义以及可以对变量执行的操作。基本类型作为内置的原子类型，是构造更复杂数据类型的基石
变量 4 要素	作为数据类型的实例，变量在使用前必须先定义。变量一旦定义，它便具有明确的类型、有效的名称、设定的值和分配的存储单元

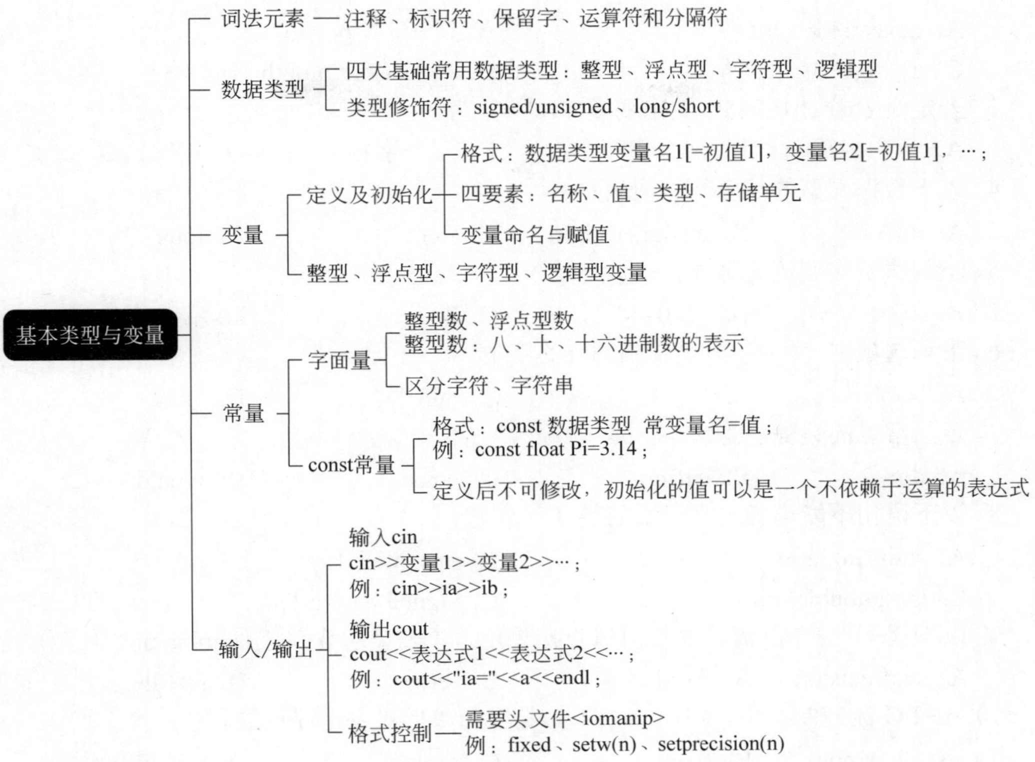

图 2-7　本章思维导图

2.8.3　逻辑结构

本章的主题是“基本类型和变量”。重点是变量的定义和使用，并涉及基本类型和输入/输出。

首先，通过一个简单示例，引入 C++语言的词法元素。接着，重点讨论 C++的基本数据类型。

然后，引入变量的概念，作为 C++程序设计的三大核心概念之一。重点讨论变量的定义和初始化，以及使用不同类型变量的注意事项。在变量定义的基础上，当限定其值在初始化后不能被修改，就可以得到 const 常量；同时，为了给变量或常量赋值，引入了字面量的概念。

最后，简单介绍了如何使用 C++的输入/输出流进行数据的读/写操作。

练习

一、单项选择题

1. 下列选项中，（　　）为合法的数据。

A. 0xFFe　1L　.05　　B. 118　'\'　'\x'

C. 'a!'　33333　−01　　D. False　1e−8　−1U

2. 下列选项中，合法的标识符为（　　）。

A. delay a&b　me　　B. C++　a_b　ab1
C. π　a　1_b　　D. _123 Cout month

3. 若定义 char ch1='\68'; 输出变量 ch1 的值为（　　）。
A. 一个字符　B. 两个字符　C. 三个字符　D. 定义错误

4. 以下数据类型的长度不相同的是（　　）。
A. int　B. unsigned short　C. float　D. long

5. 下列属于实型数的是（　　）。
A. .02　B. "720.29"　C. 220　D. 'w'

6. 下列选项中，（　　）是正确的转义字符。
A. 'xab'　B. '\'　C. '\081'　D. '\x2a'

7. 定义常量的关键字是（　　）。
A. dim　B. define　C. const　D. typeid

8. 以下语句不能正确定义变量的是（　　）。
A. short int num;　　B. unsigned data;
C. long double pi;　　D. signed bool isTrue;

9. 以下（　　）I/O 流控制符可以直接使用，不需要包含头文件 iomanip。
A. setprecision　B. fixed　C. setw　D. setfill

10. 在 I/O 流控制符中，以下（　　）是以指数形式表示浮点数。
A. showpos　B. fixed　C. setw　D. scientific

二、填空题

1. 除了空类型外，C++ 基本数据类型还包含______型（例如：5）、______型（例如：5.0）、______型（例如：'5'）和______型 4 类。

2. 为了与十进制整数区别，八进制整数的前缀为______，十六进制整数的前缀为______。

3. 逻辑型数值有两个，即______表示真、______表示假。

4. 字符由______引起来，字符串由______引起来，字符占用______字节，字符串以______作为结束标志。

5. C++中使用______作为标准输入流对象，通常代表键盘，与提取操作符______连用；使用______作为标准输出流对象，通常代表显示设备，与插入操作符______连用。

6. 字符'A'的 ASCII 码值为______，对应的八进制整数为______，'A'等价于八进制转义字符______。

7. 输入数据的空白符为空格、______以及分行的______。

8. ______是唯一一个仅有一次效果设置的 I/O 流控制符，必须在程序前包含头文件______。

三、程序分析

以下程序的输出结果是什么？

```
#include <iostream>
using namespace std;
int main() {
```

```
    int num;
    char ch;
    cin >> num >> ch;  //输入 123abc
    cout<< num << "\t" << ch << endl;
    return 0;
}
```

四、程序设计题

1. 设学生常数为 30，输入苹果数 iApp，要求输出下列结果（标点符号为中文）。

```
请输入苹果数：63↵
30 个人，每人可分 2 个。
```

2. 输入任意两个小写字母，编程输出其大写字母，要求运行结果如下。

```
input:a f↵
output:
****A****F
```

3. 取圆周率 3.1415926，分别通过键盘输入两个半径，分别输出两个圆的面积与周长。

输入要求：半径其中一个为整数，另一个为浮点数。

输出要求：输出顺序分别为圆周率、半径、面积、周长。圆周率、半径按域宽 10 位输出，面积、周长按域宽 15 位输出。

第3章 运算符与表达式

变量和常量通过运算符的组合构成表达式。当表达式后面加上分号时，它便成为一个表达式语句。多个语句有机组合在一起，便能构建出一个函数。在C++中，表达式是一段能够计算出值的代码。表达式可以简单到只是一个变量，也可以复杂到包含多层嵌套的操作符和操作数。

通过本章的学习，读者应理解运算符、表达式和语句的基本概念，并掌握如何根据各种数据类型和运算符的特性，灵活地运用它们来构建表达式。

课程思政

规则意识：正确使用运算符和表达式必须遵循严格的语法规则，这不仅有助于确保程序的正确性，还能培养学生的规则意识，即在行动中遵守规则、维护秩序的重要性。

3.1 分类和规则

表达式（Expression）是由运算符和运算对象组成的序列。最简单的表达式仅包含一个字面量、常量或变量。**运算符**（Operator）也称为操作符，是对运算对象执行特定操作的符号，它体现了数据之间的运算关系。表达式中被运算的对象也被称为**操作数**（Operand）。操作数可以是字面量、常量、变量、函数调用，或由多个运算符和操作符构成的嵌套表达式等。例如：

```
2.5 + max(obj1, obj2) /(obj3 * obj4)
```

3.1.1 运算符的分类

C++语言提供了丰富且强大的运算符。这些运算符不仅定义了它们对内置基本类型的操作行为，而且当操作数是用户自定义的新对象类型时，C++还允许用户为这些运算符赋予新的含义。本章内容将专注于讨论C++已经预定义的内置运算符。

根据操作数的个数，内置运算符可以分为以下三种。

（1）单目运算符：这种运算符只有一个操作数，所以也称为一元运算符。

单目运算符的表达形式有两种：运算符位于操作数之前的称为前缀单目运算符，位于操作数之后的称为后缀单目运算符。例如：

```
&objAddress                  //前缀单目运算符：用于取址运算
```

```
obj++                      //后缀单目运算符：用于后置自增运算
```

（2）双目运算符：这种运算符有两个操作数，运算符位于两操作数之间。例如：

```
obj1 + obj2                //用于加法运算
obj = 1                    //用于赋值运算
```

（3）三目运算符：这种运算符有三个操作数，作为 C++中唯一的三目运算符是条件运算符“?:”，它由问号“？”和冒号“：”以及三个操作数构成。例如：

```
obj1 >obj2 ? obj1 : obj2    //表示 obj1 和 obj2 中的较大数
```

三目运算符需要注意以下几点。

① 有些运算符是由两个或两个以上字符组成的一个整体，字符之间不能有空格。例如，++、>> =、&&等。

② 尽管有些运算符的符号相同，但它们可能具有多重含义。例如，运算符“-”既可以作为双目运算符用于执行减法操作，也可以作为单目运算符用于取反操作，改变数值的符号。因此，在阅读和理解程序代码时，需要根据运算符所处的上下文环境来准确判断其真正的含义和作用。

运算符除了根据操作数的个数进行分类外，还可以根据它们的特点进行划分。以下是一些常见的分类方式。

（1）算术运算符：用于基本的数学运算，包括+（加）、−（取负、减）、*（乘）、/（除）、%（求余）、++（自增）、--（自减）。

（2）关系运算符：用于比较两个值，并返回布尔值（true 或 false），包括>（大于）、>=（大于或等于）、<（小于）、<=（小于或等于）、==（等于）、!=（不等于）。

（3）逻辑运算符：用于布尔逻辑运算，包括&&（与）、||（或）、!（非）。

（4）位运算符：对操作数的二进制位进行操作，包括~（按位取反）、>>（右移）、<<（左移）、&（按位与）、^（按位异或）、|（按位或）。

（5）赋值运算符：用于将值赋给变量，包括=（简单赋值）、复合算术赋值（+=、−=、*=、/=、%=）、复合位运算赋值（&=、|=、^=、>>=、<<=）。

（6）求字节数运算：sizeof。

（7）条件运算符：？：。

（8）逗号运算符：，。

（9）引用运算符：*（间接引用）、.（对象成员引用）、->（指针对象成员引用）。

（10）动态操作运算符：new（动态分配）、delete（释放动态对象）。

（11）其他：&（取址）、()（括号或函数括号）、(类型)（显式类型转换）、[ ]（数组下标）、::（作用域解析）、typeid（运行时类型标识）等运算符。

3.1.2　表达式运算规则

复合表达式是指包含两个或更多个运算符的表达式。计算复合表达式的结果时，必须考虑运算符的优先级、结合性、类型转换约定和求值次序规则。

1. 优先级与结合性

1）优先级

在复合表达式中，不同运算符的计算顺序由它们的优先级决定。优先级高的运算符先于优先级低的运算符进行计算。例如：

```
obj1 + obj2 * 3            //* 优先级高于 +，先乘后加
```

在表达式中使用括号运算符可以强制改变计算的顺序。例如：

```
(obj1 + obj2) * obj3     //先加后乘
```

2）结合性

当表达式中包含两个或更多优先级相同的运算符时，它们的计算顺序由结合性规则决定。结合性分为左结合和右结合。左结合意味着按从左到右的顺序进行计算，而右结合意味着按从右到左的顺序进行计算。

例如：

```
obj1 / obj2 * obj3        //左结合：先除后乘
obj1 = obj2 = 1           //右结合：obj1 = (obj2 = 1)
```

以下是 C++中常见运算符的优先级与结合性的概括，如表 3-1 所示。

表 3-1　C++常见运算符的优先级及结合性

优先级	单目运算符	双目运算符	其他	结合性
1	( )、[ ]	.、->	::	左→右
2	!、~、+、−、++、−−、*、(类型)、&、sizeof、new、delete			右→左
3		.*、->*		左→右
4		*、/、%		左→右
5		+、−		左→右
6		<<、>>		左→右
7		<、<=、>=、>		左→右
8		= =、!=		左→右
9		&		左→右
10		^		左→右
11		|		左→右
12		&&		左→右
13		||		左→右
14			?:	右→左
15		+=、−=、*=、/=、%=、&=、|=、^=、>>=、<<=		右→左
16		,		左→右

说明：左→右为左结合，右→左为右结合。

2. 类型约定与类型转换

运算符对操作数有类型要求，表达式的结果可能会因操作数类型的不同而不符合预期。因此，在编写表达式时，需要考虑参与运算的操作数是否具有合法的数据类型，并考虑是否需要进行类型转换。

例如：

```
15 % 2.0;               //错误：操作数类型
```

错误原因是求余运算符的两个操作数都必须为整型。浮点数 2.0 不符合求余运算的类型约定。如果将浮点数 2.0 修改为整数 2，则表达式正确。

再如：

```
float obj;
obj = 15 / 2;          //整数除法
cout << "obj = " << obj << endl;  //结果为 7
```

注意，结果不为预期值 7.5。这是因为 C++中除法运算符“/”的行为取决于操作数的类型。由于 15 和 2 都是整数，C++将执行整数除法，结果为 7，并不会因为 obj 是 float 类型而改变。

又如：

```
2.5 + 3 + 'a'              //不同数据类型的混合运算
```

实际上，大部分运算符都要求操作数具有相同的数据类型，或者可以自动转换为同一数据类型。这里存在需要类型转换的要求。具体用法详见 3.5 节。

3. 求值次序

在复合表达式中求值时，优先级和结合性规定的是运算符与运算对象的组合方式，但它们并没有说明运算对象的求值顺序。例如：

```
result = obj1 * 2 + obj2 * 3
```

思考题：

先计算哪个乘法？

在这个例子中，优先级和结合性并没有指出应先计算哪个乘法。可能有人认为，结合性表明应先做左侧的乘法，但这里两个“*”运算符并没有用于同一个操作数，结合性并不适合。

事实上，C++标准把这个问题留给了实现，求值次序视编译器不同而不同。如上例中，先算左侧和先算右侧的结果是一样的。多数编译器在不影响计算结果时，习惯性采用从左向右的习惯处理表达式的求值次序，而且大多数的运算符都不会改变运算对象的值。但有些运算符会修改运算对象的值，这就产生了运算符的副作用。具体详见 3.2.3 节。

在 3.1.2 节中已提到，大多数运算符不会改变它们的操作数的值，但有些运算符，如自增或自减，会修改操作数的值，这就产生了所谓的运算符**副作用**。对于会产生副作用的运算符，要求操作数必须是左值。例如：

```
int obj1, result;
obj1 = 1;
result = obj1 * 2 + ++obj1;
```

3.2　算术运算与赋值

3.2.1　算术运算

视频讲解

C++提供了 9 个算术运算符，它们用于执行基本的数学运算。其优先级及结合性如

表 3-2 所示。

表 3-2　算术运算符的优先级及结合性

优先级	运　算　符	结合性
高	+（取正）-（取负）++（自增）--（自减）	右结合
↓	*（乘）/（除）%（求余）	左结合
低	+（加）-（减）	左结合

C++中，算术的基本运算符（+、-、*、/）与数学中对应的运算规则几乎一致，但当算术运算符在不同数据类型上运算时，将会进行不同的操作。

1. 算术除法 / 运算

除法运算符的行为由操作数的类型决定。当操作数为整数时，进行的是整数除法取整；操作数为浮点数时，进行的才是普通意义的除法。例如：

```
cout << (15/2) << endl;      //结果为 7
cout << (15/2.0) << endl;    //结果为 7.5
```

2. 算术求余 % 运算

双目求余运算符“%”用于两个操作数相除的余数。求余运算符只能对整数进行操作。例如：

```
cout << (3 % 5) << endl;     //结果为 3
cout << (123 % 10) << endl; //结果为 3
```

视频讲解

【例 3-1】 由键盘输入一百位数整数 num，求其百位、十位与个位数。

例如：123，百位为 1，十位为 2，个位为 3。

```
#include <iostream>
using namespace std;
int main()
{
    int num, n100, n10, n1;
    cout << "请输入一百位数：";
    cin >> num;
    n100 = num / 100;
    n10 = num / 10 % 10;
    n1 = num % 10;
    cout << "百位数：" << n100 << endl
         << "十位数：" << n10 << endl
         << "个位数：" << n1 << endl;
    return 0;
}
```

运行结果：

```
请输入一百位数：123↵
百位数：1
十位数：2
个位数：3
```

3. 算术表达式与数学表达式的书写

书写算术运算时，应注意以下几点，以确保与数学表达式的书写形式有所区别。

（1）不可省略的乘号“*”。例如，数学表达式中的“2a”要书写为“2*a”。

（2）不可替代的圆括号“( )”。在 C++中，使用圆括号“( )”来改变表达式的优先顺序，而不是数学中常用的方括号“[ ]”或花括号“{ }”。

（3）数学库函数的使用。对于需要调用标准库函数的数学运算，如 $\sqrt{b^2-4ac}$ ，应在源文件中包含头文件 cmath。表 3-3 列举了常用的标准数学函数。

表 3-3　常用的标准数学函数

函　数	功　能	说　明
sqrt(x)	返回 $\sqrt{x}$ 的值	$x \geqslant 0$
pow(x, y)	返回 x 的 y 次幂，即 x^y	
abs(x)	返回 $\|x\|$ 的值	x 为整数
fabs(x)	返回 $\|x\|$ 的值	x 为浮点数
sin(x)	返回正弦值 sin(x)	x 为弧度，其他三角函数略
asin(x)	返回反正弦值 arcsin(x)	x 为介于−1 和 1 之间的浮点数，其他反三角函数略
exp(x)	返回 e^x 的值	
log(x)	返回 $\log_e x$，即 ln(x)	$x>0$

例如，$\sqrt{b^2-4ac}$ 的算术表达式为

```
sqrt(b * b - 4 * a * c)  //需要 #include <cmath>
```

视频讲解

3.2.2　赋值与复合赋值

赋值运算符包括 =（简单赋值）和复合赋值运算符（+=、−=、*=、/=、%=、&=、|=、^=、>>=、<<=）。赋值运算符是双目运算符，其优先级在复合表达式中较低，仅高于逗号运算符，结合性是右结合性。赋值运算的方向是将右操作数的值赋给左操作数表示的内存单元，并将该值作为赋值表达式的结果。

1. 简单赋值运算

赋值运算的一般格式为

变量=表达式

其过程如下。

（1）先计算 “=” 右边表达式的值。

（2）将（1）的值存放在“=”左边变量的内存单元中。

（3）将（2）的值作为赋值表达式的结果。

在赋值表达式中，出现在左边的表达式称为**左值**（left value，缩写为 lvalue），它表示允许存放数据的空间，如变量、数组元素等。只能出现在赋值运算符右边的表达式称为**右值**（right value，缩写为 rvalue），在运算中取其值使用。左值表达式也可以作为右值表达式。

例如：

```
int obj1, obj2 = 2, obj3 = 3;
obj2 = obj2 % 2;                //结果为 0
```

```
obj1 = obj2 + 5 * obj3;      //结果为15
```

注意：当赋值表达式中的右值和左值的数据类型不匹配时，编译器通常要求进行类型转换以确保赋值操作的有效性。类型转换的规则和具体用法详见3.5节。

赋值表达式本身可以当作一个普通表达式参与运算。在C++语言中，以下赋值表达式均是允许的，但并不提倡。

```
int obj1, obj2;
obj1 = obj2 = 2;          //结果为2
(obj1 = 12) = 28;         //结果为28
```

程序段第3行的右值是28，而“obj1=12”作为左值，表示obj1的值由右值28替代刚赋给的值12。但如果表达式中包含过多的赋值表达式会降低程序的可读性，增加程序的复杂性，故不提倡。

2. 复合赋值运算

在C++中，当一个变量既作为赋值表达式的左值，又同时出现在右边表达式时，可以使用复合赋值运算符进行缩写。例如：

```
int obj1 = 5, obj2 = 2;
obj1 += obj2;        //等效简单赋值：obj1 = obj1 + obj2
```

上例中，“+=”运算符将两个操作数obj1和obj2相加，并将其值赋给左边的操作数obj1，再将obj1的值作为表达式的值，表达式结果为7。

每个双目算术运算符都有其对应的复合赋值运算符，它组合了算术和赋值两个操作，相较于一般赋值运算表达更为简练，建议使用。以上例操作数为例，表3-4对复合赋值运算符进行了总结。

表3-4　复合赋值运算符总结

复合赋值表达式	功　能	结果
obj1 += obj2	将obj1 + obj2的值赋给obj1，相当于obj1 = obj1 + obj2	7
obj1 −= obj2	将obj1 − obj2的值赋给obj1，相当于obj1 = obj1 − obj2	3
obj1 *= obj2	将obj1 * obj2的值赋给obj1，相当于obj1 = obj1 * obj2	10
obj1 /= obj2	将obj1 / obj2的值赋给obj1，相当于obj1 = obj1 / obj2	2
obj1 %= obj2	将obj1 % obj2的值赋给obj1，相当于obj1 = obj1 % obj2	1

3.2.3　自增和自减

算术++（自增）和−−（自减）也被称作增量和减量运算符。这两种运算中的自增或自减量均为1。自增和自减运算符都是单目运算符，根据运算符与操作数的相对位置，可以分为前置和后置两种形式。

- 前置自增/自减运算：这种形式是“先运算后使用”，即在操作数被使用前先进行加1或减1的操作。
- 后置自增/自减运算：这种形式是“先使用后运算”，即在操作数被使用之后才进行加1或减1操作。

【例3-2】 自增、自减运算。

```
#include <iostream>
using namespace std;
int main()
{
    int obj = 5, preObj, sufObj;
    preObj = ++obj;       //前置自增，先自增后使用
    cout<< "obj = " << obj << "\t preObj = " << preObj << endl;
    sufObj = obj++;       //后置自增：先使用后自增
    cout<< "obj = " << obj << "\t sufObj = " << sufObj << endl;
    obj = 5;
    preObj = --obj;
    cout<< "obj = " << obj << "\t preObj = " << preObj << endl;
    sufObj = obj--;
    cout<< "obj = " << obj << "\t sufObj = " << sufObj << endl;
    return 0;
}
```

运行结果：

```
obj = 6  preObj = 6
obj = 7  sufObj = 6
obj = 4  preObj = 4
obj = 3  sufObj = 4
```

由于“++”和“--”运算符会导致操作数的值发生变化，因此它们必须作用于左值表达式，即那些可以被修改的变量。常量不能作为自增或自减运算符的操作数。例如，4++、(obj1 + obj2) ++都是不合法的，因为它们试图对一个右值（不能被赋值的表达式结果）进行修改。

在 3.1.2 节中已提到，大多数运算符不会改变它们的操作数的值，但有些运算符，如自增或自减，会修改操作数的值，这就产生了所谓的运算符**副作用**。对于会产生副作用的运算符，要求操作数必须是左值。例如：

```
int obj1, result;
obj1 = 1;
result = obj1 * 2 + ++obj1;
```

思考题：

在上面的代码中，第 3 行的 obj1 是取原值还是自增后的值？

在计算右侧表达式的求值次序时，obj1*2 中的 obj1 是取 obj1 的原值 1，还是取自增后的值 2，这取决于编译器的具体实现。不同的编译器可能会得到不同的结果。在 GCC 编译器中，该程序段的运算结果为 4，即 obj1 取原值 1；而在 Visual C++ 中运行得到结果为 6，即 obj1 取自增后的值为 2。

为了消除表达式的副作用，在书写表达式时，应尽量避免使用这样的表达式；或者在确定表达式结果后，将其分解为多个表达式语句。例如，上例程序段第 3 行语句可分解为

```
result = obj1 * 2 + obj1;
++obj1;
```

或者

```
++obj1;
result = obj1 * 2 + obj1;
```

3.3 关系运算

视频讲解

C++提供了 6 个关系运算。其优先级及结合性如表 3-5 所示。

表 3-5 关系运算符的优先级及结合性

优先级	运 算 符	结合性
高	>（大于）、>=（大于或等于）、<（小于）、<=（小于或等于）	左结合
↓ 低	==（等于）、!=（不等于）	

关系运算符是双目运算符，其结果为 bool 型。当关系成立时，结果为 true（真）；当关系不成立时，结果为 false（假）。逻辑值在 C++中用整数 1 表示 true，整数 0 表示 false。

例如：

```
int obj1 = 5;
cout << (obj1 >= 7) << endl;          //关系运算：大于或等于
cout << (obj1 == 5) << endl;          //关系运算：等于
cout << (obj1 = 5) << endl;           //赋值运算
```

运行结果：

```
0
1
5
```

说明：第 2 行表达式关系不成立，结果为 false（假），输出整数 0；第 3 行表达式关系成立，结果为 true（真），输出整数 1；第 4 行并不是关系表达式，赋值运算的右值 5 赋给 obj1，其值作为表达式的结果输出。

注意：判断“相等”关系时应使用双等号==（等于），不要误用单等号=（赋值），这是两个不同的操作，经常会被初学者不小心搞错，在书写关系表达式时一定要注意区分。

关系运算符主要用于比较运算（==、!=）、选择语句或循环语句中。

例如，判断整数 num 是否是 2 的倍数作为偶数的判断条件，可以表示为

```
int num;
if(num % 2 == 0)      //== 不能写为 =
    cout << num << " 是偶数" << endl;
```

反之，要描述奇数，可以表示为

```
int num;
if(num % 2 != 0)
  cout << num << " 是奇数" << endl;
```

需要特别说明和注意的是，当关系运算符用于浮点数比较运算时，不能直接使用“==”“!=”运算符进行比较。在 2.4.3 节中已提到，因在计算机中存储的浮点数存在一定的误差，很难做到绝对相等。为了比较两个浮点数是否“足够接近”，通常使用一个小的阈值来检查

它们的差的绝对值是否小于这个阈值。如果小于，则可以认为这两个数是近似相等的。

例如：

```
float obj1, obj2;
if(fabs(obj1 - obj2) < 1e-6);    //表示 obj1 == obj2
```

3.4　逻辑运算

视频讲解

逻辑运算符包含三个。其优先级及结合性具体如表 3-6 所示。

表 3-6　逻辑运算符的优先级及结合性

优　先　级	运　算　符	结　合　性
高	!（逻辑非）	右结合
↓	&&（逻辑与）	左结合
低	‖（逻辑或）	左结合

逻辑运算符用于实现较复杂的逻辑判断。这些运算符的操作数类型为 bool 型，返回结果同样也为 bool 型。假设 obj1 和 obj2 为逻辑运算的两个操作数，表 3-7 对逻辑运算符进行了总结。

表 3-7　逻辑运算符总结

操作数 obj1	操作数 obj2	!obj2 非运算结果	obj1 && obj2 与运算结果	obj1 ‖ obj2 或运算结果
0（false）	0（false）	1（true）	0（false）	0（false）
非 0（true）	0（false）		0（false）	1（true）
0（false）	非 0（true）	0（false）	0（false）	1（true）
非 0（true）	非 0（true）		1（true）	1（true）

例如，判断某百分制成绩 score 的取值范围是否在[0, 100]内，可以表示为

```
if(score >= 0 && score <= 100);
```

反之，要描述成绩不在这个范围的判断条件，可以表示为

```
if(score < 0|| score > 100);
```

注意：逻辑非 ！运算符与关系运算符 != 具有不同的含义，不要混淆。

在一个复合逻辑表达式中，逻辑运算是从左到右进行计算的。当结果可以确定时，后续的计算就被忽略，这种现象称为逻辑运算的**短路**。

例如：

```
int obj1 = 3, obj2 = 0;
if(obj1 < 3 && ++obj2 != 0 &&--obj1 > 0)
    cout<< "expression is true\n";
cout<< obj1 << "\t" << obj2 << endl;
```

运行结果：

```
3        0
```

说明：由于第一个操作数 obj1<3 的关系不成立，结合“&&”逻辑运算的特点，就可以确定整个表达式的结果为 0（假），因此后续表达式可以直接忽略不执行。这样，输出时 obj1 和 obj2 的值没有变化。C++正是利用“&&”和“||”可以进行短路求值的这一特点，产生高效的代码。

3.5 类型转换

C++表达式的合法性及其含义由操作数的数据类型决定。C++允许不同类型的数据进行混合运算。在对这样的表达式求值时，需要将其中一些操作数进行**类型转换**，然后进行计算。表达式的类型转换分为隐式和显式两种。

3.5.1 隐式类型转换

隐式类型转换，也称为自动类型转换，由编译器自动完成。这种自动类型转换常发生在混合算术运算、赋值以及函数调用过程中。

在 C++的 4 类基本类型——整型、浮点型、字符型和逻辑型中，字符型和逻辑型数据可以与整型数据混合使用。当不同类型的运算对象参与混合运算时，自动转换的规则如下。

（1）统一类型转换：参与运算的不同类型数据将被转换为同一类型，然后再进行运算。

（2）精度保持转换：转换方向是朝精度更高的类型，以保证数据的精度不降低。这包括有符号类型向无符号类型的转换，并且按逐个运算符进行转换。其转换方向见图 3-1。

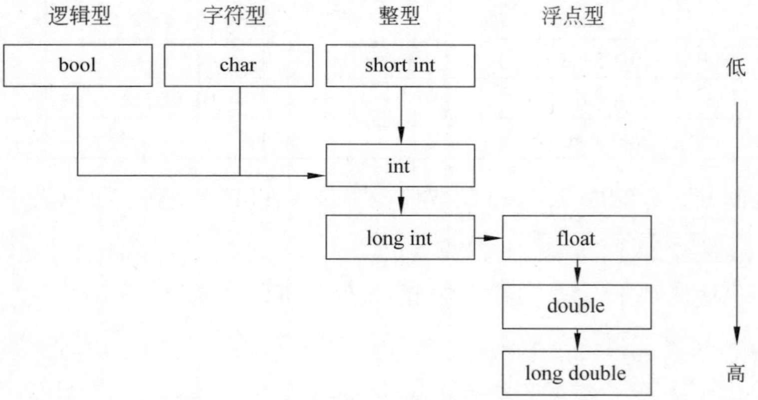

图 3-1 混合类型运算转换方向

混合类型运算转换说明如下。

① 字符型数据参与算术运算时，先转换为 int 类型（字符对应的 ASCII 码值）再运算。

② 当逻辑型数据参与混合运算时，在逻辑运算中，将非 0 转换为 true，而 0 转换为 false；在算术运算中，将 true 转换为整数 1，false 转换为整数 0，然后再运算。

③ 当一个整型数和一个 float 型数进行混合运算时，整型数优先转换为 float 型数再运算。

④ 当浮点数参与混合运算时，先向精度更高方向类型转换再运算。

（3）赋值运算中的类型转换：当“=”两边类型不同时，右边向左边类型转换。如果右边的数据类型较左边长时，将丢失一部分数据，或降低精度。

例如：

```
char chr_obj = 'A';
long int lng_obj = 3;
float flt_obj = 5.6;
int int_obj = (chr_obj > flt_obj) * 6.2 + lng_obj / 2;
cout<< int_obj << endl;
```

运行结果：

```
7
```

整个赋值表达式的具体类型转换过程如图 3-2 所示。

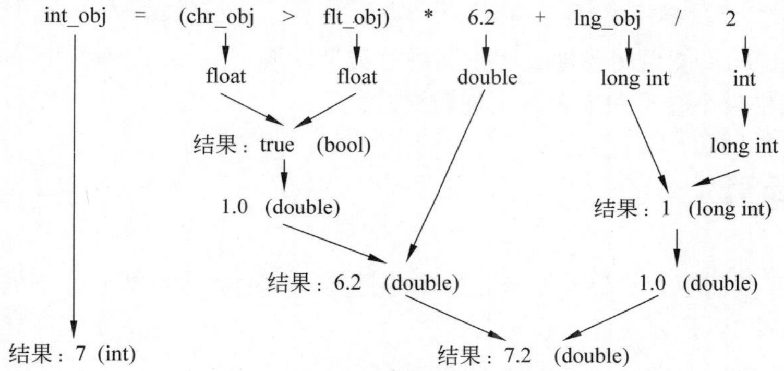

图 3-2　示例类型转换示意图

一般而言，将类型较小的数据转换为类型较大的数据类型是安全的。自动转换机制为程序员提供了便利，但同时也可能带来潜在的问题，如信息丢失或溢出等。所以，选择合适的数据类型并确保不同数据混合运算结果的正确性是程序设计者的责任。

3.5.2　显式类型转换

当不能进行自动类型转换（隐式类型转换）或者程序需要明确指定数据类型时，可以使用显式类型转换（强制类型转换）。显示类型转换在 C 和 C++中有不同的风格。

在 C++继承的 C 语言中的 C 风格类型转换，其一般格式为

(目标类型) 表达式　或　目标类型 (表达式)

例如，float 类型转换为 int 类型。

```
float obj1 = 2.8, obj2 = 5.6;
int result1 = (int)obj1 + int(obj2);
int result2 = int(obj1 + obj2);
```

说明：其中第 3 行代码中的表达式必须加括号，当表达式为单个变量时可不加。result1 结果为 7，result2 结果为 8，两种表达的结果不相等。

又如，非整型值求余。

```
float obj1, obj2;
int result;
result = obj1 % obj2;                     //错误：浮点数不能作为操作数
result = (int)obj1 % (int)obj2;           //正确：float 型强制转换为 int 型
```

显式类型转换不会改变变量的值和类型，而是临时创建一个新的且指定类型的值，其目的是可以在表达式中使用这个值。

除了上述 C 风格类型转换，C++还引入了 4 种强制类型转换运算符，其中，static_cast 也可以用于基本数据类型之间的转换。其使用的一般格式为

static_cast <目标类型> (表达式)

例如，float 类型转换为 int 类型。

```
float obj1 = 2.8, obj2 = 5.6;
int result = static_cast<int>(obj1 + obj2);    //结果为 8
```

使用 static_cast 能更明确地表明正在进行类型转换，并且由于编译时的类型检查，相比传统的 C 风格类型转换更安全，用途也更广。

3.6 位运算

C++提供了一组以二进制位形式运算的位运算。位运算符包括 6 个，它们的优先级及结合性具体如表 3-8 所示。

表 3-8 位运算符的优先级及结合性

优先级	运 算 符	结合性
高 ↓ 低	~（按位取反）	右结合
	>>（右移）<<（左移）&（按位与）	左结合
	^（按位异或）|（按位或）	左结合

位运算符的运算对象必须为整数或可以转换为整数的类型，如 bool、char 等，不能是浮点型数据。对于有符号整数，位运算可能会导致符号位的变化，从而影响数值的正负。在大多数现代计算机中，有符号整数通常以补码形式存储。这意味着，在处理负数时，通常首先对该数的绝对值进行取反操作，然后加 1 得到其补码表示。

假设 obj1 和 obj2 为参与运算的两个操作数，表 3-9 是按位取反、按位与、按位或和按位异或这 4 种位运算的总结。

表 3-9 位运算符总结

操作数 obj1	操作数 obj2	~obj2 取反运算结果	obj1 & obj2 与运算结果	obj1 | obj2 或运算结果	obj1 ^ obj2 异或运算结果
0	0	1	0	0	0
1	0		0	1	1
0	1	0	0	1	1
1	1		1	1	0

以下以 8 位二进制为例，并假设 obj1 和 obj2 为参与运算的两个操作数，解释按位取反、按位与、按位或和按位异或等位运算的操作。

（1）按位取反（~obj）：指对操作数按二进制数的每一位进行“取反”操作，即“见 1 为 0，见 0 为 1”。

例如，~5 的结果是−6，其运算过程为

~	0	0	0	0	0	1	0	1	←	5
	1	1	1	1	1	0	1	0	→	−6

（2）按位与（obj1 & obj2）：指两个操作数按二进制位进行“与”运算，即“见 0 为 0”。

例如，6 & 11 的结果是 2，其运算过程为

	0	0	0	0	0	1	1	0	←	6
&	0	0	0	0	1	0	1	1	←	11
	0	0	0	0	0	0	1	0	→	2

注意：按位与“&”运算符与逻辑与“&&”运算符的字符个数和含义是不一样的，不应混淆。逻辑与运算符常用于逻辑判断，而按位与运算符常应用于检测某个数位的值。

例如，要获取 117 的低 4 位，可表述为 117&15，其运算过程为

	0	1	1	1	0	1	0	1	←	17
&	0	0	0	0	1	1	1	1	←	15
	0	0	0	0	0	1	0	1	→	5

（3）按位或（obj1 | obj2）：指两个操作数按二进制位进行“或”运算，即“见 1 为 1”。

例如，6 | 11 的结果是 15，其运算过程为

	0	0	0	0	0	1	1	0	←	6
|	0	0	0	0	1	0	1	1	←	11
	0	0	0	0	1	1	1	1	→	15

（4）按位异或（obj1 ^ obj2）：指两个操作数按二进制位进行“异或”运算，即“相同为 0，不同为 1”。

例如，6 ^ 11 的结果是 13，其运算过程为

	0	0	0	0	0	1	1	0	←	6
^	0	0	0	0	1	0	1	1	←	11
	0	0	0	0	1	1	0	1	→	13

（5）左移（obj1 << obj2）：指将左操作数 obj1 按二进制数位向左移动右操作数 obj2 指定的位数。在左移过程中，溢出高位舍弃，低位补 0。

例如，6 << 1 的结果是 12，其运算过程为

	0	0	0	0	0	1	1	0	←	6
<<	↙	↙	↙	↙	↙	↙	↙	↙		1
	0	0	0	0	1	1	0	0	→	12

再如，6 << 2 的结果是 24。由此可得，当一个整数向左移一位时，相当于该数乘以 2；左移两位相当于该数乘以 4；以此类推，左移 n 位相当于该数乘以 2^n。因此，在程序中，左移位操作常用于快速实现乘法运算。

需要注意的是，以上结论仅适用于无符号类型。此外，使用该方法进行乘法运算时，还应注意溢出问题。这两点对右移操作也同样需要注意。

（6）右移（obj1 >> obj2）：指将左操作数 obj1 按二进制数位向右移动右操作数 obj2 指定的位数。在右移过程中，溢出的低位舍弃。对于无符号整数，高位补 0；对于有符号整数，通常是补上符号位（即如果 obj1 是负数，则高位补 1；如果是正数，则补 0），不同系统和编译器可能有不同行为。

例如，16 >> 1 的结果是 8，其运算过程为

	0	0	0	1	0	0	0	0	←	16
>>	↘	↘	↘	↘	↘	↘	↘			1
	0	0	0	0	1	0	0	0	→	8

再如，16 >> 2 的结果是 4。由此可得，当一个整数向右移一位时，相当于该数除以 2；右移两位相当于该数除以 4；以此类推，右移 n 位相当于该数除以 2^n。因此，在程序中，右移位常用于快速实现除法运算。

视频讲解

3.7 逗号运算

在 C++中，逗号（,）运算符的优先级较低于其他运算符，并且是左结合。

使用的一般格式为

表达式 1，表达式 2，…，表达式 *n*

说明：一个包含多个逗号的表达式中，会从左到右依次执行每个表达式，并且整个逗号表达式的结果是最后一个表达式的值。

例如：

```
int obj1, obj2, obj3, obj4;
obj4 = (obj1 = 1, obj2 = obj1 * 2, obj3 = obj2++);
cout << "obj1 = " << obj1 << "\tobj2 = " << obj2 <<endl
    << "obj3 = " << obj3 << "\tobj4 = " << obj4 <<endl;
```

注意：逗号运算符优先级低于赋值运算符，括号不能省略。

运行结果：

```
obj1 = 1        obj2 = 3
obj3 = 2        obj4 = 2
```

在多数情况下，使用逗号表达式的使用目的在于依次计算各表达式的值，而非仅仅为了得到整个表达式的最终结果。因此，逗号表达式广泛应用于循环语句中的表达式，以及函数调用中的多个参数传递。例如：

```
for(i = 1, j = 50; i < j; i++, j--);
func(ia++, ib);
```

视频讲解

3.8 条件运算

C++中唯一的三目运算符是条件运算符（？：），其优先级仅高于赋值运算符和逗号运算符。该运算符的一般格式为

表达式 1 ? 表达式 2 : 表达式 3

其中，三个表达式之间用“?”和“：”隔开，所有表达式可以是常量、变量或表达式。它的功能是先计算条件“表达式 1”的值再进行判断；如果“表达式 1”成立，即 bool 值为 true，则计算“表达式 2”的值，条件运算返回“表达式 2”的计算结果；如果“表达式 1”不成立，即 bool 值为 false，则计算“表达式 3”的值，条件运算返回“表达式 3”的计算结果。

例如，假设 obj1=5，obj2=3，判断两个数的较大值，可以表示为

```
(obj1>obj2)? obj1 : obj2          //条件表达式结果为 5
```

条件运算最终得到一个值，该值常用于给变量赋值，其用法为

变量 = 表达式 1 ? 表达式 2 : 表达式 3;

例如，max 获得 obj1 和 obj2 的较大值，可以表示为

```
max = (obj1>obj2)? obj1 : obj2;    //max 结果为 5
```

使用条件运算符时需注意以下几点。

（1）如果要使用条件运算的结果，“表达式 2”和“表达式 3”的结果类型必须一致。

（2）“表达式 1”总是按 bool 值（即 true 或 false）处理。

事实上，条件运算是简单 if-else 语句的另一种表达方式。如上例可替换为如下代码。

```
if(obj1 > obj1)
    max = obj1;
else
    max = obj2;
```

具体使用方法详见 4.3.1 节，这也是第 4 章的重点学习内容之一。

3.9 小结

3.9.1 思维导图

本章思维导图如图 3-3 所示。

3.9.2 思维模式

本章涉及的主要思维模式如表 3-10 所示。

表 3-10　本章主要思维模式

模　式	说　明
层次化原则	“字符集 - 变量 - 表达式 - 语句 - 函数 - 程序”这一结构展现了编程语言的层次性。其中每个层次都是以前一个层次为基础构建的。 从最基本的字符集开始，然后逐步构建起变量、表达式和语句。这些基础元素进一步组成功能模块（函数），最终整合成完整的程序。每一层都为更高层次的构建提供了必要的基础
类型一致原则	C++双目运算符的两个操作数需要类型一致。如果操作数的类型不同，可以利用编译器的隐式（自动）类型转换规则，或者使用显式（强制）类型转换明确指定

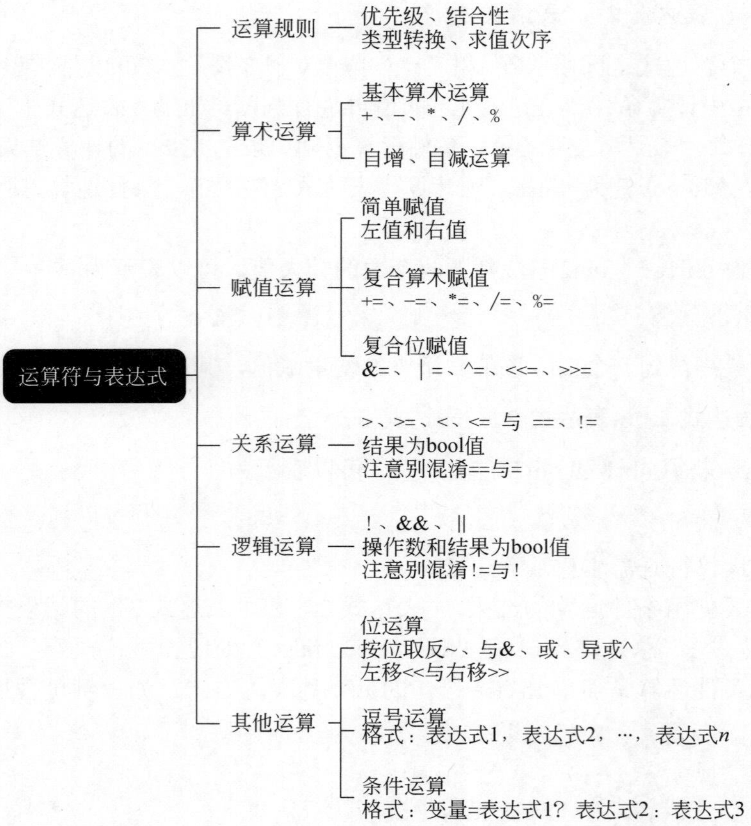

图 3-3 本章思维导图

3.9.3 逻辑结构

本章的主题聚焦于运算符和表达式。内容涵盖了运算符和表达式的运算规则、分类及其应用。

首先介绍了运算符与表达式的基本概念，并探讨了表达式中的运算符优先级与结合性，运算中数据的类型转换以及求值次序等规则。

然后详细讨论了算术运算、关系运算和逻辑运算，并介绍了运算过程中可能涉及的类型转换。

最后，简单介绍了位运算、逗号运算和条件运算等其他运算。

练习

一、单项选择题

1. 下列运算要求操作数必须为整数的是（　　）。

A. /　　B. !=　　C. ++　　D. %

2. 判断字符型变量 ch 是否为英文字母正确的表达式为（　　）。

A. 'a' <= ch <= 'z' || 'A' <= ch <= 'Z'

B. 'a' <= ch <= 'z' && 'A' <= ch <= 'Z'

C. 'a' <= ch　&& ch<= 'z'　||　'A' <= ch && ch <= 'Z'

D. ('a' <= ch　|| ch<= 'z')　&&　('A' <= ch || ch <= 'Z')

3. 以下优先级别与其他不一样的选项为（　　）。

A. +　　B. /　　C. %　　D. *

4. 下列表达式错误的是（　　）。

A. x = y++　　B. x = ++y　　C. (x + y)++　　D. ++x = y

5. 设 int a; a = 'A' + 1.6;，以下描述正确的是（　　）。

A. a 的值是字符‘C’　　B. a 的值是浮点型

B. 不允许字符型数与浮点型数相加　　D. a 的值是‘A'的 ASCII 码值加 1

6. 设以下变量均为 int 类型，则值不等于 7 的表达式是（　　）。

A. (x=y=6, x+y, x+1)　　B. (x=y=6, x+y, y+1)

C. (x=6, x+1, y=6, x+y)　　D. (y=6, y+1, x=y, x+1)

7. 若有定义 int a=3,b=2,c=1; 并有表达式：① a%b；② a>b>c；③ b>c+1；④ c+=1；则表达式值相等的是（　　）。

A. ①和②　　B. ②和③　　C. ①和③　　D. ③和④

8. 设 int a=0,b=0,m=0,n=0;，则执行(m=a==b)||(n=b==a)后 m 和 n 的值分别是（　　）。

A. 0　0　　B. 0　1　　C. 1　0　　D. 1　1

9. 能正确表示 a 和 b 同时为正或同时为负的逻辑表达式是（　　）。

A. a*b>0　　B. (a>=0||b>=0)&&(a<0||b<0)

C. (a>=0&&b>=0)&&(a<0&&b<0)　　D. (a+b>0)&&(a+b<=0)

10. 设 int i; float f;，表达式 5 + i + 'f' 的数据类型为（　　）。

A. char　　B. int　　C. float　　D. double

11. 对于条件运算符中的第 1 个表达式描述正确的是（　　）。

A. 必须是关系表达式　　B. 必须是关系或逻辑表达式

C. 必须是关系表达式或算术表达式　　D. 可以是任意合法表达式

12. 设 unsinged char ch = 'A'，求表达式~ch 的值为（　　）。

A. 65　　B. −65　　C. 66　　D. −66

二、填空题

1. 按表达式操作数的数目分，运算符的优先级从高到低排列为________运算符、________运算符、________运算符。

2. 关系运算符操作数的类型可以是整数，其中________转换为 bool 值 true，________转换为 bool 值 false。

3. &&与||逻辑表达式按从________到________的顺序运算，以“&&”连接的表达式，如果左边的计算结果为 bool 值________，右边的就不需要进行计算，直接可以得到整个逻辑表达式的结果为 bool 值________。以“||”连接的表达式，如果左边的计算结果为 bool 值________，右边的就不需要进行计算，直接可以得到整个逻辑表达式的结果为 bool 值________。

4. >>运算符将一个数右移 n 位，相当于将该数________2^n；<<运算符将一个数左移 n

位，相当于将该数__________ 2^n。

5. 已知 int ia=2, ib=3, ic=0; double d=4.5;　在以下表达式下方填写表达式的值。

①ia += ia + ib	②ia *= 2*sizeof(long)	③ia <<= 3	④ia %= (ib /= ia)	⑤ia ^ ib
⑥!ic ? ia++ : ib	⑦ia<ib &&　!ia+1 && ic	⑧(ia+5) & ib	⑨(float)(ia+ib)/2+(int)d%2	

6. 将下列数学表达式的下方填写合法的 C++表达式

① $\dfrac{\sqrt{a^2+b^2}}{2ab}$	② $\lvert(a+b)(a-c)+2.5\rvert$	③ $\dfrac{\sin(x)}{2y+y^x}$	④ $2e^x+\ln x$

三、程序设计题

1. 编写程序，求解鸡兔同笼问题。已知鸡和兔总头数为 head，总脚数为 feet，求鸡兔各多少只？（其中，head、feet 由键盘输入。）

视频讲解

例如，假设鸡和兔总头数为 8，总脚数为 22，求出鸡有 5 只，兔 3 只。

2. 编写程序，输出计算三角形面积公式：area= $\sqrt{s(s-a)(s-b)(s-c)}$，其中，a、b、c 为三角形的三边，$s=\dfrac{1}{2}(a+b+c)$。

视频讲解

3. 找零钱。假设面额只有 50 元、10 元、5 元、1 元（人民币若干张）。输入一个整数金额值，给出找钱的方案，假设人民币足够多，且优先使用面额大的钱币。

例如，287 元找零，使用 50 元面额 5 张，10 元面额 3 张，5 元面额 1 张，1 元面额 2 张。

4. 编程实现 0~9 数字转盘。

要求：用户输入一个 0~9 的数字，并输出数字的前驱和后继数字。

例如，输入 5，则输出前驱数字为 4，后继数字为 6；输入 9，则输出前驱数字为 8，后继数字为 0；输入 0，则输出前驱数字为 9，后继数字为 1。

第 4 章 流程控制

在 C++编程中，函数里的非流程控制语句默认按顺序依次执行，这种执行方式构成了程序流程控制中的顺序结构。除了顺序结构，流程控制还包括分支结构和循环结构。分支结构允许程序根据条件选择不同的执行路径，从而产生多样化的结果；循环结构则使得代码段能够重复执行，直到特定的条件不再满足为止。

通过本章的学习，读者将掌握如何使用顺序、选择和循环这三种基本结构来编写 C++程序，并学会通过 continue、break 等语句来实现流程控制。同时，通过综合实例来掌握基本的问题求解方法，进而能够解决具有一定综合性的问题。

课程思政

迭代改进：迭代过程体现了循序渐进和逐步优化的理念，鼓励学生在学习、探索和生活实践中不断审视、调整并优化自己的方法与策略。这一过程确保每一步都朝着既定目标持续前进，从而实现个人成长与进步的良性循环。

4.1 基本概念

4.1.1 语句

语句（Statement）是程序中可以独立执行的最小单元。类似于句子以句号结束，语句通常以分号“;”结束。以下是各类语句的示例。

```
int ia = 6, ib = 0;                //声明语句
if (ia >= 10)                      //选择控制语句
    ;                              //空语句
else
{                                  //复合语句（块）
    while (ia < 9)                 //循环控制语句
        ia++;                      //表达式语句
    ib = sqrt(ia);                 //函数调用语句
}
```

该程序段执行后，变量 ia 的结果为 9，ib 的结果为 3。

在 C++中，语句主要可以分为以下几个类别。

（1）声明语句：用于声明变量、函数、类等。它由 C++对象后跟一个分号（;）构成。

（2）表达式语句：是 C++程序中最常见的语句类型，它由一个 C++表达式后跟一个分

号“;”构成。常见的表达式语句包括赋值语句、自增自减语句和函数调用语句等。函数调用语句由函数名、参数列表和分号构成。

（3）控制语句：用于控制程序的流程，实现程序的各种结构方式。C++提供以下三类控制语句。

① 选择结构控制语句：if、switch。

② 循环结构控制语句：do-while、while、for。

③ 其他控制语句：break、continue、goto、return。

（4）空语句：仅包含一个分号（;）的语句。空语句本身不执行任何操作，常用于需要语句但逻辑上不需要执行任何操作的地方。但如果它出现在意外或程序员容易忽略的位置，编译器不会报告错误。例如，将上例第6行进行如下修改：

```
while(ia < 9);        //不应该出现的空语句
    ia++;
```

当空语句出现在while循环条件后，循环语句“ia++;”将在while循环外执行，导致while循环条件始终为真，从而变成无限循环，因为它不包含任何能改变循环条件的语句，自然也得不到原本的结果。初学者在使用时应注意避免此类情况的出现。

（5）复合语句：也称为块（Block）或语句块，是由一对花括号括起来的若干语句。如上例中第5～9行所示，花括号必不可少，它们清晰地界定了复合语句的起始和结束。

复合语句在结束时不加分号。复合语句在逻辑上可以被视为一个单一的、更复杂的语句。因此，在控制语句中的选择和循环结构的内部，无论是单一语句还是复合语句，都建议初学者在使用时应包含一对花括号。如将上例中第7行修改为复合语句后，形成逻辑块状结构更易于阅读和理解，也便于在后期开发过程中添加新语句，避免造成语法与逻辑混乱。

```
while(ia < 9)
{
    ia++;            //表示是循环的一部分
}
```

对应空语句，不包含任何语句的语句块称为空块。复合语句允许嵌套，这意味着一个复合语句内部可以包含另一个复合语句，包含空块。每个语句块都定义了一个作用域，在该作用域内定义的变量只能在该语句块及其嵌套的子语句块中被访问，这有助于避免变量名的冲突，并提升代码的可读性和可维护性。

4.1.2 用流程图表示算法

在利用计算机编程解决现实问题时，有效地组织数据和设计算法是至关重要的。**算法**（Algorithm）是针对特定问题所采取的一系列确定的、有限的、按一定次序执行的操作步骤。算法表示方法众多，其中，流程图表示法因其直观易懂而广受欢迎。**流程图**（Flow Chart）是由一些图元来描述程序控制流程和指令执行顺序的有向图。

图4-1（a）列举的是ASNI规定的常用流程图元素符号。图4-1（b）是一个具体示例（见例2-1）。流程图从开始符号出发，经过输入圆的半径、使用圆的面积公式进行计算，最终输出结果并结束。

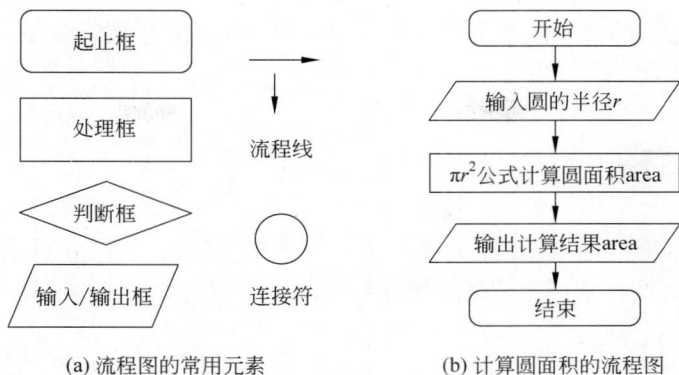

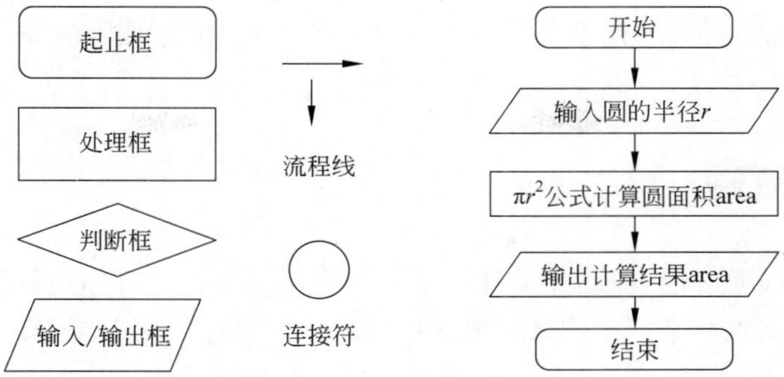

(a) 流程图的常用元素　　(b) 计算圆面积的流程图

图 4-1　流程图的常用元素符号及示例

一个完整的流程图由起止框标识算法的开始与结束，流程图中的所有框图通过流程线连接。这些流程线不仅指明了算法的执行顺序，还清晰地展示了流程的走向。本章将在多处通过流程图帮助初学者理解各流程结构的执行流程和算法的设计思路。

4.2　顺序结构

顺序结构程序流程是按照语句书写的顺序依次执行的。它是语句的默认执行次序，不会发生控制流的转移，也是最基本的程序结构。

【例 4-1】 实现两数交换，并输出。

```
#include <iostream>
using namespace std;
int main()
{
   int ia, ib, temp;
   cout << "请输入 ia 和 ib:\n";
   cin >> ia >> ib;
   temp = ia;
   ia = ib;
   ib = temp;
   cout << "两数交换后: \n";
   cout << "ia = " << ia << " ib = " << ib << endl;
   return 0;
}
```

运行结果：

```
请输入 ia 和 ib: 15 32↵
两数交换后:
ia = 32 ib = 15
```

说明：↵代表输入回车，之后不再重复说明。

顺序结构执行的次序非常重要。两数交换的原理是通过一个临时变量 temp 存储 ia 交换前的值，以避免交换后 ia 原值丢失；最后将 temp 的值赋值给变量 ib，从而完成两数交换。显然，这个过程的每一步都至关重要，如果将第 8～10 行代码中任意两行颠倒，都不会得到正确的结果。

4.3　选择结构

选择结构是根据给定条件进行判断，并由判断的结果决定程序执行不同的流程。C++提供了 if 和 switch 两种选择结构来实现这种控制。

4.3.1　if 语句

C++语言的 if 语句有三种形式：单分支选择、双分支选择和多分支选择结构。

1. if 单分支选择结构

图 4-2 展示了 if 单分支选择结构的一般格式及流程图。

```
if(条件)
{
   语句
}
```

(a) 一般格式

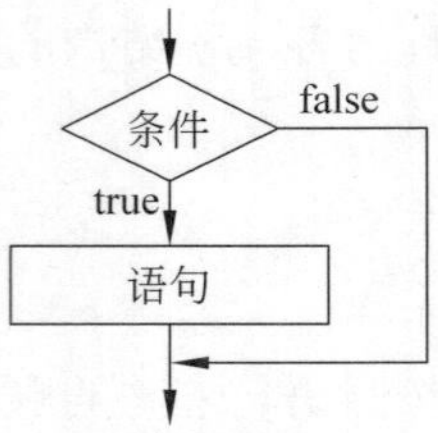

(b) 流程图

图 4-2　if 单分支选择结构

if 单分支选择结构的执行次序如下。

（1）如果“条件”的值为 true（非 0），则执行 if 后面的“语句”，然后继续执行 if 语句之后的语句。

（2）如果“条件”的值为 false（0），则流程跳出 if 语句，直接执行它的后续语句，并不执行“语句”。

说明：条件左右两边的圆括号不能少。该条件通常是关系表达式或逻辑表达式，同时也允许直接使用字面量、常量或变量。但无论是表达式还是直接使用字面量、常量或变量，该条件的结果最终必须按 bool 值（即 true 或 false）进行处理。

例如：

```
int condition = 0;
if (2)                //条件按 true 处理
   cout << "条件是字面量，并执行输出" << endl;
if (condition)        //条件按 false 处理
   cout << "条件是变量，并不执行输出" << endl;
```

运行结果：

```
条件是字面量，并执行输出
```

如上例程序段所示，if 语句内部既可以包含单一语句，也可以是复合语句。花括号对于单一的语句并不是必需的。但如果 if 语句内存在多条语句，这对花括号则必不可省，如例 4-2 所示。

【例 4-2】 当两数不相等时，实现两数交换，并输出。

```
#include <iostream>
using namespace std;
int main()
{
    int ia, ib, temp;
    cout << "请输入 ia 和 ib:";
    cin >> ia >> ib;
    if (ia != ib)
    {           //两数不相等
        temp = ia;
        ia = ib;
        ib = temp;
        cout << "两数交换后: \n";
    }
    cout << "ia = " << ia << " ib = " << ib << endl;
    return 0;
}
```

在输入不相等的两数时，例 4-2 与例 4-1 的运行结果一样。而在输入相等的两数时，例 4-2 并不会执行 if 内的语句块，因此运行结果会有所不同。

运行结果：

```
请输入 ia 和 ib:15 15↵
ia = 15 ib = 15
```

2. if 双分支选择结构（if-else）

图 4-3 展示了 if 双分支选择结构的一般格式及流程图。

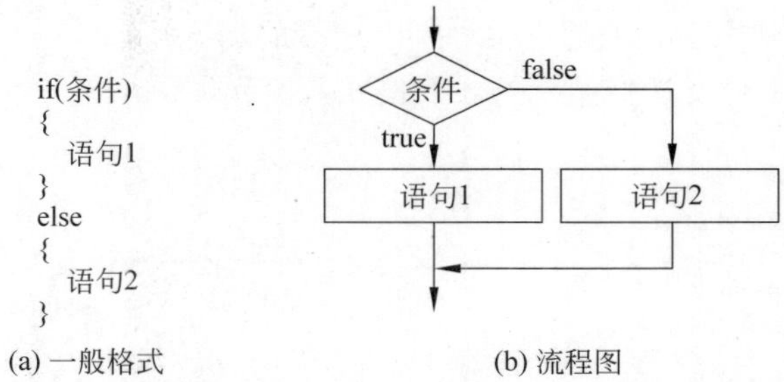

图 4-3　if 双分支选择结构

if 双分支选择结构的执行次序如下。

（1）如果“条件”的值为 true（非 0），则执行 if 后面的“语句 1”，然后流程跳出 if 语句，执行它的后续语句。不会执行 else 后面的“语句 2”。

（2）如果“条件“的值为 false（0），则执行 else 后面的“语句 2”，然后执行 if 语句的后续语句，并不执行“语句 1”。

【例 4-3】 当两数不相等时，实现两数交换，并输出；相等时输出不需要交换的提示。

```
#include <iostream>
using namespace std;
```

```
int main()
{
    int ia, ib, temp;
    cout << "请输入ia和ib:";
    cin >> ia >> ib;
    if (ia != ib)
    {
        //两数不相等
        temp = ia;
        ia = ib;
        ib = temp;
        cout << "两数交换后: \n";
        cout << "ia = " << ia << " ib = " << ib << endl;
    }
    else                //两数相等
        cout << "两数相等不需要交换。\n";    //语句
    return 0;
}
```

运行结果：

```
请输入ia和ib:15 15↵
两数相等不需要交换。
```

当输入不相等的两数时，例 4-3 与例 4-1 和例 4-2 的运行结果一样。与例 4-1 和例 4-2 的不同之处在于，当输入相等的两数时，例 4-3 会输出“两数相等不需要交换”的提示，而不会显示未交换的结果。

3. if 多分支选择结构（if-else if）

如果说 if 双分支选择结构适用于“不是…就是…”的两种互斥的判断选择场景中，那么 if 多分支选择结构则用于处理超过两种判断选择的情况。

图 4-4 展示了 if 多分支选择结构的一般格式及流程图。

```
if(条件1)
   语句1
else if(条件2)
   语句2
...
else if(条件n)
   语句n
[else
   语句n+1]
```

(a) 一般格式

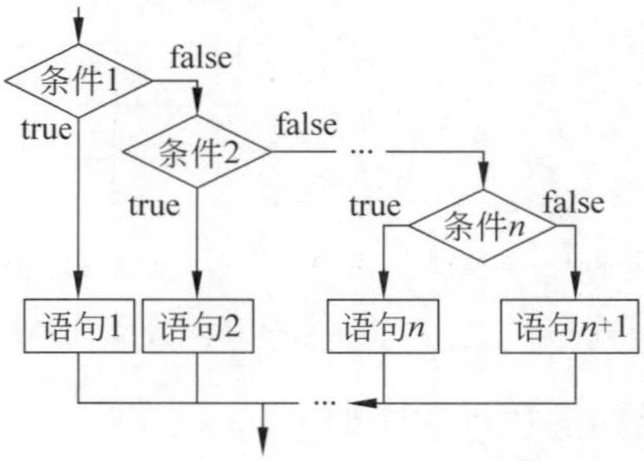

(b) 流程图

图 4-4　if 多分支选择结构

if 多分支选择结构的执行次序如下。

（1）如果“条件 1”的值为 true（非 0），则执行“语句 1”，然后流程跳出 if 语句，执行它的后续语句。其他分支（2）（3）（4）不执行。

（2）如果“条件 1”的值为 false（0），则流程跳转去计算“条件 2”。如果“条件 2”的值为 true（非 0），则执行“语句 2”。然后流程跳出 if 语句，执行它的后续语句。其他分

支（3）（4）不执行。

（3）以此类推，当前面的 $n-1$ 个条件都不成立，即值为 false（0）时，则流程跳转去计算“条件 n”。如果“条件 n”的值为 true（非 0），则执行“语句 n”，然后流程跳出 if 语句，执行它的后续语句。分支（4）不执行。

（4）如果有 else 子句，且“条件 n”的计算值为 false（0），则执行“语句 $n+1$”，然后执行 if 语句的后续语句。

【例 4-4】 输入一百分制成绩，求等级（五等级制），如表 4-1 所示。

视频讲解

表 4-1　成绩等级

成绩 score	等　级
90≤score≤100	A
80≤score<90	B
70≤score<80	C
60≤score<70	D
0≤score<60	E

```
#include <iostream>
using namespace std;
int main()
{
    int score;
    cout << "请输入一百分制成绩[0,100]: ";
    cin >> score;
    if (score >= 90 && score <= 100)
        cout << "A\n";
    else if (score >= 80)
        cout << "B\n";
    else if (score >= 70)
        cout << "C\n";
    else if (score >= 60)
        cout << "D\n";
    else
        cout << "E\n";
    return 0;
}
```

运行结果：

```
请输入一百分制成绩[0,100]: 85↵
B
```

说明：输入的 85 因为不符合“score>=90”的条件，但符合“score>=80”的条件，因此输出结果“B”。如果输入 60，结果为“D”；输入 0，结果为“E”。

思考题：

显然，只要输入的分值在百分制范围内，都可以得到相应的等级。但如果输入的不是有效的百分制分数，如输入“−1”，结果为“E”等级。显而易见，例 4-4 的程序并不完善。如何完善？

4. if 语句的嵌套

if 语句是可以嵌套的。由 if 语句的一般格式可知，语句内允许包含语句（含空语句）或语句块（含空块）。而 if 语句本身就是一条语句，因此，当 if 语句内又内嵌一重 if 语句，就形成了 if 语句的嵌套结构。事实上，if-else if 多分支选择结构就是 if-else 双分支结构中，else 内嵌 if 语句的一种嵌套结构。下面通过两个例子介绍 if 的其他嵌套结构形式。

例如：

```
int score = 80;
if (score >= 0 && score <= 100)
{
    if (score < 60)
        cout << "Failed the exam.\n";
    else
        cout << "Passed the exam.\n";
}
```

运行结果：

```
Passed the exam.
```

程序段流程图如图 4-5（a）所示，if 语句内嵌了一个 if-else 双分支结构。例中增加的花括号将 else 划分与最近的第 2 个 if 进行配对。

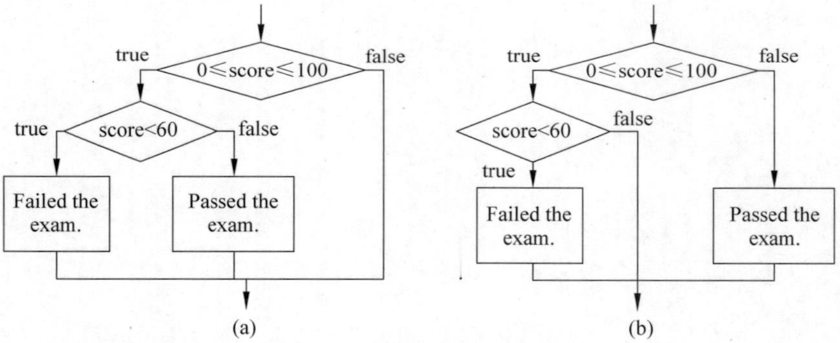

图 4-5 if 语句嵌套示例流程图

这里的花括号并不是必需的，但仍建议加上，以避免“else”可能引起二义性。因为如果没有花括号，很可能还会有另一种 if 嵌套错误的解释形式。

又如：

```
int score = 80;
if (score >= 0 && score <= 100)
{
    if (score < 60)
        cout << "Failed the exam.\n";
}
else
    cout << "Passed the exam.\n";
```

其流程图如图 4-5（b）所示。它与图 4-5（a）的不同之处在于花括号将 else 划分为与第 1 个 if 进行配对，而不再是最近的第 2 个 if 语句。

C++规定 if-else 语句的配对原则是：else 与上一个最近没有配对的，并且为可见（同一范围内）的 if 配对。因此，本例并没有输出任何结果。这也就是为什么在选择或循环结构的内部，不管是单一语句还是复合语句（块），都建议初学者应带一对花括号，以避免可能带来的逻辑混淆和结果错误。

4.3.2　switch 语句

当程序设计中涉及的分支选择语句越多，并且这些分支是基于同一个表达式的不同值进行区分时，过度使用嵌套的 if-else 语句，往往会导致程序代码变得冗长且不便阅读与维护。这时，使用 switch 语句就成为一个不错的选择。switch 语句主要用于处理基于单个表达式的多分支选择结构。

switch 多分支选择结构的一般格式如下。

```
Switch(表达式)
{
    case 常量表达式 1: 语句 1   [break;]
    case 常量表达式 2: 语句 2   [break;]
   …
    case 常量表达式 n: 语句 n   [break;]
   [default:         语句 n+1  ]
}
```

图 4-6 展示了 switch 语句的流程图。

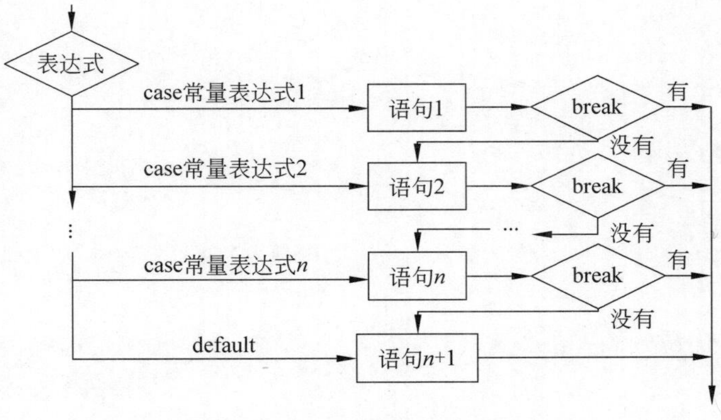

图 4-6　switch 语句的流程图

执行 switch 语句时，首先计算“表达式”的值，然后根据该值自上而下逐一寻找与之相等的 case 的“常量表达式”。如果找到匹配项，则从该 case 后面的“语句”开始往后执行所有“语句”，包括后续的 case，而不需要进行判断，直至遇到 break 语句或 switch 语句的右花括号“}”为止，则流程跳出 switch 语句，执行它的后续语句。

使用 switch 语句需要注意以下几点。

（1）“表达式”括号不可省略。“表达式”的值必须是整型常量，一般为整型、字符型或枚举类型，而每个case后的“常量表达式”的类型都应该与“表达式”的类型一致。

（2）case“常量表达式”的值必须互不相同才不自相矛盾。case 常量表达式后面可以允许没有任何语句，但不能没有冒号。如果 case 后面没有任何语句，则表示该 case 与后续的case执行相同的“语句”。

（3）break 语句的作用是使流程跳出 switch 语句。因此，只有 switch 的分支与 break 语句搭配才能形成真正意义上的多分支结构。

【例 4-5】 功能与例 4-4 相同，输入一百分制成绩，求等级（五等级制）。

```
#include <iostream>
using namespace std;
int main()
{
    int score;
    cout << "请输入一百分制成绩[0,100]: ";
    cin >> score;
    switch (score / 10)
    {
        case 10:
        case 9:
            cout << "A\n";
            break;
        case 8:
            cout << "B\n";
            break;
        case 7:
            cout << "C\n";
            break;
        case 6:
            cout << "D\n";
            break;
        default:
            cout << "E\n";
    }
    return 0;
}
```

运行结果：

```
请输入一百分制成绩[0,100]: 100↵
A
```

说明：当输入成绩 100，满足第 1 个 case，程序并没有结束，由于没有 break 语句，执行第 2 个 case，所以结果输出“A”等级。

（4）尽管各个 case 书写的次序并没有固定次序规定，但次序不同会影响语句的执行顺序，导致执行结果不同。

（5）default 分支是可选项。当 default 的书写次序在最后，并且 switch 表达式寻找不到与之匹配的常量表达式的值时，才执行 default 后面的语句。

与 if 语句一样，switch 语句也是可以嵌套的。比较而言，if-else 语句更通用，它适用于处理取值范围、浮点数的测试和数间非相等相对较复杂的逻辑条件；而 switch 语句只能处理单个表达式（如整型、字符常量或枚举型）。因此，switch 无法处理浮点数的测试，它更适用于各种分类统计、菜单选项等程序的设计。当两者兼可用，并且选项不少于 3 个时，使用 switch 语句可以避免深层的 if-else 嵌套，从而提高代码的可读性和可维护性。

【例 4-6】 编写一个简易的四则运算（+、–、*、/）计算器程序。

```
#include <iostream>
using namespace std;
int main()
{
    float obj1, obj2;
    char op;
    cout << "请输入四则算式：\n";
    cin >> obj1 >> op >> obj2;    //输入四则运算表达式
    switch (op)
    {
        case '+':                 //加法
            cout << obj1 << "+" << obj2 << "=" << obj1 + obj2 << endl;
            break;
        case '-':                 //减法
            cout << obj1 << "-" << obj2 << "=" << obj1 - obj2 << endl;
            break;
        case '*':                 //乘法
            cout << obj1 << "*" << obj2 << "=" << obj1 * obj2 << endl;
            break;
        case '/':                 //除法
            if (obj2 == 0)        //检验分母
                cout << "操作数错误，分母不得为 0！" << endl;
            else
                cout << obj1 << "/" << obj2 << "=" << obj1 / obj2 << endl;
            break;
        default:
            cout << "输入有误！" << endl;
    }
    return 0;
}
```

运行结果：

```
请输入四则算式：
5/0.5↵
5/0.5=10
```

4.4　循环结构

循环结构指的是在给定条件成立的情况下，重复执行某个程序段的过程。一个典型的循环结构需要提供以下 3 个关键部分。

（1）一个入口：即循环条件首次被检查的地方，决定了程序是否进入循环体。

（2）循环体：即重复执行的程序段。循环体可以是空语句、单一语句或复合语句（语句块），也可以包含选择或循环结构。

（3）一个出口：即当循环条件不再满足时，程序能够退出循环体的路径。

在 C++中，提供了三种基本循环结构：while、do-while 和 for。

4.4.1 while 循环语句

图 4-7 展示了 while 循环的一般格式及流程图。

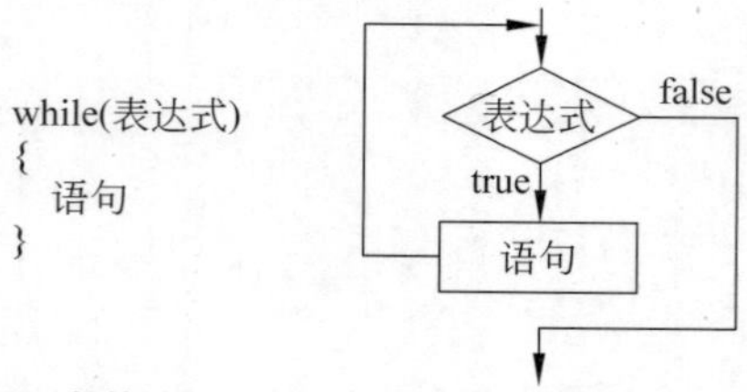

(a) 一般格式　　(b) 流程图

图 4-7　while 循环的一般格式及流程图

while 循环的执行次序如下。

（1）**入口**：首先计算作为循环条件的表达式的值。

（2）当表达式的值为 true 或非 0 时，执行语句（**循环体**），然后流程跳转回步骤（1）。

（3）**出口**：当表达式的值为 false 或 0 时，流程跳出 while 循环，执行它的后续语句。

说明：循环条件的括号不可以缺少。如果循环体为语句块，必须添加花括号。

【例 4-7】 输出 1~100 的所有整数。

```
#include <iostream>
using namespace std;
int main()
{
  int i = 1;
  while (i <= 100)
  {
     cout << i << endl;
     i++;
  }
  return 0;
}
```

运行结果：（中间整数省略）

```
1
2
…
99
100
```

程序说明：如图 4-8 所示流程图，程序首先给变量 i 赋初值 1，while 的循环条件“i<=100”为 true，所以执行循环体。在变量 i 输出的同时，不断递增（增量为 1），直至循环条件为

假。当循环体重复执行了 100 次后，即循环条件“i>100”为 true 时循环终止。

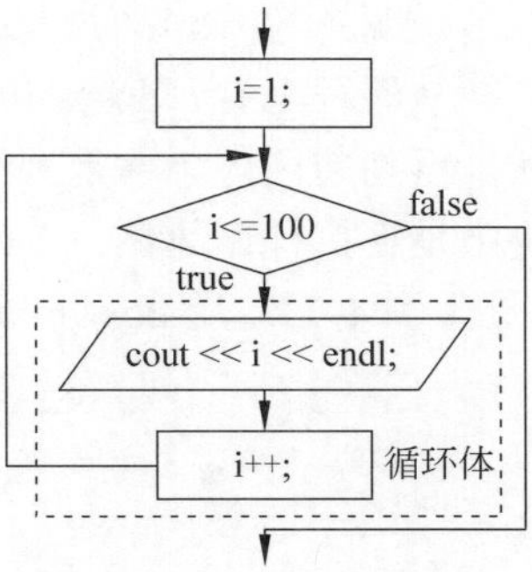

图 4-8　输出 1～100 整数的流程图

在编程中，用于控制循环体的执行次数以及决定循环终止条件的变量（如例 4-7 中的 i）被称为循环变量。在后续的示例和讨论中，将使用变量 i 或 j 来表示循环变量，特此说明。

流程图说明：表达式作为循环条件，需要先给循环变量赋初值，才能判断循环条件的真假。另外，while 循环的循环体内必须要有一条可以改变循环变量值（递增或递减）的语句存在，否则循环条件恒为 true，这样的循环称为**死循环**。初学者在使用 while 循环时，应注意避免此类情况的出现。由此可见，while 循环通常由 4 部分构成：循环变量赋初值、循环条件、循环体以及改变循环变量值的语句，如例 4-8 所示。

视频讲解

【**例 4-8**】　用 while 循环求 sum = 1 + 2 + 3 + … + 100。

```
#include <iostream>
using namespace std;
int main()
{
    int i = 1, sum = 0;
    while (i <= 100)
    {
        sum += i;
        i++;
    }
    cout << "sum = " << sum << endl;
    return 0;
}
```

运行结果：

```
sum = 5050
```

说明：求和变量 sum 首先初始化为 0，表达式“sum += i”的作用是将每次循环中将循环变量 i 的值累加到 sum 上。具体来说，当执行第一次循环时，$sum_1 = sum_0 + 1$，结果为 1；当执行第二次循环时，$sum_2 = sum_1 + 2$，以此类推，当执行第 100 次循环时，sum 将累加到 100，此时可以输出循环累加 100 次后的结果。

4.4.2　do-while 循环语句

图 4-9 展示了 do-while 循环的一般格式及流程图。

do-while 循环的执行次序如下。

（1）**入口**：首先执行语句（**循环体**）。

（2）计算循环条件表达式的值，当该值为 true 或非 0 时，流程跳转回步骤（1）。

（3）**出口**：当表达式的值为 false 或 0 时，流程跳出 do-while 循环，执行它的后续语句。

```
do(条件)
{
  语句
}while(表达式);
```

(a) 一般格式

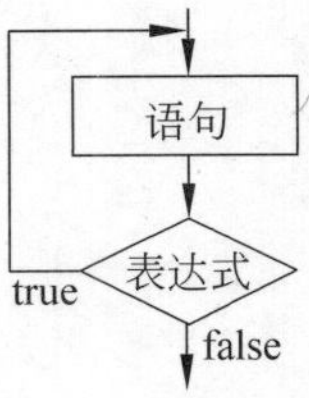

(b) 流程图

图 4-9　do-while 循环的一般格式及流程图

说明：与 while 循环要求类似。表达式后的分号“；”不能缺少。

从流程上看，do-while 循环与 while 循环最大的区别在于 do-while 循环是先执行循环体，再判断循环条件是否继续或结束循环。而 while 循环是先判断循环条件是否为真，再决定是否执行循环体。

【例 4-9】 用 do-while 循环求 sum = 1 + 2 + 3 + … + 100。

```
#include <iostream>
using namespace std;
int main()
{
    int i = 1, sum = 0;
    do
    {
        sum += i;              //循环体
        i++;
    } while (i <= 100);        //循环条件
    cout << "sum = " << sum << endl;
    return 0;
}
```

运行结果与例 4-8 一样，输出：sum = 5050。

由于 do-while 循环具有“先执行后判断”的特点，它适合至少执行一次循环体的程序设计。

【例 4-10】 完善例 4-5，输入一个有效的百分制成绩，求等级。

分析：通过输入非[0,100]有效百分制范围作为循环条件。

```
#include <iostream>
using namespace std;
int main()
{
    int score;
    do
    {
        cout << "请输入一百分制成绩[0,100]: ";
        cin >> score;
        if (score < 0 || score > 100)
            cout << "重新输入" << endl;
    } while (score < 0 || score > 100);
    switch (score / 10)
    {
        case 10:
        case  9:
            cout << "A";
            break;
        case  8:
            cout << "B";
            break;
        case  7:
            cout << "C";
```

```
            break;
        case  6:
            cout << "D";
            break;
        default:
            cout << "E";
    }
    cout << endl;
    return 0;
}
```

运行结果：

```
请输入一百分制成绩[0,100]: 101↵
重新输入
请输入一百分制成绩[0,100]: -1↵
重新输入
请输入一百分制成绩[0,100]: 85↵
B
```

4.4.3　for 循环语句

for 循环的一般格式如下。

for([表达式 1]; [表达式 2]; [表达式 3])
　　语句

图 4-10 展示了 for 循环的流程图。

for 循环的执行次序如下。

（1）计算表达式 1。

（2）**入口**：计算循环条件表达式 2 的值。

（3）当表达式 2 的值为 true 或非 0 时，执行语句（**循环体**），然后计算表达式 3（更新），流程跳转回步骤（2）。

（4）**出口**：当表达式 2 的值为 false 或 0 时，流程跳出 for 循环，执行它的后续语句。

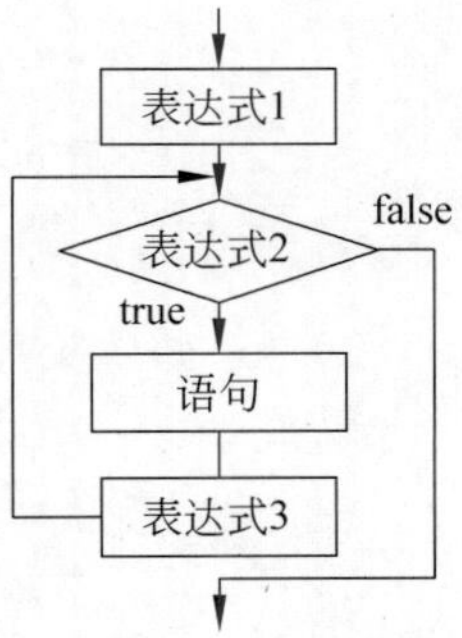

图 4-10　for 循环流程图

说明：表达式 1 一般用来对循环变量进行初始化。表达式 2 是循环控制条件。表达式 3 一般用来改变循环变量的值。

对比图 4-10 与图 4-7 两个流程图，尽管 for 与 while 循环在形式上有所不同，但两者的本质是一致的。在书写 for 循环时，将控制循环的关键操作都放在循环的头部，这样的写法使得操作看起来更加直接，也更精练。

【例 4-11】 用 for 循环求 sum = 1 + 2 + 3 + … + 100。

```
#include <iostream>
using namespace std;
int main()
{
    int i, sum = 0;
    for (i = 1; i <= 100; i++)
    {
```

```
        //循环体虽然仅有一条语句可省略花括号，但仍建议保留
        sum += i;
    }
    cout << "sum = " << sum << endl;
    return 0;
}
```

运行结果与例 4-8 和例 4-9 一样，输出：sum = 5050。

使用 for 循环时需要注意以下几点。

（1） for 循环的头部括号不可省略。括号中的所有表达式可以为任意基本类型，必须用分号（;）分隔。所有表达式都可以省略，但分号不可缺少。

例如，以下 for 循环的三种情况均能实现输出 1～100 所有整数。

```
//① 省略表达式 1
int i = 1;
for (; i <= 100; i++)
    cout << i << endl;
//② 省略表达式 2
for (int i = 1; ; i++)          //等效表达式 2 为 true
{
    if (i > 100)
        break;
    cout <<  i << endl;
}
//③ 省略表达 3
for (int i = 1; i <= 100;)
{
    cout << i << endl;
    i++;
}
```

（2）for 循环头部的表达式可以是逗号表达式。

例如，求 1～100 的所有整数和。

```
int i, sum;
for (sum = 0, i = 1; i <= 100; sum += i, i++);
cout << "sum = " << sum << endl;
```

【例 4-12】用 for 循环计算 n（$0 \leqslant n \leqslant 12$）的阶乘。

已知 $n! = \begin{cases} 1, & n = 0,1 \\ (n-1)! \times n, & n > 1 \end{cases}$。

```
#include <iostream>
using namespace std;
int main()
{
    int i, n;
    int fact = 1;
    cout << "请输入 n(0<=n<=12)的值：";
    cin >> n;
    for (i = 1; i <= n; i++)
```

```
        fact = fact * i;
    cout << n << "! = " << fact << endl;
    return 0;
}
```

运行结果：

```
请输入n(0<=n<=12)的值：10↵
10! = 3628800
```

先将存储阶乘的变量 fact 进行初始化，这样，在流程执行第一次循环时，$fact_1 = fact_0 \times 1$；第二次循环时，$fact_2 = fact_1 \times 2$。以此类推，当执行第 n 次循环时，$fact_n = fact_{n-1} \times n$，即循环体为 $fact = fact \times i$。

本例也可以使用 while 和 do-while 循环来实现相同的编程目标。因为 for 与 while 循环（包括 do-while 循环）都可以用于循环次数确定与不确定的情况，它们在很多场景几乎是等效的。两者主要存在以下两种情况的差异：首先，for 循环首部可以定义循环变量，该变量的作用范围仅在 for 循环范围内有效，即它们是局部变量，但在 while 或 do-while 循环中不能这样使用；其次，当循环体中包含 continue 语句时，for 和 while 循环的情况会稍有不同，详见 4.5.1 节。

4.5　其他控制语句

在程序设计中，除了基本的选择和循环结构用于控制流程的执行外，还需要一些能够在特定环境下改变程序流程执行的控制语句。下面介绍 break 语句、continue 语句和 goto 语句的作用与使用，而关于 return 语句的内容，详见 5.2.1 节。

4.5.1　break 与 continue 语句

break 语句用于立即退出它所在的 switch 语句或循环结构，并继续执行这些结构之后的代码。continue 语句用于跳过当前循环体中剩余的代码，并立即开始下一次循环（如果循环条件成立）。break 或 continue 语句经常与 if 语句结合使用，以实现流程跳转或终止循环的作用。

continue 与 break 语句都可以使程序跳过部分代码，它们在循环中的区别如下。

当循环体内的代码执行遇到break语句时，直接跳出包含该break语句所在的这层循环，即终止当前循环。这意味着循环体中 break 的后续语句如果有，则跳过不执行。

当流程遇到 continue 语句时，结束的是本次循环，它的后续语句如果有，也会跳过不执行，但仍然继续执行下一次循环，而并不一定终止整个包含该 continue 语句所在的这层循环。

例如，实现输出 1～100 的所有奇数，流程图如图 4-11（b）所示。

代码段 1：

```
int i;
for (i = 1; i <= 100; i++)
{
    if (i % 2 == 0)
```

```
        continue;            //结束当次循环
    cout << i << endl;
}
```

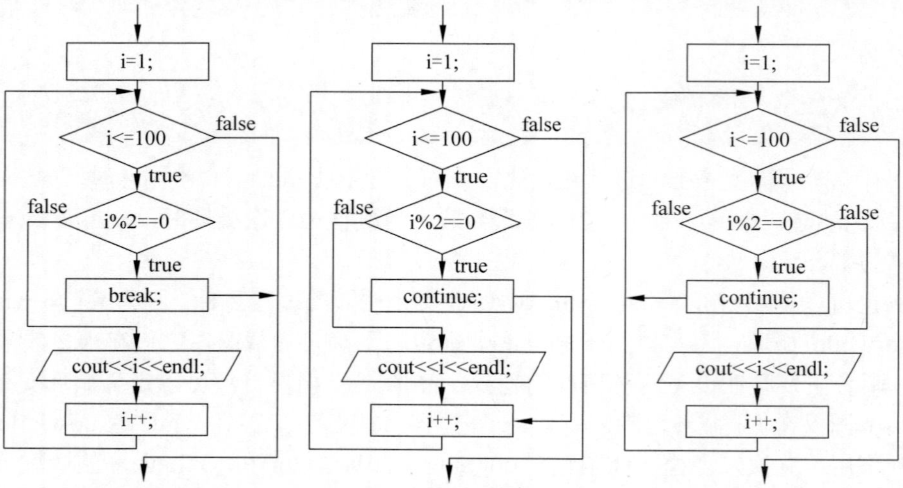

(a) break语句在for循环中　(b) continue语句在for循环中　(c) continue语句在while循环中

图 4-11　break 与 continue 语句在循环示例中的流程图

运行结果：（中间奇数省略）

```
1
3
5
…
99
```

说明：流程如图 4-11（b）所示，代码段 1 会跳过偶数，仅输出奇数。

> **思考题：**
>
> 如果将代码段 1 的 continue 语句修改为 break 语句，如代码段 2 所示，程序还会输出一样的结果吗？

代码段 2：

```
int i;
for (i = 1; i <= 100; i++)
{
    if (i % 2 == 0)
        break;             //结束 for 循环
    cout << i << endl;
}
```

运行结果：

```
1
```

说明：流程如图 4-11（a）所示，代码段 2 在执行第二次循环时，由于 i 是偶数 2，执行 break 语句跳出当前循环。

在 4.4.3 节留下了一个问题：当循环体中包含 continue 语句时，for 和 while 循环的情况会稍有不同。下面将在代码段 2 的基础上进行修改，体会 continue 语句在 for 循环与 while 循环中的不同之处。

代码段 3：

```
int i = 1;
while (i <= 100)
{
    if (i % 2 == 0)
        continue;
    cout << i << endl;
    i++;
}
```

说明：流程如图 4-11（c）所示，代码段 3 在输出 1 后会陷入无限循环。原因是在执行第二次循环时，由于 continue 语句的存在，i++递增操作被跳过，导致 i 的值始终保持为 1，因此循环条件始终为真。

【例 4-13】 键盘输入一个正整数 *n*，判断该数是否为素数。

素数：除了能被 1 和它本身整除外，不能被其他自然数整除的整数。

分析：只要判断 *n* 在 2，3，…，*n*−1 范围中是否有因数。即如果没有因数则 *n* 是素数，有因数则 *n* 不是素数。

```
#include <iostream>
using namespace std;
int main()
{
    int n, i;
    cout << "请输入一个整数：";
    cin >> n;
    for (i = 2; i < n; i++)
    {
        if (n % i == 0)
            break;              //循环非正常退出，n 不是素数
    }
    if (n == i)                 //循环正常退出，n 是素数
        cout << n << "是素数\n";
    else
        cout << n << "不是素数\n";
    return 0;
}
```

运算结果：

```
请输入一个整数：19↵
19 是素数
```

运算结果：

```
请输入一个整数：119↵
119 不是素数
```

说明：在 for 循环结束后，可以确定出口只有两种情况。一种情况是非正常退出。如果 n 有因数（n % i == 0 成立），即 n 不是素数，必然执行 break 语句导致循环变量 i 小于 n。另一种是正常退出。如果 n 没有因数（n % i == 0 不成立），即 n 是素数，循环必然在 n 与 i 相等时退出。

事实上，例 4-13 的循环可以进一步优化，当 n 不是素数时，必然存在因数 i 与另一个数 x，i ≤ x，使得 i * x = n；由此可得 $i \leqslant \sqrt{n}$。因此，只要在 $2 \sim \sqrt{n}$ 范围内判断是否有因数，即可以判断 n 是否为素数的结论。

【例 4-14】 键盘输入一个正整数 *n*，判断该数是否为素数（优化例 4-13）。

```
#include <iostream>
#include <cmath>
using namespace std;
int main()
{
    int n, i;
    cout << "请输入一个整数：";
    cin >> n;
    int sqrtn = sqrt(n);
    for (i = 2; i <= sqrtn; i++)
    {
        if (n % i == 0)
            break;
    }
    if (i > sqrtn)
        cout << n << "是素数\n";
    else
        cout << n << "不是素数\n";
    return 0;
}
```

运算结果与例 4-13 一致。

4.5.2 goto 语句

goto 语句只能在一个函数范围内使用，它的作用是使程序无条件地跳转去执行同一函数内的语句标号后的语句。

goto 语句的使用格式为

goto 语句标号;

语句标号的使用格式为

语句标号：语句

说明：语句标号表示 goto 语句的目标位置，其命名规则与变量相同。在同一函数中，语句标号唯一，只能在一个函数范围内进行。例如，输出 1～100 的所有奇数。

```
int i = 1;
loop:                    //语句标号
cout << i << endl;
```

```
    i += 2;
    if (i <= 100)
        goto loop;          //向前跳转
```

尽管 C++提供了 goto 语句，但现代编程中普遍倾向于避免或限制性使用 goto 语句。例如，在需要跳向共同的出口位置时使用 goto 语句；或者需要从多重循环深处跳出循环之外时，break 语句需要使用多次（每次只能跳出一层循环），不如 goto 语句可以直接跳出。

4.6　循环嵌套

如以下程序段所示，while、do-while 和 for 循环的循环体中包含另一个 while、do-while 或 for 循环语句的结构称为循环嵌套，也称为**多重循环**。循环嵌套可以在一个外层循环的循环体内包含另一个内层循环，而不能交叉。

【例 4-15】 键盘输入一个正整数 *n*，输出 *n* 内的全部素数，并且每行输出 5 个素数。

视频讲解

分析：判断一个正整数是否为素数需要用一重循环，在 *n* 范围内找出所有的素数，则需要遍历判断这个范围的每个数是否为素数，因此，本例需要使用双重循环。

```
#include <iostream>
#include <cmath>
#include <iomanip>
using namespace std;
int main()
{   int n, i, j, c = 0;
    cout << "请输入>1 的正整数 n：";
    cin >> n;
    for (j = 2; j <= n; j++)
    {   int sqrtj = sqrt(j);
        for (i = 2; i <= sqrtj; i++)
        {   if (j % i == 0)
                break;
        }
        if (i > sqrtj)
        {   cout << setw(5) << j;
            c++;     //个数+1
            if (c % 5 == 0)
                cout << endl;
        }
    }
    return 0;
}
```

运行结果：

```
请输入>1 的正整数 n：30↵
    2    3    5    7   11
   13   17   19   23   29
```

说明：程序要求输出每行 5 个素数，因此，程序需要有一个计算素数个数的变量 c。该变量在每次输出一个素数后，需在原个数基础上加 1。在变量 c 达到 5 的倍数（5，10，

15，…）时，控制输出一个换行，这样就可以实现每行输出固定个数的代码要求。

循环嵌套通过内外循环的相互配合，可以实现对复杂数据结构的遍历和操作。因此，它常用于解决平面图案打印、矩阵运算及二维数组的处理等问题，具体详见 7.2 节。

【例 4-16】 输出如图 4-12 所示的九九乘法表。

	1	2	3	4	5	6	7	8	9
1	1								
2	2	4							
3	3	6	9						
4	4	8	12	16					
5	5	10	15	20	25				
6	6	12	18	24	30	36			
7	7	14	21	28	35	42	49		
8	8	16	24	32	40	48	56	64	
9	9	18	27	36	45	54	63	72	81

图 4-12　九九乘法表

分析：九九乘法表中的每个值可以表示为乘数 i 与乘数 j 的乘积，其中，i、j 分别代表乘法表中每行前面的行数和每列前面的列数。

```
#include <iostream>
#include <iomanip>
using namespace std;
int main()
{
    int i, j;
    cout << setw(5) << "|";
    for (j = 1; j <= 9; j++)
        cout << setw(4) << j;
    cout << "\n----|------------------------------------\n";
    for (i = 1; i <= 9; i++)          //外层循环
    {
        cout << i << setw(4) << "|";
        for (j = 1; j <= i; j++)      //内层循环
            cout << setw(4) << j*i;
        cout << endl;                 //换行
    }
    return 0;
}
```

4.7　综合应用

【例 4-17】 求斐波那契（Fibonacci）数列的前 20 项，每行输出 4 项。

斐波那契数列又称为黄金分割数列，因数学家列昂纳多·斐波那契以兔子繁殖为例引入，故又称为“兔子数列”。它是指这样一个数列：1，1，2，3，5，8，13，21，…。其中，

$f_1 = 1$，$f_2 = 1$，当 $n > 2$ 时，则 $f_n = f_{n-1} + f_{n-2}$。

分析：可以使用迭代法求解。

迭代法：是一个不断用新值取代变量的旧值，或由旧值递推出变量的新值的过程。

```
#include <iostream>
#include <iomanip>
using namespace std;
int main()
{
    int f1 = 1, f2 = 1, f;
    cout << setw(6) << f1 << setw(6) << f2;
    for (int i = 3; i <= 20; i++)
    {
        f = f1 + f2;
        f1 = f2;
        f2 = f;
        cout << setw(6) << f;
        if (i % 4 == 0)
            cout << endl;
    }
    return 0;
}
```

运行结果：

```
     1     1     2     3
     5     8    13    21
    34    55    89   144
   233   377   610   987
  1597  2584  4181  6765
```

【例 4-18】 计算 sum＝1！+2！+3！+⋯ +n！的和。

视频讲解

```
#include <iostream>
using namespace std;
int main()
{
    int i, n;
    int fact = 1, sum = 0;
    cout << "请输入 n 的值: ";
    cin >> n;
    for (i = 1; i <= n; i++)
    {
        fact *= i;
        sum += fact;
    }
    cout << "sum = " << sum << endl;
    return 0;
}
```

运行结果：

```
请输入 n 的值: 10↵
sum = 4037913
```

接下来，比较一下例 4-19 与例 4-18。尽管这两个例子都是实现 n 次循环，但请仔细体会它们在程序设计的细节上存在的不同。

视频讲解

【例 4-19】 求 $e \approx 1+\frac{1}{1!}+\frac{1}{2!}+\frac{1}{3!}+\cdots+\frac{1}{n!}$ 的近似值，$\frac{1}{n!}<10^{-6}$。

```
#include <iostream>
using namespace std;
int main()
{
    int i = 1;
    double fact = 1.0, sum = 1.0;
    while (1 / fact >= 1e-6)
    {
        sum += 1.0 / fact;
        i++;
        fact *= i;
    }
    cout << "e = " << sum << endl;
    return 0;
}
```

运行结果：

```
e = 2.71828
```

在处理此类求和数列的编程题时，程序员通常需要分析数列中项与项间的内在规律。

【例 4-20】 求 π 的近似值，已知公式

$$\frac{\pi}{4}=1-\frac{1}{3}+\frac{1}{5}-\frac{1}{7}+\cdots+\frac{(-1)^n}{2n-1}, \qquad \left|\frac{(-1)^n}{2n-1}\right|<10^{-8}$$

```
#include <iostream>
#include <iomanip>
#include <cmath>
using namespace std;
int main()
{
    int den = 1, sign = 1;
    double item = 1.0, pi = 0.0;
    while (fabs(item) >= 1e-8)
    {
        pi += item;
        den += 2;
        sign = -sign;
        item = sign / double(den);
    }
    cout << "pi = " << fixed << setprecision(7) << (pi * 4) << endl;
    return 0;
}
```

运行结果：

```
pi = 3.1415926
```

说明：其中需要注意变量 sign 和 den 均是整型，在处理它们的除法运算时，需要将至少一个操作数强制转换为浮点数。

C++提供了灵活的机制来控制循环的执行。除了可以通过循环变量的值来控制循环的循环次数外，还可以根据程序运行的具体情况，如通过用户输入或程序逻辑计算得到的值作为循环的控制条件。如例 4-10 是以输入有效百分制范围的值作为循环出口。

【例 4-21】 键盘输入一行字符，编程分别统计出其中的英文字母、数字、空格和其他字符的个数。

视频讲解

提示：输入可以使用 getchar 或 cin.get 函数。

```
#include <iostream>
using namespace std;
int main()
{
    char ch;
    int letter = 0, digit = 0, space = 0, others = 0;
    cout << "请输入一行字符，回车结束\n";
    while ((ch = getchar()) != '\n')
    {
        if ((ch >= 'a' && ch <= 'z') || (ch >= 'A' && ch <= 'Z')) //英文字母
            letter++;
        else if (ch >= '0' && ch <= '9')           //数字
            digit++;
        else if (ch == ' ')                        //空格
            space++;
        else                                       //其他字符
            others++;
    }
    cout << "英文字母：" << letter << endl          //输出
         << "数字：" << digit << endl
         << "空格：" << space << endl
         << "其他字符：" << others << endl;
    return 0;
}
```

运行结果：

```
请输入一行字符，回车结束
I'm 18 years old,and you?↵
英文字母：16
数字：2
空格：4
其他字符：3
```

其中，循环条件“(ch = getchar()) != '\n'”或“(ch = cin.get()) != '\n'”均表示将输入的每个字符赋给变量 ch，并判断句子是否结束；然后通过 if 选择多分支结构判断每个字符属于哪种字符。

【例 4-22】 “百钱买百鸡”：某人用一百文打算买下一百只鸡。假设公鸡 5 元一只，母鸡 3 元一只，小鸡 1 元 3 只，求公鸡、母鸡、小鸡分别有几只？

分析：可以使用枚举法解题。

枚举法：也称为穷举法，是指将所有可能的情况一一列举出来。

```
#include <iostream>
using namespace std;
int main()
{
    int cock, hen, chick;  //公鸡、母鸡、小鸡
    for (cock = 0; cock <= 20; cock++)
    {
        for (hen = 0; hen <= 33; hen++)
        {
            chick = 100 - cock - hen;
            if (cock * 5 + hen * 3 + chick / 3.0 == 100)
                cout << "cock = " << cock
                     << "  hen = " << hen
                     << "  chick = " << chick << endl;
        }
    }
    return 0;
}
```

运行结果：

```
cock = 0  hen = 25  chick = 75
cock = 4  hen = 18  chick = 78
cock = 8  hen = 11  chick = 81
cock = 12  hen = 4  chick = 84
```

枚举法的算法思路简单，运算量大，是用计算机解决问题的常用方法，特别是在问题的搜索空间较小或者没有更好的算法时。但需要注意的是，随着问题的规模扩大，循环嵌套的层数越多，执行速度会变慢。所以枚举范围不要太大，应尽可能考虑对其优化。例如，例 4-22 既可以通过三重循环求解，也可以根据约束条件，使用双重循环枚举其中两种缩小枚举范围，从而提高程序效率。

4.8 小结

4.8.1 思维导图

本章思维导图如图 4-13 所示。

4.8.2 思维模式

本章涉及的主要思维模式如表 4-2 所示。

表 4-2 本章主要思维模式

模式	说　明
穷举法	穷举法，也称为枚举法、暴力搜索或穷尽搜索，是一种通过尝试所有可能的候选解来寻找问题解的方法

续表

模式	说　明
迭代法	迭代法是一种通过重复应用某种过程来逐步逼近问题解的方法。在每次迭代中，都会更新当前解，直到满足某个停止条件，如达到预定的迭代次数、解的精度或性能指标

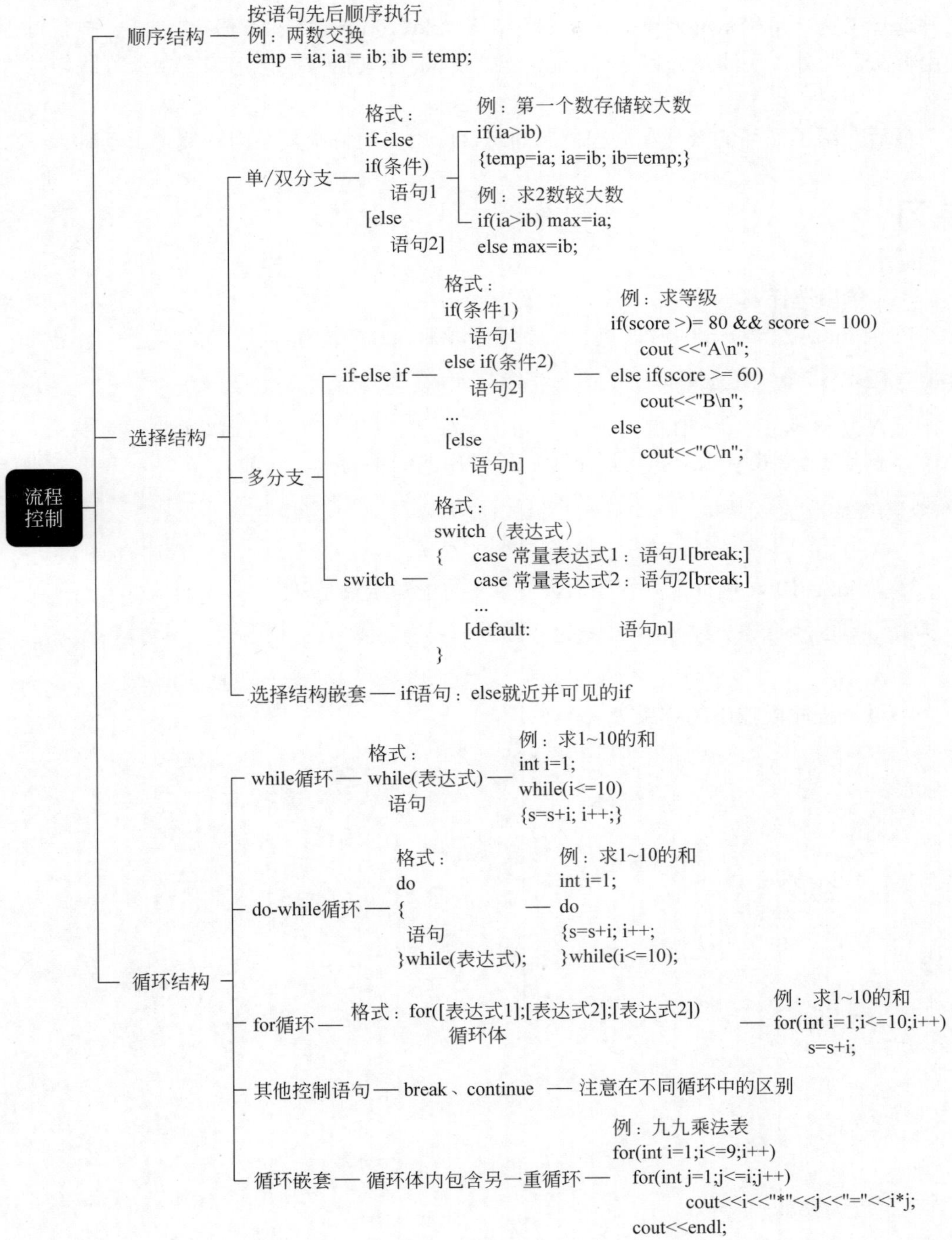

图 4-13　本章思维导图

4.8.3 逻辑结构

本章的主题聚焦于流程控制，重点是三大基本控制结构及其实践应用。

首先简单介绍语句概念以及流程图的画法。

然后引入流程控制的概念，作为 C++程序设计三大核心概念之一。通过实例重点讨论两种选择结构（if 和 switch）和三种循环结构（do、do-while 和 for）的语法、执行过程和使用方法。此外，还涉及如何使用 continue、break 等其他控制语句来实现流程跳转与终止循环。

最后介绍了循环的嵌套和流程控制的综合应用，为解决复杂问题奠定了基础。

练习

一、单项选择题

1. 当 int a=2, b=3, c=4;时，执行以下程序段后，a 的值为（　　）。

```
if(a>b) a=b; else b=c; c=a;
```

A. 0　　B. 2　　C. 3　　D. 4

2. 假设 int x=6, y=2;，执行以下程序段输出的结果为（　　）。

```
if (y=x)  cout<<x-y;  else   cout<<x+y;
```

A. 0　　B. 4　　C. 8　　D. 程序有错

3. 若 int i=10;，执行下列程序后，变量 i 的正确结果是（　　）。

```
switch(i) {case 9: i+=1; case 10: i+=1; case 11: i+=1;  default : i+=1;}
```

A. 10　　B. 11　　C. 12　　D. 13

4. 以下程序段输出的结果为（　　）。

```
int x = 1, y = 0, a = 0, b = 0;
switch (x)
{
   case 1:
      switch (y) {
         case 0:
            a++;
            break;
         case 1:
            b++;
            break;
      }
   case 2:
      a++;
      b++;
      break;
   case 3:
      a++;
```

```
        b++;
}
cout << "a=" << a << ",b=" << b << endl;
```

A. a=1，b=1　　B. a=1，b=2　　C. a=2，b=1　　D. a=2，b=2

5. 执行语句 for(i = 1; i <= 10; i++);后，变量 i 的值为（　　）。

A. 0　　B. 9　　C. 10　　D. 11

6. 执行语句 for(i = 1; i < 10; i++);后，循环次数为（　　）。

A. 0　　B. 9　　C. 10　　D. 11

7. 以下程序段输出的结果为（　　）。

```
int i = 3;
while (i-- > 0)
{
    cout << '1';
    if (i % 2 == 0)
        cout << '2';
}
```

A. 12112　　B. 12212　　C. 21121　　D. 21221

8. for(表达式 1; ; 表达式 3)可理解为（　　）。

A. for(表达式 1; 0 ; 表达式 3)

B. for(表达式 1; 1; 表达式 3)

C. for(表达式 1; 表达式 1; 表达式 3)

D. for(表达式 1; 表达式 3; 表达式 3)

9. 假设 int x=10; while(x >= 1) cout << x; x--;，则循环体执行（　　）次。

A. 0　　B. 10　　C. 11　　D. 无限循环

10. 以下程序实现求 n 项和，直至输入 0 时结束循环。程序空白处应填写（　　）。

```
#include <iostream>
using namespace std;
int main()
{
    int n, s = 0;
    do {
        cin >> n;
        s += n;
    } while (________);
    cout << s << endl;
}
```

A. n　　B. !n　　C. n==0　　D. n==1

二、程序设计题

1. 求闰年。闰年（Leap Year）的判断规则如下。

普通闰年：年份是 4 的倍数，且不是 100 的倍数。例如，2004 年、2020 年是闰年。

世纪闰年：年份是 400 的倍数。例如，1900 年不是闰年，2000 年是闰年。

视频讲解

2. 根据下列数学函数定义，输入 x 的值，编程计算 y 的值，结果保留 2 位小数。

$$y=\begin{cases}x, & x<1\\ 2x-1, & 1\leqslant x\leqslant 10\\ 3x-11, & x>10\end{cases}$$

3. 键盘输入一个三角形的三边，判断它们是否能构成三角形。若能构成三角形，输出该三角形的类型（普通三角形、等腰三角形、等边三角形、直角三角形）。

4. 键盘输入某人的身高和体重，编程计算 BMI（Body Mass Index）指数，并输出相应的健康建议，如表 4-3 所示。

已知：BMI 指数 = 体重（kg） ÷ 身高 ^{2}（m）

表 4-3 BMI 指数及相关建议

BMI 指数	体重分类	建 议
<18.5	过轻	偏瘦，多吃多睡适量运动！
18.5 ≤ BMI < 24	正常	正常，请继续保持！
24 ≤ score < 28	过重	偏胖，要适量饮食，多运动哟！
28 ≤ score < 32	肥胖	迷人的胖子，请管住嘴，迈开腿！
32 以上	过于肥胖	为了您的健康，请务必开始控制您的体重！

例如，输入身高(m)和体重(kg)1.8 和 72，输出 BMI 指数是 22.2，输出建议：体型正常，请继续保持！

5. 为广东省某快递公司编写一计算快递费的程序。

根据投送目的地距离公司的远近，将全国划分成 6 个区域，如表 4-4 所示。

表 4-4 快递区域划分

区号	目 的 地	首重费用/元×千克$^{-1}$	续重费用/元×千克$^{-1}$
1	广东省内	8	2
2	江苏、浙江、福建等	10	4
3	云南、四川、山东等	12	5
4	吉林、辽宁、甘肃等	15	7
5	西藏、新疆、内蒙古等	18	12
6	中国香港、中国澳门、中国台湾等	25	20

要求：从键盘输入发送快递的目的区号和重量，计算并输出运费，计算结果保留 2 位小数。

说明：起重（首重）1kg 按首重价计算（不足 1kg，按 1kg 计算），超过首重的重量，按千克数（不足 1kg，按 1kg 计算）收取续重费。

6. 编程求出用 50 元、10 元和 5 元面额兑换 100 元面额有几种找零方式。

例如：100 元可兑换的第 1 种全是 50 元面额，最多 2 张……

提示：用穷举法求解。

7. 键盘输入某班 n 个学生成绩，直至输入−1 时结束，编程求出这 n 个学生的最高分、最低分以及平均分。

8. 输出 1000 以内所有的水仙花数。

水仙花数：是指一个三位数，其各位数字的立方和等于它本身。

例如，153 是“水仙花数”，因为 $153 = 1^3 + 5^3 + 3^3$。

视频讲解

9. 输出正整数 n 之内的所有完数。

完数/完全数是指它所有的真因子（即除了自身以外的约数）的和恰好等于它本身。例如，6 是“完数”，因为 $6 = 1 + 2 + 3$。

视频讲解

10. 编程求解猴子吃桃。一只猴子第一天摘下若干桃子，当即吃了一半，不过瘾又多吃了一个，第二天将剩下的桃子吃了一半，又多吃一个，在此后每天都以此规律，直到第 10 天想吃时，发现只剩下一个桃子，求解第一天到底摘下多少个桃子。

11. 编程求解母牛问题。若一头母牛，从出生到第 4 年开始每年生一头母牛，以此规律，第 n 年时有几头母牛？

已知 $\text{cow} = \begin{cases} 1, & n = 1,2,3 \\ \text{cow}_{n-1} + \text{cow}_{n-3}, & n \geqslant 4 \end{cases}$。

12. 编程计算 1×2×3+3×4×5+5×6×7+…+99×100×101 的值。

13. 编程计算 $1 + x - \dfrac{x^2}{2!} + \dfrac{x^3}{3!} - \dfrac{x^4}{4!} + \cdots + (-1)^{n+1}\dfrac{x^n}{n!}$ 的值。要求最后一项的绝对值小于 10^{-8}。

14. 编程输出如图 4-14 所示格式的九九乘法表。

	1	2	3	4	5	6	7	8	9
1	1	2	3	4	5	6	7	8	9
2		4	6	8	10	12	14	16	18
3			9	12	15	18	21	24	27
4				16	20	24	28	32	36
5					25	30	35	40	45
6						36	42	48	54
7							49	56	63
8								64	72
9									81

图 4-14　九九乘法表

15. 编程输出如图 4-15 所示菱形图案。

```
        @
      @ @ @
    @ @ @ @ @
  @ @ @ @ @ @ @
@ @ @ @ @ @ @ @ @
  @ @ @ @ @ @ @
    @ @ @ @ @
      @ @ @
        @
```

图 4-15　菱形图案

PART 2 第2部分

C++过程化编程

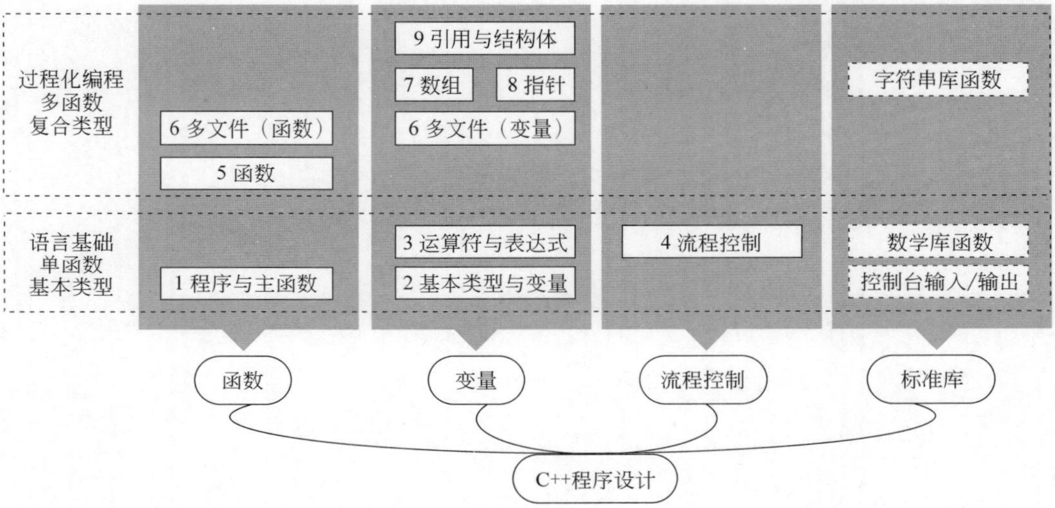

在第 1 部分介绍的程序设计三个核心要素的基础上，本部分引入自定义函数以扩展函数的概念，引入复合类型变量以扩展变量的概念，并涉及程序设计中常用的字符串操作库函数。从程序规模和复杂性角度来看，这一部分的主要特点是程序包含多个自定义函数和复合类型。

过程化编程是一种基础的编程范式，其核心思想是将程序分解为一系列的函数（也称为过程）。过程化编程强调的是程序的逻辑流程，即步骤和顺序。程序由一系列函数组成，通过函数定义和函数调用表达执行步骤和顺序。在过程化编程中，数据和函数是分离的，数据通常作为参数传递给函数。这种编程方法主要适用于小规模程序设计、脚本编写和系统编程。

本部分包含的章节如下。

第 5 章　函数
第 6 章　多文件
第 7 章　数组
第 8 章　指针
第 9 章　引用与结构体

第5章 函数

随着程序规模的扩大，将所有代码集中在单一主函数中变得不再可行。因此，程序通常由一个主函数和若干用户自定义的函数组成，每个自定义函数代表一个特定的功能模块。主函数负责协调整体流程，它可以调用这些自定义函数，而这些函数之间也可以相互调用。这种设计使得函数成为构建程序的基本逻辑单元，便于功能组织和代码复用。

通过本章的学习，读者在理解函数的基本组成和概念，以及函数调用机制的基础上，将重点掌握如何使用和设计函数。同时，通过学习并运用递归函数、内联函数、函数重载和默认参数函数，编写出更清晰和高效的C++程序。

课程思政

服务意识：每个函数都承担着特定的职责，它们通过被调用来为整个程序提供服务。这与社会中的个体角色相似，每个人都在社会中扮演着特定的角色，承担着相应的责任，并通过自己的工作和行动向社会提供服务。

5.1 函数的分类

函数（Function）是一段可重复使用的代码，用于完成特定的功能。函数是C++程序中的基本逻辑单元，一个C++程序通常由一个主函数和若干自定义函数组成，如图5-1所示。函数的设计与使用体现了模块化编程思想，即将复杂的系统分解成更小、更易于管理的部分。使用函数的好处主要包括：一是使程序结构更加清晰，提高了可读性；二是减少了重复编码的工作量；三是便于多人分工合作开发大型程序，缩短程序设计周期，提高程序开发的效率。

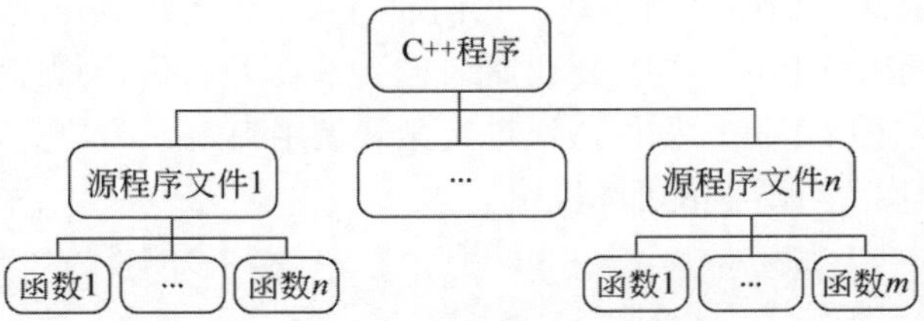

图5-1　函数调用示意图

函数的分类方法有多种，从用户使用的角度来看，函数可以分为系统函数和自定义函数。系统函数是由编译系统提供的，用户只须正确使用这些函数，无须自行编写。自定义函数则是由程序设计人员根据具体需要编写的。

1. 系统函数

C++标准库函数（简称为库函数）和其他第三方库提供了大量的系统函数，这些函数覆盖了广泛的编程需求，用户可以根据具体需求调用这些函数。在使用各类库函数时，用户需要在源程序开头包含函数所在的头文件。例如，在例 5-1 中调用 pow 函数时，需要在调用前包含其头文件，如例 5-1 中第 2 行所示。

表 5-1 列举了一些常见的系统函数及其使用时对应所包含的头文件。

表 5-1　常见的系统函数

函 数 名	说　　明	头 文 件
scanf、printf	C 语言标准输入/输出函数	cstdio 或 stdio.h
sqrt、pow	返回平方根、幂函数	cmath 或 math.h
strlen、strcpy	返回字符串长度、复制函数	cstring 或 string.h
malloc、free	C 语言动态内存分配和释放函数	cstdlib 或 malloc.h
time、localtime	返回日历时间函数 将日历时间转换为本地时间函数	ctime 或 time.h
system	执行系统命令 如 system("pause")为暂停运行	cstdlib 或 stdlib.h
exit	终止程序执行函数	
rand、srand	产生伪随机数、种子函数	
fopen、fclose	C 语言文件打开、关闭函数	

2. 自定义函数

尽管 C++提供了大量的系统函数，但当这些函数不能满足特定需求时，用户需要编写自己的函数。如例 5-1 中所示，与库函数一样，main( )函数通过函数名来调用自定义函数 cirArea。C++自定义函数不仅有助于程序员提高代码的质量和效率，还可以使代码更加简洁易懂。掌握函数的定义和使用是每个 C++开发者都应该具备的基本技能。

5.2　自定义函数

要使用 C++自定义函数，通常需要完成的工作包括函数定义、函数声明、函数调用。

库函数是已经定义和编译好的函数，它们通过头文件提供其原型，因此用户只需要包含对应的头文件并调用这些函数即可。然而，自定义函数必须由程序设计人员自行处理这些工作。以下示例对例 2-1 进行重构，通过定义和调用自定义函数实现相同功能。

【例 5-1】 函数实现计算圆的面积。

```
#include <iostream>
#include <cmath>
using namespace std;
double cirArea(double cir_r);               //函数原型
int main()
{
```

```
    double r, area;
    cout << "请输入圆的半径：";
    cin >> r;
    area = cirArea(r);                          //函数调用
    cout << "圆的面积：" << area << endl;
    return 0;
}
double cirArea(double cir_r)                    //函数定义
{
    double cir_area;
    cir_area = 3.14159 * pow(cir_r, 2);  //表达式调用函数 pow
    return cir_area;
}
```

运行结果：（与例 2-1 相同）

```
请输入圆的半径：1↵
圆的面积：3.14159
```

5.2.1　函数定义

函数必须先定义后才能使用。定义函数的一般格式为

```
[返回类型] 函数名（[形式参数列表]）
{
    函数体
    [return 表达式;]                          //如果函数有返回值
}
```

一个函数由函数头和函数体组成。函数头包括返回类型、函数名和参数列表。

格式的具体说明如下。

（1）函数名：是函数的唯一标识符，用于调用函数。

函数名必须遵守 C++标识符规则，并通常要求“见其名知其意”。例如，例 5-1 中计算圆面积的函数名为 cirArea。函数名本身也有值，它代表函数的入口地址。

（2）参数列表：是函数执行时从主调函数接收的数据。

参数列表两边的括号不可以省略。为了与主调函数的实际参数（简称为实参）区分开，将函数定义的参数称为形式参数（简称为形参）。形式参数列表是可选的，即函数可以没有参数，因此，函数也可以分为有参函数和无参函数。

① 无参函数。

无参函数定义的函数头一般格式为

[返回类型] 函数名()

例如，例 5-1 中的 int main( )函数。但需要注意的是，main( )函数的参数列表可以为空，也可以包含一个整数（表示参数数量）和一个字符指针数组（表示参数本身）。无参函数定义格式时，括号内也可以加上 void 关键字，如 print(void)。

② 有参函数。

有参函数定义的函数头一般格式为

[返回类型] 函数名（类型 1 形参 1，类型 2 形参 2，…）

例如，例 5-1 中的 double cirArea(double cir_r) 函数，表示该函数有一个参数，调用该函数时，实参 r 将赋值给形参 cir_r。当参数多于一项时，参数间使用逗号分隔。例如，例 5-2 中的 void swapxy(int x, int y) 函数。

（3）返回类型：指定函数返回值的类型。

如果函数不返回任何值，则使用 void 关键字。返回类型省略时，默认为 int 类型。根据是否有函数的返回值（也称为函数值），函数可分为有返回值函数和无返回值函数。

① 有返回值函数。

例如，例 5-1 中的 int main( )函数、double cirArea(double cir_r) 函数。前者的返回值类型为 int，可以省略；后者的返回值类型为 double，不可省略。如果函数有返回值，可以向调用程序返回一个值，需要使用 return 语句返回该值，并结束函数。

② 无返回值函数。

如果函数不返回任何值，则使用 void 类型，这种函数称为无返回值函数。无返回值函数不需要 return 语句，或者可以仅使用"return;"来结束函数。例如，例 5-2 中的 void swapxy (int x, int y）函数。

（4）函数体：由花括号括起来的语句序列，它是当函数被调用时将要执行的具体操作。

（5）return 语句：用来返回函数的结果，为可选项。

return 语句的一般格式为

return (表达式)； 或 **return 表达式；**

例如，以下两条语句都表示返回 a、b 两数中的较大数。

```
return (a > b) ? a : b;
return ((a > b) ? a : b);
```

综上所述，在定义函数时，程序设计人员必须知道函数的名称、需要传递哪些参数（如果有的话），以及如何接收它的返回值（如果有）。

注意：每个函数都是功能独立的模块，C++不允许在函数体内嵌套定义函数，即一个函数中不能包含另一个函数的定义。例如：

```
int main()
{    …
    int add(int a, int b)    //错误的嵌套定义
    {
        …
    }
    …
}
```

5.2.2 函数调用

C++语言中，函数调用的一般格式为

函数名([实际参数列表]);

函数调用时，应注意以下几点。

（1）函数名必须与需要被调用的函数名完全一致，并且括号不可省略。

（2）实参传递给形参的顺序应一一对应，类型相匹配，或者至少是可以隐式转换的。如果类型不匹配且没有合适的转换，编译器将报错或者有可能得不到正确的结果。

一个典型的 C++程序总是由 main()函数开始启动的。换而言之，程序运行以 main()函数作为程序的入口，在程序执行过程中，如果 main()函数调用了其他函数，那么 main()函数成为主调函数，转而进入并执行被调函数。当被调函数完成其任务并返回时，程序控制权将返回 main()函数中，继续执行 main()中紧随被调函数之后的语句。这个过程可能会重复执行，直到 main()函数中所有函数所有语句执行完毕，此时 main()函数作为程序的出口，程序结束。

以下是对例 5-1 的进一步讲解，包括函数的调用机制及其参数传递。

1. 函数调用机制

函数的调用和返回是通过栈来管理的。**栈**（Stack）是一种后进先出（Last In First Out，LIFO）的数据结构，其原理类似于子弹匣中压子弹，最后压入的子弹最先射出。

如图 5-2 所示，函数调用过程分为三个步骤。

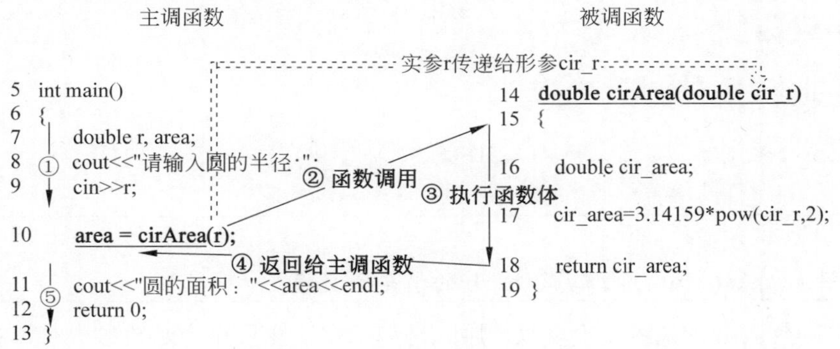

图 5-2　函数调用与参数传递

1）函数调用

当函数调用开始时，会创建被调函数的栈空间。保存主调用函数的运行状态以及返回地址，以便函数调用结束后的返回。将实参的值压入栈中，这些值在函数内部作为形参使用，并将控制权转移给被调函数。

2）执行函数体

开始执行函数体内的语句，期间如果函数中也定义了变量，将变量压栈。

3）返回给主调函数

当执行到 return 语句或函数结束“}”时，系统为返回值分配临时单元，并保存在该单元。恢复主调函数的运行状态，释放栈空间，清理函数所占内存。然后根据返回地址返回函数调用点，临时单元参与调用语句所在表达式运算后销毁，继续主调函数的执行。

函数作为一个完成某功能的独立模块，函数与函数之间可以通过输入参数代入被调函数，该功能完成后，将函数的返回值（输出）返回给主调函数。这就意味着可以简单地把函数看作一个“黑盒”，除了输入、输出，这个“黑盒”内部有什么都是看不见的。

2. 值传递参数传递机制

函数的参数如果是普通类型（非引用类型），在函数调用时，实参的值被复制给形参。其中形参和实参是两个相互独立的变量。

【例 5-2】 函数实现两数交换，普通变量的参数传递。

```
#include <iostream>
using namespace std;
void swapxy(int x, int y)
{
    int temp;
    temp = x;
    x = y;
    y = temp;
    cout << "In swapxy: x=" << x << " y=" << y << endl;
}
int main( )
{
    int a = 10, b = 20;
    cout << "In main: a=" << a << " b=" << b << endl;
    swapxy(a, b);        //直接调用
    return 0;
}
```

运行结果：

```
In main: a=10 b=20
In swapxy: x=20 y=10
```

思考题：

在调用 swapxy( )函数后，实参 a、b 的值是否交换？

答案是实参 a、b 的值并不会交换。原因是使用普通变量作为函数参数时，采用的是**值传递**的方式。这意味着在函数调用时，创建形参的同时以实参进行初始化（即实参与形参虽同值，但为不同的存储单元），因此，形参的操作并不会影响实参的值。

值传递参数传递机制的优点是简单直观，能保护原始数据的安全性。缺点是当涉及大型对象或结构体的内存复制操作时导致效率低下，以及无法修改原始数据的局限性。这时，可能需要根据实际情况，选择指针、引用传递等参数传递方式，具体详见第 8 章和第 9 章。

3. 函数的调用方式

综合前面的实例，根据函数定义时有无返回值，函数调用具体调用方式有以下几种。

1）函数语句调用（直接调用）

如果函数只进行某些操作而无返回函数值，则直接使用函数调用的一般格式即可。以例 5-2 为例：

```
swapxy(a, b);
```

2）函数表达式调用

如果函数有返回值，并且作为表达式的一部分，以函数返回值参与表达式的运算或输出语句中出现。以例 5-1 为例：

```
area = cirArea(r);
cout << cirArea(r) << endl;
```

3）函数参数调用

如果函数有返回值，并且作为另一个函数的实参出现。例如：

```
cout << findMax(a, findMax(b, c));  //输出 a,b,c 的最大数
```

5.2.3 函数原型

与函数定义不同，函数原型（也称为函数声明）只提供了函数的接口信息，它告诉编译器函数的返回类型、名称以及它接收的参数类型和数量。

函数原型的一般格式为

[返回类型] 函数名([形式参数列表]);

说明：

（1）函数原型与函数定义的函数头基本相同，区别是函数原型必须以分号结束。例如：

```
double cirArea(double cir_r);   //例 5-1
```

（2）函数原型与函数定义在返回类型、函数名、参数列表上不一致时，编译系统将报告错误。函数原型中的参数列表可以不提供变量名。例如：

```
double cirArea(double);        //与上例等效
```

在调用函数之前，需要确保函数已经被声明或定义。函数的书写顺序有以下两种方式。

方式一：函数定义在前，函数调用在后，可以不需要函数原型。

```
方式一：                        //以例 5-2 为例
函数定义                        void swapxy(int x, int y){…}
…                               …
函数调用                        swapxy(a, b);
…                               …
```

方式二：函数调用在前，函数定义在后，调用前必须声明函数原型。

```
方式二：                        //以例 5-2 为例
函数声明;                       void swapxy(int x, int y);
…                               …
函数调用                        swapxy(a, b);
…                               …
函数定义                        void swapxy(int x, int y){…}
```

当函数调用发生在函数定义之前，如果没有提供函数的原型声明，编译器在遇到函数调用时无法确定该函数的存在，这会导致编译错误。当函数数量较多时，确保每个函数的定义都在其调用之前是很困难的，也容易出错。因此，良好的编程习惯是在函数被调用之前提供其原型声明，这样可以确保编译器能够正确地识别和处理函数调用，同时也使得代

码更加清晰和易于管理。

5.3 函数的嵌套调用与递归调用

5.3.1 函数的嵌套调用

视频讲解

虽然 C++不允许函数嵌套定义，但允许函数嵌套调用，即在一个函数内部调用另一个函数。这种嵌套调用可以形成多个函数之间的调用链。

【例 5-3】 计算 sum = 1！+2！+3！+…+n！的和。

```
#include <iostream>
using namespace std;
int sum(int);         //函数功能：计算 n! 的和
int fact(int);        //函数功能：计算 n!
int main()
{
   int n;
   cout << "请输入 n 的值：";
   cin >> n;
   cout << "sum = " << sum(n) << endl;
   return 0;
}
int sum(int m)
{
   int i, s = 0;
   for (i = 1; i <= m; i++)
      s += fact(i);
   return s;
}
int fact(int m)
{
   int i, f = 1;
   for (i = 1; i <= m; i++)
      f *= i;
   return f;
}
```

运行结果：

```
请输入 n 的值：10↵
sum = 4037913
```

说明：main()函数调用了 sum()函数，sum()函数再调用 fact()函数，这样便形成了函数的嵌套调用。

5.3.2 递归调用

视频讲解

除了可以调用另一个函数，C++还允许函数进行递归调用，即一个函数直接或间接地调用自己。直接递归调用是指函数体内存在调用函数自身的语句，而间接递归调用是指函数 A 调用函数 B，而函数 B 又调用函数 A。

例如，在例 5-3 中的 fact()函数可以通过迭代法计算 n 的阶乘，也可以通过以下公式来实现。

$$n! = \begin{cases} 1, & n = 0,1 \\ n \times (n-1)!, & n > 0 \end{cases}$$

求 n 阶乘的递归调用过程如图 5-3 所示。

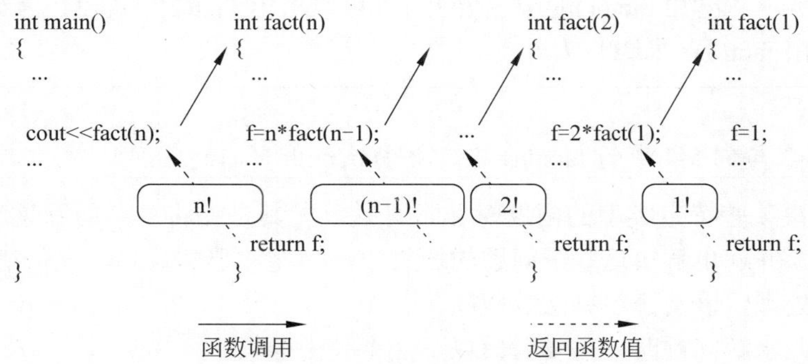

图 5-3　求 n!的递归调用

【例 5-4】 递归实现 n!。

```
#include <iostream>
using namespace std;
int fact(int);
int main()
{
    int n;
    cout << "请输入 n 的值：";
    cin >> n;
    cout << "fact(" << n << ")! = " << fact(n) << endl;
    return 0;
}
int fact(int m)
{
    int f = 1;
    if (m == 0 || m == 1)           //递归的终止条件
        f = 1;
    else
        f = m * fact(m - 1);        //递归调用
    return f;                       //返回值
}
```

运行结果（与例 4-18 相同）：

```
请输入 n 的值：3↵
fact(3)! = 6
```

如图 5-3 所示，递归过程可以分为以下两个阶段。

递推阶段：递归函数不断地调用自身，每次调用都将问题分解为更小的子问题。这个过程会一直持续直到达到递归的终止条件，这个阶段会导致调用栈的深度不断增加。

如例 5-4 所示，fact(3)会调用 fact(2)，fact(2)会调用 fact(1)，直到 fact(1)为已知，递推阶段结束。

回归阶段：这个阶段函数开始返回结果，并逐层向上传递，递归调用栈的深度会逐渐减少，直到最初的函数调用返回最终结果。

如例 5-4 所示，已知 fact(1)的函数值为 1，可以求出 fact(2)，即 2！为 2；已知 fact(2)的值，可以求出 fact(3)，即 3！为 6。

> **思考题**：
>
> 比较例 5-3 与例 5-4 中的 fact()函数，并尝试说出它们的区别。

递归在解决某些特定类型的问题时非常有效，尤其是在将复杂问题逐步分解为更小、相似的子问题，并逐步解决这些子问题的场景中，如斐波那契数列、汉诺塔问题、树和图等数据结构的处理，以及排序算法等问题。

在使用递归求解问题时，需要考虑以下几个关键因素。

1. 递归的终止条件

递归函数必须有一个或多个明确的结束条件（递归的出口），以确保递归能够适时停止。如例 5-4 所示，“if(m == 0 || m == 1) f=1;”表示当形参为 0 或 1 时，n! 为 1 是递归的退出条件。

2. 递归关系

递归关系定义了函数如何自我调用，并且每次都需要满足一定条件才可以调用，使问题规模减小。在递归调用中，通常需要将问题的一部分作为参数传递给递归函数，而参数的变化通常指向递归终止的方向。如例 5-4 所示，“f = m * fact(m−1); ”是一个递归调用，随着参数值逐渐变小，这种变化最终将满足终止条件“if(m == 0 || m == 1)”。

3. 返回值

如果函数需要返回值，必须确保在递归的终止条件和递归调用过程中都有明确的返回值。如例 5-4 所示，在有返回值的递归函数中，“return f;”表示返回递归的终止条件和递归调用情况下的结果。

如果函数不需要返回值，则递归函数的类型应为 void。下面以一个简单的例子来说明这种情况。

【例 5-5】 递归设计某学校餐厅的取餐叫号程序。

```
#include <iostream>
using namespace std;
void callNum(int);
int main()
{
    int people = 3;
    callNum(people);
}
void callNum(int num)
{
```

```
    if (num == 1);
    else
        callNum(num - 1);
    cout << "请" << num << "号到窗口取餐\n";   //输出操作，不需要返回值
}
```

运行结果：

```
请 1 号到窗口取餐
请 2 号到窗口取餐
请 3 号到窗口取餐
```

思考题：

是否可以省略第 11、12 行代码？

答案是不可以。如果没有递归调用的约束，会导致程序产生无限递归，进而可能导致栈空间溢出。

尽管递归在逻辑上非常清晰和简洁，甚至在实现特定算法或解决特定问题时可能是最佳解决方式，但它可能会导致大量的函数调用和栈空间占用，特别是在处理大规模问题时。因此，在可能的情况下，应该考虑使用非递归（循环）来替代递归，以提高程序的效率和稳定性。

5.4　函数的特殊形式

在 C++编程语言中，除了基础的函数定义和调用机制之外，还提供了内联函数、函数重载和带有默认参数的函数等特殊形式。这些特性不仅增强了代码的灵活性，还有助于提升程序的执行效率。

5.4.1　内联函数

在前面的学习中已了解，每次的函数调用需要占用较大的时间和空间开销（包括保存寄存器、创建栈内存环境、参数传递以及可能的返回值的传递等）。当函数体较小且调用频繁时，将小函数定义为内联函数，不仅可以避免这些开销、显著提高程序的执行速度，还可以使代码更加清晰和易于理解。

内联函数的使用可以采用以下两种方法。

```
方法一：                            方法二：
inline 函数声明;                    inline 函数定义
…                                   …
函数调用                            函数调用
…
函数定义
```

说明：内联函数必须在内联函数第一次被调用之前声明或定义。

【例 5-6】 求 5 个[0, 10）区间的随机整数的最大值。

```
#include <iostream>
```

```
#include <cstdlib>
#include <ctime>
using namespace std;
inline int findMax(int, int);      //内联函数声明
int main()
{
   int i, num, max = 0;
   srand((unsigned int)time(0));
   for (i = 1; i <= 5; i++)
   {
      num = rand() % 10;         //产生[0,10)区间的随机整数
      cout << num << endl;
      max = findMax(max, num);
   }
   cout << "max = " << max << endl;
   return 0;
}
int findMax(int a, int b)
{
   return (a > b) ? a : b;
}
```

运行结果：

```
8
3
9
1
3
max = 9
```

内联函数是通过在编译时将函数体代码插入函数调用处，将调用函数方式改为顺序执行方式来节省程序执行的时间的开销。它实际上是C++提供的一种用空间换时间的优化手段。如例5-6所示，findMax( )函数被调用5次，实则在编译时会将findMax( )函数代码嵌入主调函数中5次。

对于规模很小（一般为5行语句以内）且使用频繁的函数，内联可以显著提高程序的执行效率。但对于以下情况并不适用使用内联。

（1）内联函数体不能包含复杂的控制语句，如循环、switch语句等。

（2）对于调用次数少的函数，这种性能提升可能并不明显，应慎用内联函数，以避免不必要的编译时间增加和代码膨胀。

（3）内联函数不应包含静态变量和数组，也不能递归调用。

另外，编译器可能会忽略内联请求。当编译系统认为将函数内联不会带来性能上的提升，或者函数体太大太复杂时，编译器可能会忽略inline关键字，把该函数视为一般函数处理。

5.4.2 函数重载

在C++中，函数重载是一种允许在相同作用域内定义多个名称相同，但参数列表不同

的函数。它体现了 C++的多态性，增强了程序的可读性和可维护性。函数重载需要函数名必须相同，而参数列表（参数的数量、类型或顺序）至少有一处不同。返回类型和函数体可以不同，但在函数重载的判断中不作为主要依据。

在调用重载函数时，编译器会根据提供的参数数量和类型来选择最合适的函数版本。实参的类型可以向高类型转换后匹配，也可以向低类型或兼容类型转换匹配。如果找到与实参匹配的函数，则调用该版本的函数；如果找不到匹配的函数，或者存在多个可能匹配的函数，编译器将报告错误。

【例 5-7】 findMax()重载函数的不同匹配。

```
#include <iostream>
using namespace std;
int findMax(int, int);                  //①
double findMax(double, double);         //②
int findMax(int, int, int);             //③
int main()
{
    int x1 = -12, y1 = 8, z1 = 20;
    double x2 = 1.5, y2 = 2.8;
    cout << "max(" << x1 << "," << y1 << ") = "
        << findMax(x1, y1) << endl;       //调用①
    cout << "max(" << x2 << "," << y2 << ") = "
        << findMax(x2, y2) << endl;       //调用②
    cout << "max(" << x1 << "," << y1 << "," << z1 << ") = "
        << findMax(x1, y1, z1) << endl; //调用③
}
int findMax(int a, int b)
{
    return (a > b) ? a : b;
}
double findMax(double a, double b)
{
    return (a > b) ? a : b;
}
int findMax(int a, int b, int c)
{
    int max = a;
    max = (b > max) ? b : max;
    max = (c > max) ? c : max;
    return max;
}
```

运行结果：

```
max(-12,8) = 8
max(1.5,2.8) = 2.8
max(-12,8,20) = 20
```

说明：在例 5-7 中的 3 个 findMax()函数都是重载函数。其中，int findMax(int, int) 和 double findMax(double, double) 的函数体完全相同，但参数类型和返回类型不同，因此它们是重载函数。在调用时，根据实参的类型确定调用与之匹配的 findMax( )函数。

另外，int findMax(int, int) 和 int findMax(int, int, int) 的参数个数不同，因此它们也是重载函数。在调用时，根据参数的数量确定调用与之匹配的 findMax( )函数。

思考题：

如果将 int findMax(int, int) 改为 long findMax(long, long) 对程序会有影响吗？

答案是有影响。C++允许 int 到 long 和 int 到 double 的类型转换。当实参为整数时，在调用时可能无法找到一个与之匹配的重载函数，编译器可能会引发重载函数存在二义性的错误。

此外，需要注意的是，函数重载与函数的重复声明是有区别的。如果两个函数只有返回类型不同，这并不足以判断它们是函数重载。例如：

```
int findMax(int, int);
double findMax(int, int);
```

这不是函数重载，因为它们的参数列表是相同的。同样，使用 typedef 定义的类型别名也不能用来区分重载函数的参数。例如：

```
typedef int INT;
int findMax(int, int);
INT findMax(INT, INT);
```

这也不是函数重载，因为 INT 实际上是 int 的别名，所以这两个函数的参数列表在编译器看来是相同的。

5.4.3 默认参数

C++中函数的默认参数允许在函数声明或定义时为参数指定默认值。如果调用函数时没有提供这些参数的值，将自动使用这些默认值。这一特性增加了函数的灵活性，并减少了函数重载的需求。

使用默认参数时需要注意以下几点。

（1）默认参数必须在函数声明或定义中指定，并且只能指定一次。

默认参数可以采用以下两种方法指定。

方式一：在函数定义中指定默认参数。

```
返回类型 函数名(类型 1 形参 1 = 默认值 1，类型 2 形参 2 = 默认值 2,…)
{
    函数体
}
```

说明：这种方法适用于只有一个函数定义而没有函数原型的情况。

方法二：在函数原型中指定默认参数。

```
返回类型 函数名(类型 1 形参 1 = 默认值 1，类型 2 形参 2 = 默认值 2,…);
```

说明：如果在函数原型中指定了默认参数，那么在函数定义时就不应该再次指定，否则可能会导致重复定义的错误。

【例 5-8】 使用默认参数求两个整数和三个整数中的最大值。

```
#include <iostream>
using namespace std;
int findMax(int a, int b, int c = 0);  //函数原型中指定默认参数
int main()
{
    int x = -12, y = 8, z = 20;
    cout << "max(" << x << "," << y << ") = "
        << findMax(x, y) << endl;
    cout << "max(" << x << "," << y << "," << z << ") = "
        << findMax(x, y, z) << endl;
}
int findMax(int a, int b, int c)
{
    int max = a;
    max = (b > max) ? b : max;
    max = (c > max) ? c : max;
    return max;
}
```

运行结果：

```
max(-12,8) = 8
max(-12,8,20) = 20
```

说明：在函数原型中，变量 c 被指为默认参数，表示当实参个数为 2 时，第三个参数默认为 0，因此最大值为 8。

（2）默认参数只能出现在参数列表的末尾。

这意味着当函数存在多个默认参数时，应从右向左逐一指定其形参的默认值；在调用函数时，实参应从左向右匹配形参。例如：

```
int findMax(int a = 27, int b, int c = 0);    //错误
```

例如，将例 5-8 做如下修改：

```
#include <iostream>
using namespace std;
int findMax(int a, int b = 27, int c = 18);
int main()
{
    int x = -12, y = 8, z = 20;
    cout << "max(" << x << ") = " << findMax(x) << endl; //实参：-12
    cout << "max(" << x << "," << y << ") = "
        << findMax(x, y) << endl;                    //实参：-12,8
    cout << "max(" << x << "," << y << "," << z << ") = "
        << findMax(x, y, z) << endl;                 //实参：-12,8,20
}
int findMax(int a, int b, int c)
{
    int max = a;
    max = (b > max) ? b : max;
```

```
    max = (c > max) ? c : max;
    return max;
}
```

运行结果：

```
max(-12) = 27
max(-12,8) = 18
max(-12,8,20) = 20
```

（3）如果函数有多个重载版本，并且其中一个版本使用了默认参数，编译器会根据提供的参数个数和类型来选择最合适的函数版本。

【例 5-9】 带有默认参数的函数重载的不同匹配。

```
#include <iostream>
using namespace std;
int findMax(int a, int b = 18);          //①
int findMax(int a, int b, int c);        //②
int main()
{
    int x = -12, y = 8, z = 20;
    cout << "max(" << x << ") = " << findMax(x) << endl;  //调用①
    cout << "max(" << x << "," << y << ") = "
        << findMax(x, y) << endl;                  //调用①
    cout << "max(" << x << "," << y << "," << z << ") = "
        << findMax(x, y, z) << endl;               //调用②
}
int findMax(int a, int b)
{
    return (a > b) ? a : b;
}
int findMax(int a, int b, int c)
{
    int max = a;
    max = (b > max) ? b : max;
    max = (c > max) ? c : max;
    return max;
}
```

运行结果：

```
max(-12) = 18
max(-12,8) = 8
max(-12,8,20) = 20
```

另外，需要特别注意避免多个重载函数（其中带有默认参数）与实参匹配引起函数调用的二义性。例如，将例 5-9 的重载函数做如下修改：

```
int findMax(int a, int b = 18);              //①
int findMax(int a, int b, int c = 27);       //②
```

错误原因是在调用两个实参的函数时，无法确定调用哪个版本的函数，存在调用二义性。

5.5　小结

5.5.1　思维导图

本章思维导图如图 5-4 所示。

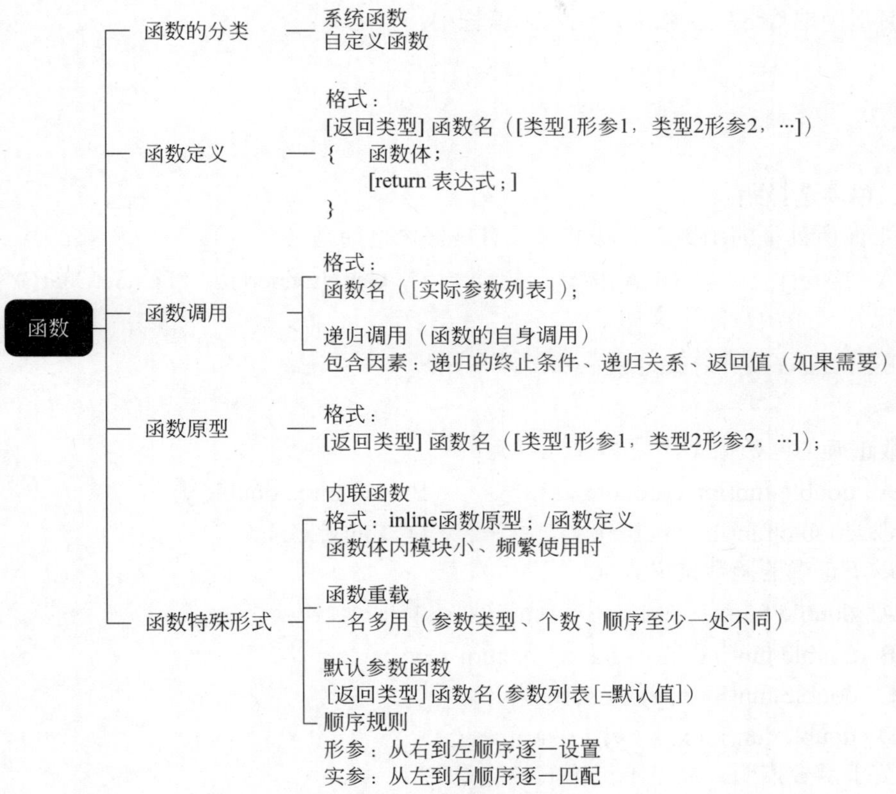

图 5-4　本章思维导图

5.5.2　思维模式

本章涉及的主要思维模式如表 5-2 所示。

表 5-2　本章主要思维模式

模　式	说　　明
模块化	模块化思维是一种将复杂问题分解为多个小问题，并逐一解决的策略。每个函数可以被视为一个独立的模块，专注于实现特定的功能。这种模块化的思维方式有助于降低系统整体的复杂度，并提高开发的效率与系统的可维护性
递归法	递归法是一种在程序设计中广泛使用的解题策略，它涉及一个函数直接或间接地调用自身。这种方法特别适用于那些可以被分解为一系列相似子问题的情况，其中每个子问题的规模都比前一个更小，直到问题简化到可以直接解决时，不再需要进一步地递归调用

5.5.3　逻辑结构

本章的主题聚焦于“函数”，通过引入自定义函数来深化对函数的理解。重点是函数的定义和调用，以及函数的参数传递。难点是函数的递归调用，并介绍了函数的几种特殊形式。

首先对函数的分类进行了简要介绍，并重点讨论了函数的定义与调用过程，以及函数调用过程中的参数传递和调用机制。

然后介绍了函数的嵌套调用，以及递归函数的基本原理和实际应用。

最后讨论了 C++中常用的函数特殊形式，包括内联函数、函数重载和默认参数函数，以及如何正确地将这些函数应用到实际编程中。

练习

一、单项选择题

1. 下面所列举的函数名合法并且具有良好风格的是（　　）。

   A. 1-stu()　　B. A_B()　　C. Get Number()　　D. GetChar()

2. 已知一个函数的定义如下：

```
double fun(int x, double y)
{ … }
```

则该函数正确的函数原型声明为（　　）。

   A. double fun(int x, double y)　　B. fun(int x, double y)

   C. double fun(int, double);　　D. fun(x, y);

3. 以下正确的函数定义为（　　）。

   A. double fun(x, y) { int x, y; return x+y; }

   B. double fun(int ,int) { int x, y; return x+y; }

   C. double fun(int x, y) { return x+y; }

   D. double fun(int x, int y) { return x+y; }

4. 关于函数声明，以下不正确的说法是（　　）。

   A. 如果函数定义出现在函数调用之前，可以不必加函数原型声明

   B. 函数的每次调用，都需要声明一次函数原型，保证编译系统能够识别

   C. 在调用标准库之前，需要添加包含的库头文件

   D. 如果在所有函数定义之前已做了声明，则各主调函数可以调用该函数

5. 在 C++中，普通变量作为函数参数时，以下表述正确的是（　　）。

   A. 实参与形参同名时，共同占用一个存储单元

   B. 实参与形参各占用独立的存储单元

   C. 只有实参占存储单元，形参是虚拟的，不占用存储单元

   D. 实参与形参共同占用一个存储单元

6. 函数返回值的类型是由（　　）决定的。

   A. return 语句中的表达式类型

   B. 调用该函数时的主调函数类型

   C. 调用该函数时由系统临时

   D. 在定义函数时所指定的函数返回值类型

7. 以下说法正确的是（　　）。
   A. 函数的定义和函数的调用均可以嵌套
   B. 函数的定义和函数的调用均不可以嵌套
   C. 函数的定义不可以嵌套，但函数的调用可以嵌套
   D. 函数的定义可以嵌套，但函数的调用不可以嵌套
8. 以下函数值的类型是（　　）。

```
fun(float x) {
    float y;
    y=3*x-4;
    return y;
}
```

A. int　　B. float　　C. void　　D. 不确定

9. 以下函数调用语句有（　　）个实参。

```
fun(a, b, (a,b), (a,b,a+b));
```

A. 4　　B. 5　　C. 6　　D. 7

10. 下列函数原型中，错误的是（　　）。
   A. int fun(int x, double y);　　B. int fun(int x=0, double y);
   C. int fun(int x, double y=0);　　D. int fun(int x=0, double y=0);

二、填空题

1. 要使用 C++自定义函数，通常需要完成的工作包括_______、_______、_______。
2. 函数调用时，实参与形参之间的传递机制是_______。
3. 完善以下程序段。

递归求斐波那契数列的前 n 项。

```
int fib(int n) {
    int f;
    if (_______)            //第 1 空
        f = 1;
    else
        f =_________;       //第 2 空
    ________;               //第 3 空
}
int main() {
    int n;
    cin >> n;
    cout << "fib(" << n << ") = " << fib(n) << endl;
    return 0;
}
```

4. 完善以下程序段。

实现输入一个字符是否为数字的判断函数 isDigit()，要求该函数为内联函数。

```
______bool isDigit(char c) {          //第 1 空
    return ______;                    //第 2 空
}
```

```
int main() {
    char ch;
    while (______ && ch != '\n')      //第3空
        if (isDigit(ch))  cout << ch << "是数字\n";
        else cout << ch << "不是数字\n";
}
```

5. 将以下重载函数合并为一个函数，其函数原型为 void _______;。

```
void point()          {
    cout << "x=1, y=2\n";
}
void point(int x)        {
    cout << "x=" << x << ", y=2\n";
}
void point(int x, int y) {
    cout << "x=" << x << ", y=" << y << "\n";
}
int main() {
    point();
    point(3);
    point(4, 5);
}
```

三、程序设计题

1. 实现 x-y 范围内整数的和函数，其中，x、y 由主函数用户输入（$x \leqslant y$）。

2. 实现判断某整数是否为素数函数，其中，该整数由主函数用户输入。

3. 设计一个由“*”符号组成的 n 行等腰三角形函数，其中，n 由主函数用户输入。例如：

```
请输入行数n：8
              *
            * * *
          * * * * *
        * * * * * * *
      * * * * * * * * *
    * * * * * * * * * * *
  * * * * * * * * * * * * *
* * * * * * * * * * * * * * *
```

4. 编写计算组合数 $p = C_m^k = \dfrac{m!}{k!(m-k)!}$ 的值函数，其中，m 和 k 由主函数键盘输入。

5. 设计两个函数，分别求两整数的最大公约数与最小公倍数，其中两个整数由主函数用户输入。

6. 实现一个简易的计算器程序，包含 4 个运算：$x!$、$|x|$、$\sqrt{x}$、x^y，其中每个运算均以独立的函数实现。

要求：显示一个菜单，根据输入的菜单项得出相应的计算结果。

7. 递归求解母牛问题。

说明：若一头小母牛，从出生起第 4 个年头开始每年生一头母牛，按此规律，第 n 年时有多少头母牛？

第 1 年　f1=1;

第 2 年　f2=1;

第 3 年　f3=1;

第 4 年　f4=1+1;

第 5 年　f5=f4+f2;　//在第 4 年的基础上加上 3 年前的 1 头小牛生的新牛

…

8. 重载函数 add 计算不同数据类型（char、int、double）的加法。

第 6 章 多文件

随着程序规模的扩大，将所有函数集中在单一文件中将导致管理上的复杂性。因此，在现代 C++项目开发中，通常会采用多个源文件和头文件的结构。每个源文件包含一系列逻辑相关的函数和变量定义，而每个头文件则包含相应的函数和变量声明。这些文件通过项目或编译配置文件相互关联，共同构成一个有机整体，从而增强了代码的可维护性。

在这种具有多文件结构的 C++项目中，如何实现一个文件中的函数对另一个文件中定义的函数和变量的访问？

通过本章的学习，读者将深入理解局部变量和全局变量的差异，理解变量和函数在不同文件间的作用域、可见性、生命期和存储类型，掌握多文件结构的组织方法。

课程思政

长计短策：全局变量因其在整个程序生命周期中的持续存在，要求在编程时必须考虑其长远影响，这与个人发展中制定长远规划的重要性相呼应；而局部变量的短暂生命周期则类似于设定和实现短期目标的过程。启发学生在制订和实施计划时，既要有长远的规划，也要有短期的具体策略，以实现个人成长和职业发展的平衡。

6.1 跨文件访问变量

为了实现变量的跨文件访问的功能，首先需要在定义变量的源文件中将其声明为全局变量，而非局部变量或静态变量。这样做可以确保变量对其他文件是可见的。接下来，在需要访问该变量的文件中，应当添加或包含对该变量的声明，以便能够对其进行访问。

此外，为了更深入地探讨变量的特性，在变量的 4 个基本要素（类型、名称、值和存储单元）的基础上，进一步引入了 4 个属性：作用域、可见性、生命期和存储类型。了解这些属性有助于开发者更全面地理解和分析变量的特性。

6.1.1 变量的作用域和可见性

变量定义的位置决定了其作用域，不同作用域的同名变量需要考虑其可见性，而全局变量与局部变量是最常见的变量分类。

1. 局部变量与全局变量

变量可以根据其定义的位置分为全局变量和局部变量。

1）局部变量

局部变量（Local Variable）是指在函数内部或复合语句中定义的变量，它们仅在定义它们的函数或复合语句中可见。局部变量的作用域被限制在声明它们的代码块内，如函数体、条件语句或循环语句等。这意味着局部变量只能在其声明的作用域内被访问，一旦离开这个作用域，这些变量就不再可用。

函数的形参也是局部变量的一种，它们用于接收调用函数时传递的实参数据，其作用域同样局限于函数内部，一旦函数执行完毕，这些变量即不可访问。

2）全局变量

全局变量（Global Variable）是在所有函数之外定义的变量。全局变量的作用域从它们定义的位置开始，一直延伸到源文件的末尾。

【例 6-1】 局部变量和全局变量示例。

```
#include <iostream>
using namespace std;
int n =1;                 //全局变量
void fun(int, int);
int main()
{
   int a = 4;            //局部变量
   cout << "\t\ta\tn" << endl;
   cout << " main_1:\t\t" << a << "\t" << n << endl;
   fun(1,2);
   n += 10;
   cout << " main_2:\t\t"<< a << "\t" << n << endl;
}
void fun(int x, int y)
{
   int a = 0;            //局部变量
   if(x < y)
   {
      int n = 2;         //复合语句内的局部变量
      n += x;
      cout << " fun_if:\t\t" << a << "\t" << n << endl;
   }
   a += y;
   cout << " fun:\t\t" << a << "\t" << n << endl;
}
```

a 作用域　n 作用域　a 作用域　x,y 作用域　n 作用域

运行结果：

```
                a       n
  main_1:       4       1
  fun_if:       0       3
  fun:          2       1
  main_2:       4       11
```

在使用全局变量和局部变量时，需要注意以下几点。

（1）当在源程序文件中声明的全局变量与某个函数内部声明的局部变量同名时，在该

局部变量的作用域内，全局变量将不起作用。如本例中的全局变量 n 与 fun 函数的局部变量同名，因此在 fun 函数中的 if 语句的作用域内，全局变量 n 是不可见的。

（2）由于每个变量都具有独立的作用域，因此可以在不同函数内使用相同的名称的局部变量，即使它们的类型不同，也不会相互干扰。如本例中 main( )函数和 fun( )函数中都声明了同名的局部变量 a，但它们互不影响。

（3）全局变量通常定义在程序的顶部，但也可以定义在程序的其他位置。对于全局变量定义之前的函数，如果它们不在全局变量的作用域内，则不能使用该全局变量。

（4）全局变量在程序员没有指定初值的情况下，会自动初始化为 0。而局部变量在定义时不会自动初始化，除非程序明确指定初始值，否则其内容是不可预测的。

【例 6-2】 局部变量的初始化示例。

```
#include <iostream>
using namespace std;
void testFun1();
void testFun2();
int main()
{
   testFun1();
   testFun2();
}
void testFun1()
{
   int num1 = 10;
   cout << "testFun1:" << num1 << endl;
}
void testFun2()
{
   int num2;
   cout << "testFun2:" << num2 << endl; //警告：num2 没初始化就使用了
}
```

运行结果：

```
testFun1:10
testFun2:10
```

说明：main()函数先后调用了 testFun1()和 testFun2()，这两个函数都定义了一个局部变量，但处理方式有所不同。在 testFun1()函数中，局部变量 num1 被明确初始化为 10，而在 testFun2()函数中，局部变量 num2 没有进行初始化。当 testFun1()函数执行完毕后，其局部变量 num1 被释放。然而，当 testFun2()函数被调用时，尽管 num2 未被初始化，但对应这块内存空间之前存储的值仍然保留着，这就是为什么 testFun2()输出的结果也是 10 的原因。

需要注意的是，直接使用未初始化的值并不可取，因为未初始化的局部变量的值是不确定的，这可能会引发难以预测的错误。因此，良好的编程习惯是对局部变量进行初始化，以保证程序的稳定性和可预测性。

2. 变量的作用域

作用域（Scope）是程序中标识符的有效代码段范围，它决定了在程序的哪些地方可以引用这些标识符而不会引起编译错误或未定义行为。C++中的作用域主要为以下几种。

1）局部作用域

局部作用域中的变量只能在定义它们的函数或代码块（例如条件语句、循环等）内部被定义和访问。一旦函数或代码块执行完毕，局部变量就会被销毁。其中：

（1）块作用域。

块作用域是局部作用域的一种特殊形式，它指的是由花括号"{ }"包围的代码块。在这个块中定义的变量只能在该块内部访问。

（2）函数作用域。

函数作用域实际上是局部作用域的一种，因为函数体本身就是一个代码块。在函数作用域中定义的变量或函数参数及其局部变量只能在函数内部访问。例如，例 6-2 第 12 和 17 行定义的变量。需要注意的是，函数原型中声明的参数作用域只在括号内有效，而在程序的其他地方无法使用。

2）文件作用域

文件作用域是在所有函数定义之外，从声明点开始直到源文件结束。通常指的是在全局变量，但仅限于单个文件内可见的标识符。

此外，还有**类作用域**和**命名空间作用域**。类作用域是在类定义中声明的，并通过类的对象来访问（取决于访问权限，如 public、protected、private），详见第 10 章。命名空间作用域是在命名空间中定义的，在命名空间外部需要通过命名空间名加作用域解析运算符"::"来访问，详见第 11 章。理解这些作用域有助于程序员控制标识符的可见性和生命周期，避免命名冲突，并优化程序的性能。

3. 变量的可见性

可见性（Visibility）是指在特定的作用域或上下文中，标识符是否可以被访问。可见性侧重于标识符是否能够被其他代码部分"看到"或访问。即使标识符在其作用域内，也可能因为"就近原则"而不可访问。当内部作用域和外部作用域存在同名标识符时，内部作用域的标识符会"隐藏"外部作用域的标识符。这意味着在内部作用域中，同名的内部标识符是可见的，而外部标识符不可见。

以下代码片段包含访问错误。

```
//test.cpp
#include <iostream>
using namespace std;
int n = 0;                              //全局变量
void testFun()                          //testFun 函数作用域开始
{
    for (int i = -2; i < 2; i++) {      //int i 作用域开始
        bool n = 1;                     //int n 被隐藏
        if (i < n)
            int m = n;                  //int m 作用域从此开始
        else
            char m = n + 64;            //char m 作用域从此开始并结束
        cout << "n = " << n << endl;    //bool n 可见，输出 1
        cout << "m = " << m << endl;    //错误，m 未定义
    }                                   //int i，bool n 作用域结束
```

```
    cout << "n = " << n << endl;      //int n 可见，输出 0
    cout << "i = " << i << endl;      //错误，i 无定义
}                                     //testFun 函数作用域结束
```

6.1.2 变量的生命期

程序内存模型为计算机的内存区域划分提供了一个抽象的框架，而存储类型则指定了变量在这些内存区域中的存储位置和方式，进而决定了变量的生命周期。

1. 程序的内存模型

在逻辑上，程序内存模型通常被划分为几个关键区域，以支持程序的执行。如图 6-1 所示，这些区域包括代码区、全局数据区、栈区和堆区。需要注意的是，这些区域的划分并不是在所有情况下都严格一致，它们的边界可能会因编译器和操作系统的不同而有所差异。

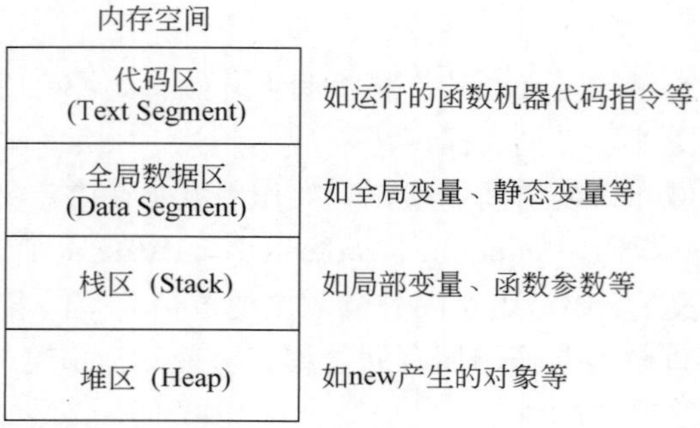

图 6-1　程序的内存模型

1）代码区

代码区存放源程序编译连接后生成的可执行二进制代码，这个区域是只读的。代码区中的数据在程序加载到内存时就已经确定，并且在整个程序执行期间保持不变。

2）全局数据区

全局数据区用于存放全局变量、静态变量和常量等。这些标识符的生命期从程序开始执行时开始，直到程序结束时结束。

3）栈区

栈区用于存储局部变量、函数参数和返回地址等。这些内存空间由编译器自动分配和释放。栈区采用后进先出（LIFO）的原则进行管理。当函数被调用时，其局部变量和参数会在栈上分配空间，并在函数返回时释放这些空间。该区域的内存管理属于静态内存分配，即在编译时就确定了变量内存空间的大小。

4）堆区

堆区主要用于动态内存分配，这意味着在程序运行时才确定变量所需的内存空间大小。与栈区不同，堆区内存的分配与释放由程序员直接负责，从而可以自由地控制堆变量的生命周期。

2. 变量的存储类型

在 C++中，存储类型用于指定变量或函数的生命期和连接属性。以下是 C++中几种主

要的存储类型及其作用。

1）自动存储类型

自动存储类型（auto）是最常见的存储类型，通常用于局部变量。具有自动存储期的变量在定义它们的块（例如函数或代码块）中创建和销毁。该类型的关键字 auto 通常省略。例如：

```
void testFun() {
    int num = 1; //等价 auto int num = 1;
    …
}
```

注意：auto 不能用于修饰函数。默认情况下，所有在函数内部声明的变量都是自动的，除非显式地指定为其他类型。自动变量在函数或代码块内声明，离开其作用域时自动销毁。它们的生命周期仅限于定义它们的函数或代码块的执行期间。

2）寄存器存储类型

寄存器存储类型（register）的变量存储在 CPU 的寄存器中，而不是内存中，这可以使得访问这些变量的速度更快。但是寄存器的数量是有限的，并且寄存器变量的使用对编译器是可选的（编译器可以忽略 register 关键字）。例如：

```
register int num = 2;          //尝试将 num 存储在寄存器中
```

注意：register 不能用于修饰函数。在现代编译器中，由于编译器优化的改进，它们通常能够比程序员更好地决定哪些变量应该存储在寄存器中，因此不需要用户指定。

3）外部存储类型

外部存储类型（extern）可用于声明全局变量，使它们具有外部连接属性，意味着这些变量可以在程序的多个文件之间共享。例如：

```
extern int num;             //声明外部变量
…
int num = 4;                //在某个源文件中定义
```

注意：虽然 extern 关键字用于声明外部变量，但它本身并不指定存储类型，而是指定了连接属性。它仅仅是用来告诉编译器这个变量在其他地方定义，并连接到那个定义。

【例 6-3】 如图 6-2 所示，在 DevC++中创建一个名为“6-3”的新项目，该项目包含两个源文件：main.cpp 和 file1.cpp。

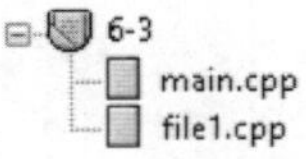

图 6-2　例 6-3 项目结构示意图

创建项目方法请参考 1.4.2 节。

```
//*******main.cpp 文件*******
#include <iostream>
using namespace std;
extern int n;    //声明外部变量
int main()
{
```

```
//*******file1.cpp 文件*******
#include <iostream>
using namespace std;
int n = 1;          //全局变量
void fun1()
{
```

```
    cout << "main: n = " << n << endl;        --n;
}                                             cout << "fun1: n = " << n << endl;
                                          }
```

运行结果：

```
main: n = 1
```

说明：在 main.cpp 文件中，要使用在其他源文件（如 file1.cpp）中定义的全局变量 n，必须在使用前声明为外部变量。这一声明表明这两个文件中的全局变量实际上是同一个变量。如果不进行这样的声明，编译器会因为找不到该变量的定义而报错。这种方式可以确保在不同源文件中对全局变量的引用是一致的，从而避免潜在的命名冲突和连接错误。

4）静态存储类型

使用 static 修饰的变量具有静态存储期，意味着它们在程序开始时创建，在程序结束时销毁。它们在定义它们的文件中是局部的，但在整个程序的生命周期内保持其值。静态变量在程序执行期间只被初始化一次，在程序员不指定初值的情况下自动初始化为 0。

静态变量可以是全局的或局部的。例如：

```
static int num1 = 3;          //静态全局变量
…
void testFun() {
    static int num2 = 0;     //静态局部变量
    …
}
```

（1）静态局部变量。

静态局部变量是在局部变量前加上 static 关键字，它具有函数作用域，但拥有静态存储期，保持其值直到程序结束。

【例 6-4】 静态局部变量示例。

```
#include <iostream>
using namespace std;
int n = 1;
void fun(int, int);
int main()
{
    int a = 4;
    cout << "\t\ta\tn" << endl;
    cout << "main_1:\t\t" << a << "\t" << n << endl;
    fun(1, 2);              //第 1 次调用 fun1
    n += 10;
    cout << "main_2:\t\t" << a << "\t" << n << endl;
    fun(2, 3);              //第 2 次调用 fun1
}
void fun(int x, int y)
{
    static int a = 0;    //静态局部变量
    if (x < y)
    {
        int n = 2;
```

```
        n += x;
        cout << "fun_if:\t\t" << a << "\t" << n << endl;
    }
    a += y;
    cout << "fun:\t\t" << a << "\t" << n << endl;
}
```

运行结果：

```
                a       n
main_1:         4       1
fun_if:         0       3
fun:            2       1
main_2:         4       11
fun_if:         2       4
fun:            5       11
```

说明：与例 6-1 的运行结果相比较，第一次调用 fun()函数后的结果显示是一致的。然而，在第二次调用后，结果出现了明显的区别。这表明静态局部变量 a 保留了上一次调用后的值，而普通的局部变量则不会保留。

（2）静态全局变量。

静态全局变量是在全局变量前加一个 static，则该变量具有文件作用域，仅在文件内部可用，在其他文件中不可见。因此，可以使用 static 限制全局变量只能在定义它的文件内部被访问。

【例 6-5】 静态全局变量示例。

Dev-C++将创建一个新项目“6-5”，该项目包含两个源文件：main.cpp 和 file1.cpp。

```
//*******main.cpp 文件*******
#include <iostream>
using namespace std;
int n;          //全局变量
int main()
{
    cout << "main: n = " << n << endl;
}
```

```
//*******file1.cpp 文件*******
#include <iostream>
using namespace std;
static int n = 1;        //静态全局变量
void fun1()
{
    --n;
    cout << "fun1: n = " << n << endl;
}
```

运行结果：

```
main: n = 0
```

说明：在 file1.cpp 文件中声明的静态全局变量 n 只在该文件中可见，对于其他文件（如 main.cpp）不可见。因此，main.cpp 文件中声明的全局变量 n 默认初始化为 0。这表明这两个 n 并不是同一个变量，它们之间互不干涉。

全局变量具有外部连接性，可以在程序的多个文件中共享。而静态全局变量具有内部连接性，仅限于定义它的文件内部独享。这一特性使得静态全局变量成为一种在文件之间隐藏数据的有效方法，不必担心其他源文件的使用和修改，从而有助于提高程序的封装性和数据安全性。

3. 变量的生命期

变量的生命期（Lifetime）是指一个变量从创建到销毁的时间跨度。通俗地讲，变量的作用域决定了程序中哪些部分可以访问该变量，而生命期则决定了在程序中变量何时存在以及何时不再存在。

生命期与程序的内存模型密切相关，不同的生命期需求对应着不同的存储区域，这些存储区域的选择直接影响变量的存在时间和存储位置。

1）自动存储期

具有自动存储期的变量主要是非静态局部变量。这些变量的生命期通常与栈区相关联。当一个函数被调用时，其局部变量会在栈上被创建；当函数执行完毕并返回时，这些局部变量会被销毁，它们所占用的栈空间也会随之释放。

2）静态存储期

具有静态存储期的变量包括全局变量和静态局部变量等。这些变量的生命期贯穿整个程序的执行过程，这与它们存储在全局数据区的事实相一致。这些变量在程序开始执行时就已经存在，并在程序结束时才被销毁。

3）动态存储期

具有动态存储期的变量是通过使用 new 和 delete 操作符动态分配和释放的变量。通过堆区动态分配的数据（例如使用 malloc 或 new 分配的内存）的生命期由程序员控制。程序员可以创建这些数据，也可以在不再需要时销毁它们（使用 free 或 delete）。详见第 8 章。

6.2 跨文件调用函数

为了实现非成员函数的跨文件调用，首先需要在定义该函数的源文件中将其声明为外部函数，而非静态函数。这样，该函数对其他文件可见。接着，在需要调用此函数的源文件中，应当添加或包含该函数的声明，然后便可以直接进行调用。

6.2.1 外部函数

关键字 extern 不仅用于变量，还可以用于函数声明和定义，以赋予这些函数外部连接属性。这意味着，一旦函数被声明为 extern，它们就可以在定义它们的文件之外被其他文件中的函数调用。值得注意的是，在默认情况下，函数的声明和定义都隐含 extern 属性，即它们默认具有外部连接，允许跨文件访问和调用。

【例 6-6】 外部函数示例。

Dev-C++将创建一个新项目“6-6”，该项目包含两个源文件：main.cpp 和 file1.cpp。

```
//*******main.cpp 文件*******
#include <iostream>
using namespace std;
int n = 1;        //全局变量
void fun1();    //等价 extern void fun1();
void fun2();
int main()
{
```

```
//*******file1.cpp 文件*******
#include <iostream>
using namespace std;
extern int n;          //声明外部变量
void fun1()
{
    --n;
    cout<<"fun1: n = "<<n<<endl;
```

```
    fun1();
    fun2();
}
void fun2()
{
    ++n;
    cout << "fun2: n = " << n << endl;
}
```

```
}
```

运行结果：

```
fun1: n = 0
fun2: n = 1
```

说明：main()函数不仅调用了同一源文件 main.cpp 中的 fun2()函数，还调用了 file1.cpp 文件中定义的 fun1()函数。因此，在 main()函数之前，应当声明 fun1()函数，以确保编译器知道其函数原型。

6.2.2　静态函数

静态函数是由关键字 static 修饰的（非成员）函数，它们具有内部连接属性。这意味着静态函数只能在定义它们的文件中被访问，不能被其他源文件中的函数调用。函数的声明或定义默认是 extern 的，这使得函数在程序的其他部分可见。然而，一旦使用 static 修饰，该函数的可见性就被限制在其定义的文件内。

例如，在以下程序中，file1.cpp 文件中定义的静态函数 fun1()不能被 main()函数直接调用。

```
//*******main.cpp 文件*******
#include <iostream>
using namespace std;
int n = 1;
void fun1();    //错误，fun1 已私有化
void fun2();
int main()
{
    fun1();
    fun2();
}
void fun2()
{
    ++n;
    cout << "fun2: n = " << n << endl;
}
```

```
//*******file1.cpp 文件*******
#include <iostream>
using namespace std;
extern int n;
static void fun1()      //静态函数
{
    --n;
    cout << "fun1: n = " << n << endl;
}
```

当一个函数被定义为静态函数后，在其他文件中调用该函数，连接时会找不到该函数的定义，从而导致连接错误。为了解决这个问题，一个可行的解决方案是创建一个调用该静态函数的非静态函数，通过这个函数来实现调用不可见的静态函数。

【例 6-7】 静态函数示例。

Dev-C++将创建一个新项目“6-7”，该项目包含两个源文件：main.cpp 和 file1.cpp。

```
//*******main.cpp 文件*******
#include <iostream>
using namespace std;
int n = 1;
void fun();       //正确，连接成功
void fun2();
int main()
{
    fun();
    fun2();
}
void fun2()
{
    n++;
    cout << "fun2: n = " << n << endl;
}
```

```
//*******file1.cpp 文件*******
#include <iostream>
using namespace std;
extern int n;
static void fun1();
void fun1()
{
    n--;
    cout << "fun1: n = " << n << endl;
}
void fun()
{
    fun1();              //调用静态函数
}
```

运行结果：

```
fun1: n = 0
fun2: n = 1
```

说明：这种方法既保持了 fun1()的封装性，又可以实现被 main()函数间接调用。

6.3 多文件结构

在 C++中，程序往往通过多个文件来组织，这种多文件结构有助于更好地管理和维护程序的结构设计。这些文件主要包括头文件（.h 或.hpp）和源文件（.cpp）两大类。

6.3.1 头文件

头文件在 C++编程中扮演着至关重要的角色。它们通常通过#include 预处理指令被其他源文件包含，以便提供所需的接口和实体声明。头文件的主要目的是提供一种组织代码的方式，使得在多个源文件之间共享声明成为可能，而无须重复编写相同的代码。头文件是实现模块化编程、代码复用、接口与实现分离、提高编译效率和改善代码可读性的关键工具。

头文件通常包含以下内容。

- 函数原型
- 宏定义
- 类型定义（如结构体、类、联合体和枚举）
- 模板

例如：

```
extern int add(int a, int b);                      //函数原型
inline int max(int a, int b){return a>b?a:b;}     //内联函数定义
#define MAX_SIZE 10                                //宏定义
extern const double PI = 3.14;                     //常量定义
```

```
class Point{ … };                            //类声明
enum Light{RED, GREEN, YELLOW};              //枚举类型定义
typedef unsigned int uint;                   //类型定义
#include <string.h>                          //包含指令
```

注意：

（1）头文件应专注于接口声明，避免包含函数体或复杂的逻辑代码。

（2）为了防止头文件被重复包含导致的编译错误，通常会使用预处理指令#ifndef、#define 和#endif 来创建头文件保护。

6.3.2　预处理指令

在 C++程序的开发过程中，每个源文件都被单独编译成目标文件（如.o 或.obj 文件），然后由连接器将这些目标文件以及必要的库文件连接起来，生成最终的可执行文件或库文件。在编译之前，会进行预处理。

预处理指令是以“#”开头，以换行符结束的指令，用于在编译之前对源代码进行处理。这些指令不被编译器直接解析，而是由预处理器进行解释和执行。

常见的预处理指令如下。

1. #include

#include 用于包含（插入）一个文件的内容到当前源文件中。

#include 有以下两种形式。

- 用于包含标准库头文件：#include <filename>。
- 用于包含用户自定义头文件或特定于项目的文件：#include "filename"。

2. #define 和 #undef

#define（宏定义指令）用于定义宏，指定一个标识符（宏名）和一个替换文本（宏体），预处理器会在源代码中查找所有该宏名的出现，并将其替换为宏体。

#define 有以下两种形式。

- 不带参数的宏定义，例如：

```
#define PI 3.14
```

- 带参数的宏定义。例如：

```
#define MAX(a,b) (((a)>(b))?(a):(b))
```

那么有

```
cout << MAX(5, 8);      //将被替换为 cout << (((5)>(8))?(5):(8));
```

#undef 用于取消之前通过#define 定义的宏。

3. 条件编译指令

#if、#ifdef、#ifndef、#else、#elif、#endif 用于根据编译时的条件（例如宏是否定义）来包含或排除代码段。通过条件编译指令，程序员能够在不需要手动修改代码的情况下，灵活地控制代码的包含或排除。

- #if 指令：用于检查一个条件是否为真（非零）。
- #ifdef 指令：用于检查一个宏是否已被定义。

- #ifndef 指令：用于检查一个宏是否未被定义。
- #else 指令：用于提供当前面的#if、#ifdef 或#ifndef 条件不满足时的代码块。
- #elif 指令：用于在已有的#if 或#ifdef 条件不满足时，提供一个额外的条件检查。
- #endif 指令：用于结束一个条件编译块。

例如：

```
#define LEVEL 2
#if LEVEL == 1
   printf("Level 1\n");
#elif LEVEL == 2
   printf("Level 2\n");
#else
   printf("Unknown level\n");
#endif
```

说明：经过预处理后，输出“Level 2”，因为 LEVEL 被定义为 2。#ifndef、#define 和#endif 通常用来实现头文件保护。

6.3.3 多文件结构示例

【例 6-8】 如图 6-3 所示，创建一个名为“6-8”的新项目，项目包含以下三个文件。

- main.cpp：程序的主入口点，负责计算三角形的面积和周长。
- triangle.h：头文件，包含统计三角形操作相关函数的声明。
- triangle_operations.cpp：源文件，包含 triangle.h 中声明的函数的定义。

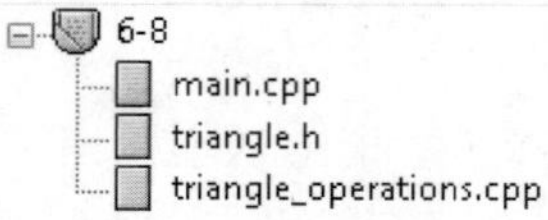

图 6-3 例 6-8 项目结构示意图

```
//******************** triangle.h ******************
#ifndef TRIANGLE_H
#define TRIANGLE_H
//函数声明
bool isTriangle(double a, double b, double c);
double perimeter(double a, double b, double c);
double area(double a, double b, double c);
#endif    //TRIANGLE_H
//************* triangle_operations.cpp ************
#include "triangle.h"
#include <cmath>
//函数定义
bool isTriangle(double a, double b, double c)
{
    if (a + b > c && a + c > b && b + c > a)
        return 1;
    else
        return 0;
}
double perimeter(double a, double b, double c)
```

```
{
    return a + b + c;
}
double area(double a, double b, double c)
{
    double s;
    s = (a + b + c) / 2;
    return sqrt(s * (s - a) * (s - b) * (s - c));
}
//****************** main.cpp *********************
#include <iostream>
#include "triangle.h"
using namespace std;
int main()
{
    double x, y, z;
    cout << "请输入三角形三边：\n";
    cin >> x >> y >> z;
    if (isTriangle(x, y, z))
    {
        cout << "周长：" << perimeter(x, y, z) << endl
             << "面积：" << area(x, y, z) << endl;
    } else
        cout << "无法构成三角形\n";
    return 0;
}
```

运行结果：

```
请输入三角形三边：
4 5 6↵
周长：15
面积：9.92157
```

说明：项目中的两个源文件 main.cpp 和 triangle_operations.cpp 都包含 triangle.h 头文件。该文件使用了头文件保护，以防止头文件被重复包含。将声明（接口）和定义（实现）分离，即在头文件中放置声明，在源文件中放置定义，有助于缩短编译时间，并允许在多个源文件之间共享信息。

这种结构不仅提高了代码的可读性和可维护性，而且通过将声明和定义分离，使得代码模块化，便于团队协作和代码重用。

6.4 小结

6.4.1 思维导图

本章思维导图如图 6-4 所示。

6.4.2 思维模式

本章涉及的主要思维模式如表 6-1 所示。

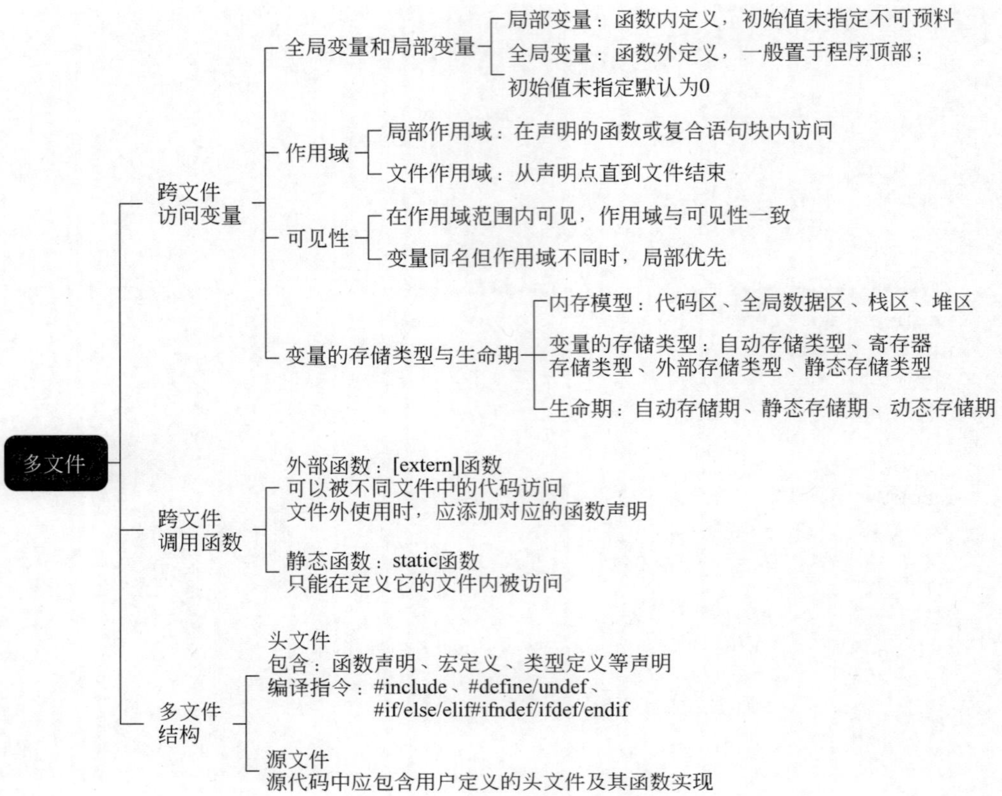

图 6-4 本章思维导图

表 6-1 本章主要思维模式

模　式	说　明
多文件结构	多文件结构是一种提高代码的可读性和可维护性的编程实践，它通过将代码分散到多个源文件和头文件中实现。头文件通常包含函数声明、全局变量声明和宏定义等，而源文件则包含函数的定义、全局变量的定义等。编译器将每个源文件编译成对应的目标文件，然后连接器将所有目标文件连接成一个可执行文件
程序内存模型	程序内存模型是对程序在运行时内存组织方式的详细描述，它定义了程序中不同数据存储区域的划分。通常，这些区域包括代码区、全局数据区、栈区和堆区等。深刻理解这些内存区域的划分对于理解程序的行为和优化性能至关重要

6.4.3 逻辑结构

本章的主题聚焦于“多文件”在程序设计中的应用。重点内容是跨文件访问变量和跨文件调用函数，以及如何有效地组织多文件结构。

首先，介绍如何跨文件访问变量，并引入变量的 4 个属性：作用域、可见性、生命期和存储类型。这些属性对于全面理解变量的行为至关重要。

然后，介绍如何跨文件调用函数，重点区分外部函数和静态函数的特点和使用场景。

最后，介绍了多文件结构的组织方法。这包括头文件的编写、预处理指令的应用，以及如何通过多文件结构来提升代码的可维护性和复用性。

练习

一、单项选择题

1. 在 C++中，函数默认的存储类别为（　　）。这意味着除非特别指定，否则函数具有外部连接性，可以在其他文件中通过声明后使用。

A. auto　　B. extern　　C. static　　D. 无存储类型

2. 当声明一个（　　）变量时，它既具有局部变量的性质（只能在函数体局部访问），又具有全局变量的性质（函数多次进入，变量的值只初始化一次）。

A. 自动变量　　B. 外部变量　　C. 静态局部变量　　D. 静态全局变量

3. 静态全局变量只供本文件使用，不能被其他文件再声明为（　　）变量。

A. auto　　B. extern　　C. static　　D. register

4. 为函数分配的函数参数、局部变量、返回地址存放在（　　）。

A. 代码区　　B. 全局数据区　　C. 栈区　　D. 堆区

5. 以下定义的常变量存放在（　　）。

```
const float PI = 3.14;
```

A. 代码区　　B. 全局数据区　　C. 栈区　　D. 堆区

6. 以下说法不正确的是（　　）。

A. 函数中的形参是局部变量
B. 函数外定义的是全局变量
C. 在函数内定义的变量只在本函数范围内有效
D. 在函数内的复合语句中定义的变量在本函数范围内有效

7. 以下叙述正确的是（　　）。

A. 预处理指令行必须以“#”开头
B. 在程序执行后执行预处理指令
C. 预处理指令行以“;”结束
D. #define PI = 3.14 是一条正确的预处理指令

8. 以下不正确的代码是第（　　）行。

```
1        //file1.cpp
2        int a = 1;
3        extern int b;
4        //file2.cpp
5        extern double a;
6        int b;
```

A. 2　　B. 3　　C. 5　　D. 6

9. 以下不正确的代码是第（　　）行。

```
1        //file1.cpp
2        extern int x;
3        extern float y;
4        //file2.cpp
```

```
5       int x = 1;
6       extern float y = 3.2;
```

A. 2　　B. 3　　C. 5　　D. 6

10. 如果想让fun2()函数中x的最终结果为5，则需要修改file2.cpp文件中的第(　　)代码。

```
1       //file1.cpp
2       int x = 1;
3       int fun1()
4       {
5           int x = 2;
6           return x;
7       }
8
9       //file2.cpp
10      int x = 3;
11      void fun1();
12      void fun2()
13      {
14          x += fun1();
15      }
```

A. 10和11行　　B. 10和12行　　C. 11和12行　　D. 不需要修改

二、写出下面程序的输出结果

1. 源代码：

```
#include <iostream>
using namespace std;
int i = 100;
int fun()
{
   static int i = 10;
   return ++i;
}
int main()
{
   fun();
   cout << fun() << "," << i << endl;
   return 0;
}
```

2. 源代码：

```
#include <iostream>
using namespace std;
int n = 1;
void fun1()
{
   static int x = 2;
   int y = 10;
   x += 2;
```

```
    n += 10;
    y += n;
    cout << "fun1:" << "x=" << x << "  y=" << y
        << "  n=" << n << endl;
}
int main()
{
    static int x = 3;
    int y;
    y = n;
    cout << "main:" << "x=" << x << "  y=" << y
        << "  n=" << n << endl;
    fun1();
    cout << "main:" << "x=" << x << "  y=" << y
        << "  n=" << n << endl;
    fun1();
}
```

3. 源代码：

```
#define ADD(x)  ((x)+(x))
int main()
{
    int a = 1, b = 2, c = 3;
    int s = ADD(a + b) * c;
    cout << s << endl;
    return 0;
}
```

思考：#define ADD(x)　(x+x) 结果一样吗？

4. 源代码：

```
//main.cpp
#include <iostream>
using namespace std;
void fun1();
void fun2();
void fun3();
int x = 10;
int y;
int main()
{
    cout << x << endl;
    {
        int x = 4;
        cout << "block:" << x << "," << y << endl;
    }
    fun1();
    fun2();
    fun3();
    return 0;
}
```

```
void fun1()
{
    int y = 1;
    cout << "fun1:" << x << "," << y << endl;
}
//file1.cpp
#include <iostream>
using namespace std;
void fun1();
void fun2();
extern int x;
static int y = 4;
void fun2()
{
    x *= 2;
    y++;
    cout << "fun2:" << x << "," << y << endl;
}
void fun3()
{
    x += 10;
    y -= 2;
    cout << "fun3:" << x << "," << y << endl;
}
```

三、程序设计题

建立一个项目，实现一个简单的计算器程序，能够执行加、减、乘、除 4 种基本运算。要求一个文件含有主函数，一个头文件作为相互联络的接口。

第 7 章
数组

在第 2 章中学习了变量和变量的 4 种基本类型，了解到每个变量可以存储一个数据。当有一组数据时，如 10 本书的价格、100 个字的一段文字，该如何存储？

为了支持对一组（批量）数据的存储和操作，需要对基本类型进行扩展，本章引入一种复合类型：数组。

通过本章的学习，读者将掌握数组类型变量的定义和使用，能够应用数组完成排序、字符串操作等任务。

课程思政

创新精神：在面对批量数据处理时，不能仅依靠原有的基本数据类型，要引导学生思考如何运用创新的方法和技术来提高数据处理效率。

7.1 一维数组

在 C++中，数组（Array）是相同类型元素的顺序集合。当定义一个数组时，除了类型，还需要指定数组的长度，即它可以存储的元素数量。一旦数组被创建，它的长度是不可改变的。

对于数组的使用，首先介绍如何定义和初始化数组，然后介绍如何对数组元素进行读和写，最后是数组作为函数参数。

7.1.1 一维数组定义

一维数组的定义格式为

类型 数组名[长度表达式];

例如，以下语句定义了几个数组。

```
int ages[30];          //定义一个长度为 30 的整型数组 ages
double prices[10];     //定义一个包含 10 个元素的双精度实型数组 prices
char text[100];        //定义一个包含 100 个元素的字符数组 text
```

需要注意以下几点。

（1）**类型**可以是任意有效的 C++类型，指明该数组中全部元素均属于该类型。

（2）**数组名**为有效的 C++标识符。

（3）**长度表达式**的值为大于零的整型值，表达式可以包含变量、常量或字面量。之前的语言标准要求长度表达式不能包含变量，必须是编译时常量，从 C++11 开始支持变量作为表达式的一部分。本书使用的实验环境（Dev-C++ v6.7.5）支持包含变量的表达式。例如，以下语句使用变量定义了数组长度。

```
int length;
cin>>length;          //从控制台输入长度
int array[length];  //使用变量指定数组长度
```

7.1.2 一维数组初始化

在 7.1.1 节中定义的数组未初始化，其元素的值取决于数组所在的存储区域的位置，全局数组和静态数组元素值为 0，局部数组元素值为不确定的值。

为了指定有效的数组元素值，可以在定义数组时进行初始化，格式如下。

类型 数组名[长度表达式]={初始化列表};

初始化列表中的多个值以逗号分隔。

数组初始化时需要注意以下几点。

（1）初始化列表中如果提供全部元素的初始值，此时可以省略数组的长度。例如，以下两种写法等价。

```
int a[5]={1,2,3,4,5}; //写法 1，数组长度为 5，值依次为 1，2，3，4，5
int a[ ]={1,2,3,4,5}; //写法 2，数组长度为 5，值依次为 1，2，3，4，5
```

（2）初始化列表也可以提供部分元素的值，此时依次赋值给前面的元素，后面的元素默认赋值为 0。例如：

```
int a[5]={1,2,3};
```

等价于

```
int a[5]={1,2,3,0,0};
```

7.1.3 一维数组元素的访问

定义数组后，可以通过下标，也叫索引对元素进行逐个访问，访问格式如下。

数组名[下标表达式];

其中，**下标表达式**是整型表达式。数组下标从 0 开始，最大为数组长度减 1。例如：

```
int a[5]={1,2,3,4,5}; //a[0]=1,a[1]=2,a[2]=3,a[3]=4,a[4]=5
cout<<a[0]; //输出 1
```

以上语句定义并初始化长度为 5 的整型数组，如图 7-1 所示，之后便可以通过 a[i]对数

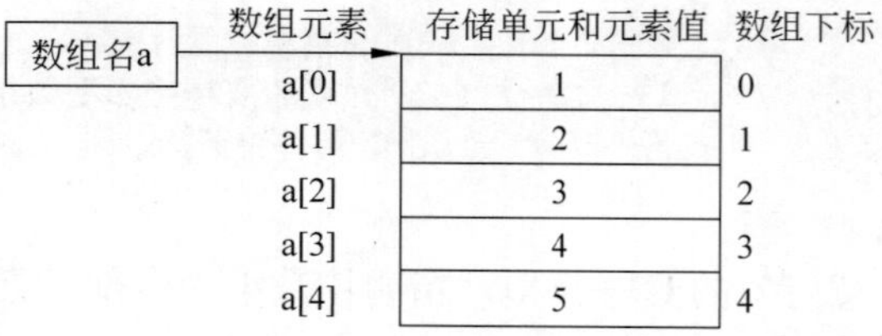

图 7-1 数组示意图

组元素访问，i 的有效范围为 0~4。

需要注意的是，不能对数组整体赋值，不能对数组整体输出，下标不能越界，以下是错误的示例。

```
int a[5];          //定义数组
a={1,2,3,4,5};     //错误示例：对数组进行整体赋值
cout<<a;           //错误示例：对数组进行整体输出
cout<<a[5];        //错误示例：数组下标越界
```

数组名为地址常量，代表数组的首地址，即数组下标为 0 元素的地址，上例中为 a[0] 的地址。上例第 2 行试图对常量赋值，引起错误；第 3 行实际输出地址常量的值，即一个地址值；第 4 行下标越界，编译可以通过，通常会引起运行时错误。

数组用来存储批量数据，但不能整体访问，因此，数组通常与循环语句相结合，通过对数组下标的遍历，完成对数组元素的操作。

【例 7-1】 定义一个包含 5 个元素的整型数组，元素值依次从控制台输入，再逆序输出。

```
#include <iostream>
using namespace std;
int main()
{
    int a[5];
    //从控制台依次输入 5 个整数
    for (int i = 0; i < 5; i++) {
        cin >> a[i];
    }
    //把数组的元素逆序输出
    for (int i = 4; i >= 0; i--) {
        cout << a[i] << " ";
    }
    return 0;
}
```

运行结果：

```
1 2 3 4 5↵
5 4 3 2 1
```

本例定义了一个包含 5 个元素的整型数组，第一个 for 循环从小到大遍历数组下标 0~4，依次从控制台输入 5 个整数存入对应的元素；第二个 for 循环从大到小遍历数组下标 4~0，逆序输出数组全部元素。

7.1.4　一维数组作为函数参数

当数组作为函数参数时，实参为数组名，仅代表数组的首地址，不包含数组长度信息，因此，需要第二个参数来表示数组的长度。以下示例使用函数来实现例 7-1 的功能。

【例 7-2】 定义一个包含 5 个元素的整型数组，元素值依次从控制台输入，再逆序输出，使用两个自定义函数实现。

```
#include <iostream>
```

```
using namespace std;
void inputArray(int a[], int len);
void outputArray(int a[], int len);
int main()
{
    int a[5];
    inputArray(a, 5);     //从控制台依次输入 5 个整数
    outputArray(a, 5);   //把数组的元素逆序输出
    return 0;
}
void inputArray(int a[], int len)
{
    for (int i = 0; i < len; i++) {
        cin >> a[i];
    }
}
void outputArray(int a[], int len)
{
    for (int i = len - 1; i >= 0; i--) {
        cout << a[i] << " ";
    }
}
```

运行结果：

```
1 2 3 4 5↵
5 4 3 2 1
```

函数 inputArray 用来输入数组元素，函数 outputArray 用来输出数组元素，它们的形参一样，第一个参数为整型数组，用来接收数组名，无须指定长度；第二个参数为整型，表示数组长度。在主函数中调用两个函数时，第一个实参为数组名 a，第二个实参为数组长度。 由运行结果可知，函数 inputArray 修改了实参数组 a 的元素值，此处要注意到这一现象，原因将在第 8 章中介绍。

7.2 二维数组

数组的概念可以推广到二维，甚至更高的维度。本节仅介绍二维数组，二维数组用来表示以表格形式组织的数据。

7.2.1 二维数组定义

二维数组的定义格式与一维数组相似，只需要添加第二维的长度信息，格式如下。

类型 数组名[维度 1 长度表达式][维度 2 长度表达式];

例如，以下语句定义一个 3 行 4 列的整型二维数组 a，包含 12（3×4）个元素。

```
int a[3][4];
```

7.2.2　二维数组初始化

二维数组也可以在定义时初始化，格式与一维数组初始化相似，具体分为 4 种形式。

（1）分行给二维数组赋初值。例如，以下语句定义一个 3 行 4 列的整型数组，依次赋值为 1~12。

```
int a[3][4] = {{1,2,3,4}, {5,6,7,8}, {9,10,11,12}};
```

（2）可以将所有数据写在一对花括号内，按数组元素的排列顺序对各元素赋初值。例如，以下语句定义与上面一样的数组和初始值。

```
int a[3][4] = {1,2,3,4,5,6,7,8,9,10,11,12};
```

因为内存是一维的，所以二维数组实际上以一维方式存储。C++中采用“按行存放”，即在内存中先顺序存放第一行的元素，再接着存放第二行的元素，以此类推。

（3）可以对部分元素赋初值，未提供的值默认赋值为 0。例如：

```
int a[3][4]={{1}, {5}, {9}};
int a[3][4]={{1},{0, 6},{0,0,11}};
int a[3][4]={{1}, {5, 6}};
```

（4）对全部元素都赋初值，则定义数组时对第一维的长度可以不指定，但第二维的长度不能省略。例如，以下两种形式是等价的。

```
int a[3][4]={1, 2, 3, 4, 5, 6, 7, 8, 9, 10, 11, 12}; //完整形式
int a[ ][4]={1, 2, 3, 4, 5, 6, 7, 8, 9, 10, 11, 12}; //省略第一维长度
```

7.2.3　二维数组元素的访问

访问二维数组元素的格式如下。

数组名 [下标表达式 1] [下标表达式 2]；

其中，**下标表达式 1** 和**下标表达式 2** 是整型表达式。下标值最小为 0，最大为数组行数减 1 或列数减 1。例如：

```
int a[3][4] = {{1,2,3,4}, {5,6,7,8}, {9,10,11,12}};
cout<<a[0][0]<<endl; //输出 1
cout<<a[2][3]<<endl; //输出 12
```

以上语句定义并初始化 3 行 4 列的整型数组，之后便可以通过 a[i][j]对数组元素访问，下标 i 的有效范围为 0~2，下标 j 的有效范围为 0~3。

【例 7-3】 定义一个 3 行 4 列的整型二维数组并初始化，输出数组中的最大值及对应的行下标和列下标。

```
#include <iostream>
using namespace std;
int main()
{
    int a[3][4] = {{1, 3, 5, 7}, {2, 4, 6, 8}, {11, 12, 9, 0}};
    int max = a[0][0];          //保存最大值，初始为 a[0][0]
    int row = 0, col = 0;       //保存最大值的行下标、列下标，初始均为 0
```

```
    for (int i = 0; i < 3; i++) {
        for (int j = 0; j < 4; j++) {
            if (a[i][j] > max) {
                max = a[i][j];
                row = i;
                col = j;
            }
        }
    }
    cout << "max=" << max << endl;
    cout << "row=" << row << ",col=" << col << endl;
    return 0;
}
```

运行结果：

```
max=12
row=2,col=1
```

本例定义并初始化一个二维数组，通过嵌套的循环遍历行下标与列下标的组合，从而完成对全部数组元素的遍历。在遍历时判断是否发现新的最大值，如果是，则更新最大值，并保存相应的行下标与列下标。

7.2.4 二维数组作为函数参数

当二维数组作为函数参数时，需要另外两个整型参数分别表示数组的行数和列数，且声明数组形参时，第二维的长度不能省略。以下示例使用函数来实现例 7-3 的功能。

【例 7-4】 定义一个 3 行 4 列的整型二维数组并初始化，使用函数查找数组中的最大值及对应的行下标和列下标，并输出。

```
#include <iostream>
using namespace std;
void outputMax(int a[][4], int rowLen, int colLen);
int main()
{
    int a[3][4] = {{1, 3, 5, 7}, {2, 4, 6, 8}, {11, 12, 9, 0}};
    outputMax(a, 3, 4);
    return 0;
}
void outputMax(int a[][4], int rowLen, int colLen)
{
    int max = a[0][0];
    int row = 0, col = 0;
    for (int i = 0; i < rowLen; i++) {
        for (int j = 0; j < colLen; j++) {
            if (a[i][j] > max) {
                max = a[i][j];
                row = i;
                col = j;
            }
        }
```

```
    }
    cout << "max=" << max << endl;
    cout << "row=" << row << ",col=" << col << endl;
}
```

运行结果：

```
max=12
row=2,col=1
```

函数 outputMax 用来查找二维数组中的最大值和对应下标，它的第一个形参为二维整型数组，用来接收数组名，需指定第二维的长度，第一维的长度可省略；第二个形参为整型，表示二维数组行数；第三个形参为整型，表示二维数组列数。在主函数中调用该函数时，第一个实参为数组名 a，第二个实参为数组行数，第三个实参为数组列数。

7.3 字符数组

字符串操作是程序设计中的一类常见操作。C++提供两种形式的字符串表示形式，一种是继承 C 语言的 C 风格字符串，另一种是 C++中引入的 string 类型字符串。本节介绍 C 风格字符串。

7.3.1 C 风格字符串

在前面的章节中已经见过了 C 风格字符串的字面量，即用双引号包含的若干字符，如"Hello world!"。而 C 风格字符串变量则通过字符数组来表示。无论是字面量还是变量，字符串中的字符在内存中连续存放，并以一个不可见的特殊字符'\0'作为结束标志。所以，字符串所占内存空间的字节数为字符串长度加 1。例如：

```
cout<<"Hello world!"<<endl;
cout<<sizeof("Hello world!");
```

运行结果：

```
Hello world!
13
```

7.3.2 字符数组

字符数组可以用来表示 C 风格字符串变量。除了具备数组的基本操作外，字符数组在字符串的初始化、输出和输入方面还提供了一些便捷的操作方法。

当使用字符串字面量初始化字符数组时，以下 3 种方式是等价的，因此，简洁的第 3 种方式在实际使用中比较常见。

```
char array[10] = {'h','e','l','l','o','\0'};
char array[10] = {"hello"};
char array[10] = "hello";
```

本例中，array 的前 6 个元素被初始化，其中第 6 个元素值为'\0'，后面 4 个未指定值的元素为默认值 0。

需要注意的是，一般情况下，指定数组长度时应给出一定的冗余，至少应大于字符串的长度，以确保数组能保存完整的字符串内容（包括结束标志）。

当输出字符串时，可以使用 cout 进行输出，就像前面输出字符串字面量一样。例如：

```
char array[10] = "hello";
cout<<array; //输出"hello"
```

当输入字符串时，如果需要输入一个单词（不包含空格），可以直接使用 cin。例如：

```
char word[10];
cin>>word;  //输入一个长度小于 10 的单词
cout<<word; //输出字符数组 word
```

如果需要输入包含多个单词（空格分隔）的一行内容，可以使用函数 cin.getline()。其中，第 1 个参数为数组名，第 2 个参数为数组长度。例如：

```
char line[100];
cin.getline(line,100);  //输入一个长度小于 100 的字符串
cout<<line<<endl;       //输出字符数组 line
```

【例 7-5】 从控制台输入一个字符串，计算该字符串的长度。

字符串的长度为其中包含的字符个数，不包括字符串结束标志'\0'。其基本思路是对字符串中的每一个字符进行查看和计数，直到遇见字符串结束标志。

```
#include <iostream>
using namespace std;
int main()
{
    char line[100];
    int len = 0;
    int i = 0;
    cin.getline(line, 100);
    while (line[i] != '\0') {
        len++;
        i++;
    }
    cout << "字符串长度为：" << len << endl;
    return 0;
}
```

运行结果：

```
Hello World↵
字符串长度为：11
```

本例中，len 表示长度计数，初始为 0，若当前字符不是结束标志，则加 1；i 表示数组下标，从 0 开始，依次遍历字符串的每一个字符，直到遇见结束标志为止。循环退出时，len 累计了字符串中字符的个数。

思考题：

变量 len 和 i 的初始值和操作均一样，尝试将两个变量合并为一个变量，并解释合并后变量的含义。

7.3.3 字符串函数

由于字符串操作使用频率较高，C 语言中提供了一组字符串操作函数，C++继承了这些函数，使用时需要包含对应头文件#include <cstring>。常用的字符串操作函数如表 7-1 所示。

表 7-1 常用 C 风格字符串操作函数

函 数	功 能
strlen(str)	返回字符串 str 的长度，不包括字符串结束标志'\0'
strcmp(str1,str2)	比较两个字符串 str1 和 str2 中对应位置的字符。若 str1 与 str2 完全相同，返回 0；找到第一个不相同的字符，若 str1 大于 str2，则返回正数；若 str1 小于 str2，则返回负数
strcpy(str1,str2)	将 str2 的内容复制到 str1，并返回 str1。使用者要确保 str1 的长度足够保存 str2 的内容
strcat(str1,str2)	将 str2 的内容连接到 str1 的末尾，并返回 str1。使用者要确保 str1 的长度足够保存 str1 和 str2 的内容

【例 7-6】 字符串操作函数的使用。

```
#include <iostream>
#include <cstring>
using namespace std;
int main()
{
    char firstName[10] = "Harry";
    char lastName[10] = "Potter";
    char fullName[20];
    cout << strlen(firstName) << endl; //输出字符串长度 5
    //'r'>'l'，输出正数
    cout << strcmp(firstName, "Hally") << endl;
    //复制 firstName 到 fullName，并输出
    cout << strcpy(fullName, firstName) << endl;
    strcat(fullName, " "); //在 fullName 后添加一个空格
    //在新的 fullName 后添加 lastName，并输出
    cout << strcat(fullName, lastName) << endl;
    return 0;
}
```

运行结果：

```
5
1
Harry
Harry Potter
```

7.4 数组排序

排序是指将一个无序的序列调整为有序的序列，可以是从小到大，或者从大到小。在未明确指明顺序的情况下，一般指从小到大，即升序。

排序是程序设计中经常遇到的问题，也是数组的典型应用之一，本节介绍两种基本的排序算法：冒泡排序和插入排序。

7.4.1 冒泡排序

【例 7-7】 给定一个整型数组，按升序排序，使用自定义函数实现冒泡排序。

冒泡排序的基本思路：从数组的开始位置起，相邻元素两两比较，逆序（与目标顺序相反）则交换这两个元素的位置，一趟结束后最大元素到达目标位置；然后对剩余元素进行同样的第二趟处理，使第二大元素到达目标位置；以此类推，循环处理第 n−1 趟，直到只剩下最后一个元素，无须再处理，完成排序，如图 7-2 所示。

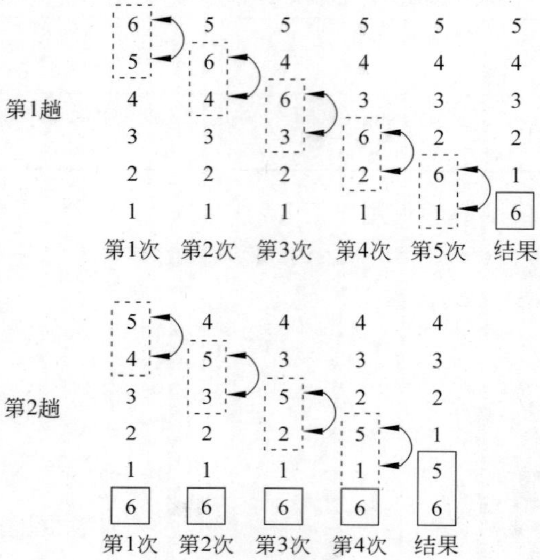

图 7-2 冒泡排序示意图

```
#include <iostream>
using namespace std;
void bubble(int a[], int len);
int main()
{
    int array[] = {55, 2, 6, 4, 32, 12, 9, 73, 26, 37};
    int len = sizeof(array) / sizeof(int); //元素个数
    //输出原始顺序
    for (int i = 0; i < len; i++)
        cout << array[i] << " ";
    cout << endl;
    //调用排序函数
    bubble(array, len);
    //输出排序后的数组
    for (int i = 0; i < len; i++)
        cout << array[i] << " ";
    return 0;
}
void bubble(int a[], int len)   //冒泡排序
{
```

```
    int i, temp;
    //控制比较的趟数,共比较 len-1 趟
    for (int pass = 1; pass < len; pass++) {
        //每一趟，两两比较的次数
        for (i = 0; i < len - pass; i++)
            //如果发现逆序，交换
            if (a[i] > a[i + 1]) {
                temp = a[i];
                a[i] = a[i + 1];
                a[i + 1] = temp;
            }
    }
}
```

运行结果：

```
55 2 6 4 32 12 9 73 26 37
2 4 6 9 12 26 32 37 55 73
```

思考题：

在排序过程中，如果数组已经是有序的，仍然会进行后面的比较，设计改进算法避免多余的比较。

7.4.2　插入排序

【例 7-8】 给定一个整型数组，按升序排序，使用自定义函数实现插入排序。

插入排序的基础思路：将待排序的数组分作前后两部分，前面部分为有序数组，初始状态只有一个元素；后面部分为无序数组，依次取出其中每一个元素插入前面部分合适的位置。使用双层循环，外层循环控制从无序数组中依次取出每一个元素，内层循环负责为该元素找到有序数组中的合适位置，然后插入。具体实现如下。

```
#include <iostream>
using namespace std;
void insert(int a[ ], int len);
int main()
{
    int array[] = {55, 2, 6, 4, 32, 12, 9, 73, 26, 37};
    int len = sizeof(array) / sizeof(int); //元素个数
    //输出原始顺序
    for (int i = 0; i < len; i++)
        cout << array[i] << " ";
    cout << endl;
    //调用排序函数
    insert(array, len);
    //输出排序后的数组
    for (int i = 0; i < len; i++)
        cout << array[i] << " ";
    return 0;
}
void insert(int a[ ], int len)   //插入排序
```

```
{
    int inserter;      //要插入的元素值
    int index;         //有序数组中小于插入值的最后一个元素下标
    //共执行 len-1 轮
    for (int i = 1; i < len; i++) {
        inserter = a[i];
        for (index = i - 1; index >= 0 && inserter < a[index]; index--) {
            a[index + 1] = a[index];
        }
        a[index + 1] = inserter;   //插入
        //比较一轮后输出当前状态，|为已排序与未排序的分界线
        for (int j = 0; j < len; j++) {
            cout << a[j];
            if (j == i)
                cout << " | ";
            else
                cout << " ";
        }
        cout << endl;
    }
}
```

运行结果：

```
55 2  6  4  32 12 9  73 26 37
2  55 |  6  4  32 12 9  73  26 37
2  6  55 |  4  32 12 9  73  26 37
2  4  6  55 |  32 12 9  73  26 37
2  4  6  32 55 |  12 9  73  26 37
2  4  6  12 32 55 |  9  73  26 37
2  4  6  9  12 32 55 |  73  26 37
2  4  6  9  12 32 55 73 |  26 37
2  4  6  9  12 26 32 55 73  |  37
2  4  6  9  12 26 32 37 55  73 |
2  4  6  9  12 26 32 37 55  73
```

7.5 小结

7.5.1 思维导图

本章思维导图如图 7-3 所示。

7.5.2 思维模式

本章涉及的主要思维模式如表 7-2 所示。

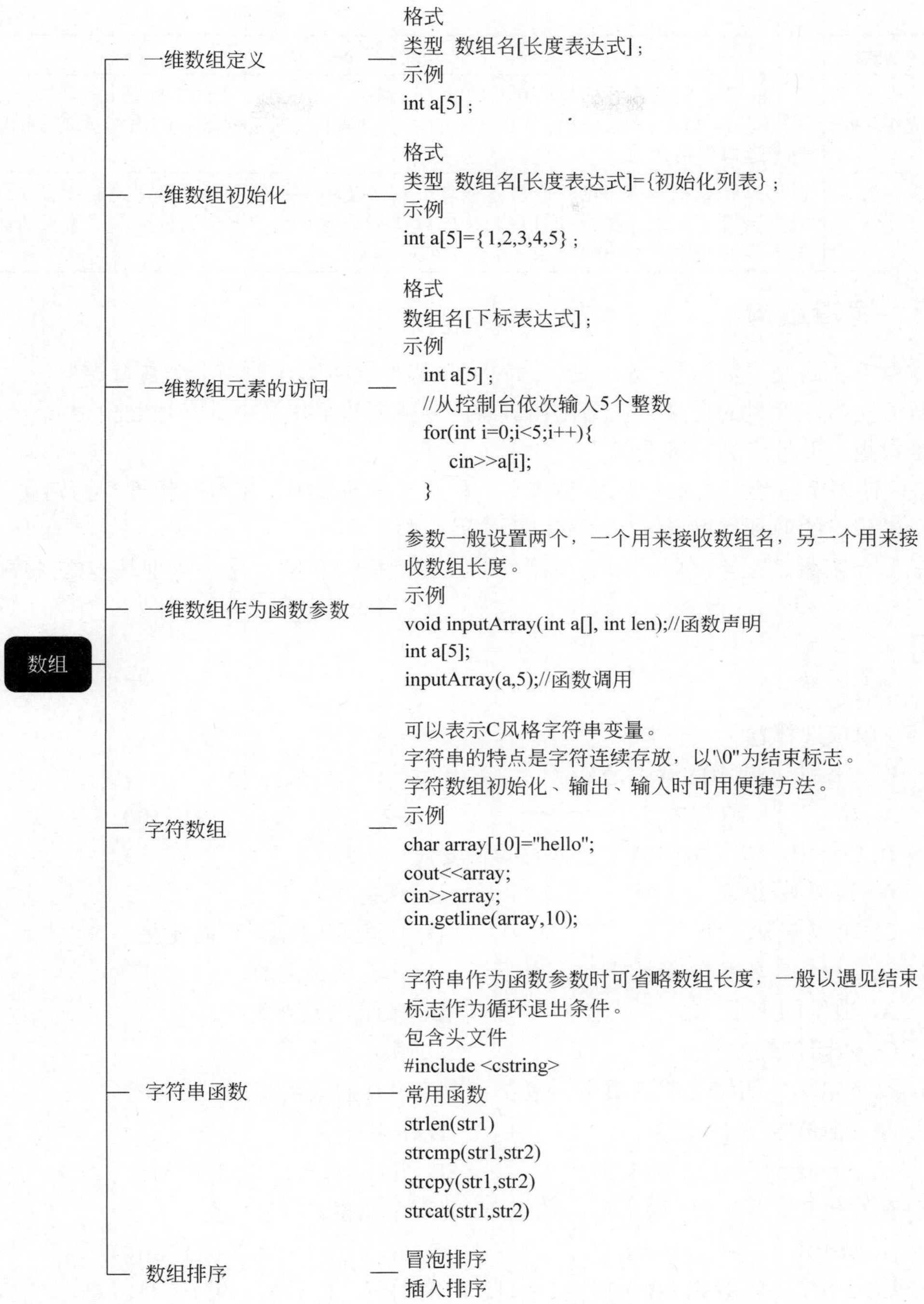

图 7-3　本章思维导图

表 7-2　本章主要思维模式

模　式	说　明
数组	数组是一种最简单的容器类型，它经常与循环结构配合使用，以实现对元素的高效访问。数组具有连续存储、固定大小、随机访问等特性

续表

模　　式	说　　明
下标从 0 开始	在 C++中，数组的下标是从 0 开始的。这意味着第一个元素的下标是 0，第二个元素的下标是 1，以此类推。这种从 0 开始的索引方式有助于简化数组的内部实现，并与指针算术运算保持一致
排序	排序是计算机科学中的一个基本概念，它涉及将一系列元素按照特定的顺序（通常是升序或降序）进行排列的过程。排序算法是一组明确的步骤和规则，用于重新排列数据元素的顺序，不同的算法有不同的效率和复杂度

7.5.3　逻辑结构

本章的主题是“数组”，数组是作为对变量的扩展而引入的第一个复合类型。

核心是数组变量的定义、初始化和访问，并强调数组作为函数参数的使用方法。重点是一维数组，并推广到二维数组。

C++使用字符数组表示 C 风格字符串，相对于普通数组，字符数组拥有初始化、输入和输出操作时的便利，以及一组字符串操作库函数。

最后介绍数组在排序问题中的应用，涉及冒泡排序和插入排序两种基本的排序算法。

练习

一、单项选择题

1. 在 C++中，数组的索引是从（　　）开始的。

A. 0　　B. 1　　C. −1　　D. 100

2. 在 C++中，一旦数组被创建，它的长度（　　）。

A. 可以被改变　　B. 保持不变

C. 可以部分改变　　D. 受内存限制影响而变化

3. 在 C++中，定义一个数组时，以下（　　）不是必需的。

A. 数组的大小　　B. 数组的元素类型

C. 数组的初始值　　D. 数组的名称

4. 以下定义并初始化的数组中，包含元素值为 0 的数组是（　　）。

A. int arr[5] = {1, 2, 3};　　B. int arr[] = {1, 2, 3};

C. int arr[5] = {1, 2, 3, 4, 5};　　D. int arr[] = {1, 2, 3, 4, 5};

5. 在 C++中，（　　）用于访问数组 arr 的首个元素。

A. arr[0]　　B. arr[1]　　C. arr　　D. arr(0)

6. 给定一个二维数组 int arr[3][4] = {{1, 2, 3, 4}, {5, 6, 7, 8}, {9, 10, 11, 12}};，对其元素的正确访问方式是（　　）。

A. arr[0][0]　　B. arr[1,2]　　C. arr[3][4]　　D. arr[3][0]

7. 一维数组（非字符数组）作为函数参数时，通常的函数原型是（　　）。

A. 返回类型　函数名(数组类型　数组名)

B. 返回类型　函数名(数组类型　数组名[])

C. 返回类型 函数名(数组类型 数组名[], 数组类型)

D. 返回类型 函数名(数组类型 数组名[], int)

8. 关于 C 风格字符串，以下描述正确的是（　　）。

A. 字符串字面量不占用任何内存空间

B. 字符串变量不能使用字符数组来表示

C. 字符串中的字符在内存中连续存放，并以一个不可见的特殊字符'\0'作为结束标志

D. 字符串所占内存空间的字节数等于字符串长度

9. 要完整保存字符串的内容，以下选项中正确的字符数组定义和初始化是（　　）。

A. char str[5] = "Hello";　　B. char str[] = "Hello";

C. char str[5] = {"Hello"};　　D. char str[5] = {'h','e','l','l','o'};

10. 当需要从标准输入读取包含多个单词（空格分隔）的一行内容，并存入字符数组时，以下正确的是（　　）。

A. cin >> str;　　B. cin.getline(str);

C. cin.getline(str, 100);　　D. cout << str;

二、填空题

1. 有数组定义 int arr[5];，则数组 arr 的下标范围是从_______到_______。

2. 请填写以下注释中的空白部分。

```
#include <iostream>
#include <cstring>

using namespace std;

int main() {
    char str[ ] = "Hello, world!";
    int size = sizeof(str);
    int length = strlen(str);
    cout << "Size of str: " << size << endl;  //size 值为 ______
    cout << "Length of str: " << length << endl;  //length 值为 ______
    return 0;
}
```

3. 在 C++中，strcmp 函数用于比较两个字符串。当两个字符串相等时，strcmp 函数返回 __________；当第一个字符串小于第二个字符串时，返回 __________；当第一个字符串大于第二个字符串时，返回 __________。

三、程序设计题

1. 定义一个有 5 个元素的整型数组，元素依次赋值为奇数 1~9，再逆序输出。

2. 用数组求 Fibonacci 数列前 20 个数，5 个一行输出。

3. 定义一个函数，求整型数组中全部元素的和，函数原型为 int sum(const int a[ ], const int len)。在主函数中调用并测试该函数。

4. 给定一个字符串，将字符串中的小写字母转换为大写字母，其他字符不变。示例：输入"hello world"，输出"HELLO WORLD"。

5. 给定一个只包含数字的字符串，请编写一个程序，计算该字符串中各位数字的和。输入格式如下。

输入：12345

输出：15

6. 一个整数“犯 2 的程度”定义为：该数字中包含 2 的个数与其位数的比值，如果这个整数是负数，则程度为原来的 1.5 倍，如果还是个偶数，则再增加 1 倍（即原来的 2 倍）。例如，数字 −56782223456 是个 11 位数，其中有 3 个 2，并且是负数，也是偶数，则它的犯 2 程度为 3/11×1.5×2，约为 0.818182。要求实现函数 silly，计算整数（不多于 100 位）犯 2 的程度并返回。

输入样例：−56782223456

输出样例：0.818182

第 8 章 指针

在第 5 章中了解到函数调用的参数传递机制是值传递，在被调函数中对形参的修改不会影响到主调函数中对应的实参。在第 7 章中介绍冒泡排序和插入排序函数，通过对数组形参元素值的修改，主函数中对应的数组实参元素值也发生了变化，这是为什么呢？

要理解数组形参带来的这一变化，需要引入一种新的复合类型：指针。指针是比数组更基础的类型，经常被用来与数组协同工作，同时用来支持动态内存管理。一方面，指针为 C++编程注入了灵活性和高效性；另一方面，对指针的误用也可能引发潜在的安全隐患，因此在使用指针时必须谨慎对待，以避免出现错误和潜在的安全隐患。

通过本章的学习，读者将掌握指针类型变量的定义和使用，理解指针与数组的关系，能够使用指针方式操作数组，能够使用指针参数定义函数，掌握动态内存管理。

课程思政

探索精神：通过挖掘探索 C++指针的深层机制，激发学生在面对未知领域时的探索精神，点燃他们的求知欲和创造力。

8.1 指针变量

在第 2 章中提到变量有 4 要素：类型、名称、值和存储单元，并介绍了前三个要素，本章来进一步了解存储单元。在 C++中，存储单元通过地址进行管理，地址也称为指针。

指针（Pointer）是指一个变量（或函数）的内存地址，即变量存储单元的编号。指针本质上是一个无符号整型值，一般以十六进制的形式表示。

指针变量是专门用来存放指针的变量，即指针变量的值是其他变量的地址，如图 8-1 所示。通过将目标变量的地址存入指针变量，可以建立一种指向关系，之后便可以通过指针变量来访问目标变量的值，称为间接访问；而原来通过变量名访问目标变量的方法称为直接访问。

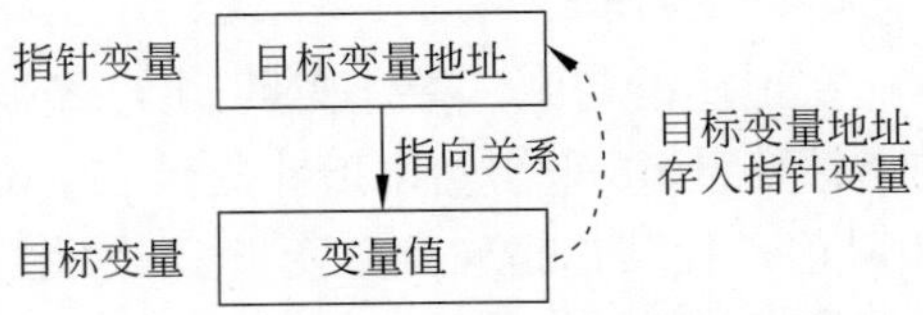

图 8-1　指针变量与目标变量关系示意图

需要指出的是，“指针”一词在不同的语境下可能有不同的含义。有时它指的是内存地址，而更多时候它指的是指针变量。因此，理解“指针”的具体含义时，必须考虑上下文。

8.1.1 指针定义

指针变量的定义格式如下。

[存储类型] 数据类型 * 指针名;

与普通变量定义的不同之处，是在数据类型与变量名之间增加一个指针定义运算符（*），表示定义的变量是指针变量。存储类型为可选项，默认为 auto。数据类型为指针变量的类型，必须与目标变量类型相一致。指针名为指针变量的名称，合法的标识符即可。例如：

```
int *p1, *p2;
float *pf;
const char *pc;
```

以上语句第 1 行定义了整型指针变量 p1 和 p2，第 2 行定义了浮点型指针变量 pf，第 3 行定义了字符型指针变量 pc，限定指向的变量为 const。

8.1.2 指针初始化和赋值

以上定义的指针变量未初始化，其默认值取决于指针变量所在存储区域的位置，即全局和静态指针变量初始化为 0，局部指针变量初始化为不确定的值。

在使用指针变量之前，必须先对其进行初始化或赋值。通常，这一过程涉及使用取地址运算符（&）。取地址运算符放在目标变量之前，用来返回目标变量的地址。例如：

```
int i;
int *p1 = &i;    //初始化指针变量 p1
int *p2;
p2 = &i;         //给指针变量 p2 赋值
```

上述语句中，指针变量 p1 定义时进行了初始化，指针变量 p2 先定义后赋值，结果一致，p1 和 p2 的值都是变量 i 的地址，可以理解为指针变量 p1 和 p2 均指向整型变量 i。

需要注意的是，目标变量的类型与指针变量的类型必须一致。

除了直接使用取地址运算符来初始化或赋值指针变量，还可以使用已经初始化的指针变量来完成这一操作。例如：

```
int i;
int *p1 = &i;
int *p2 = p1;
int *p3;
p3 = p1;
```

在上述语句中，指针变量 p1 已经被初始化为指向整型变量 i。然后，使用已经初始化的指针变量 p1 来初始化指针变量 p2，这样 p2 也指向了整型变量 i。接下来，给指针变量 p3 赋值，使其也指向整型变量 i。因此，经过这些操作后，指针变量 p1、p2 和 p3 都指向了整型变量 i。

8.1.3 用指针间接访问

当建立指针变量与目标变量的指向关系后，便可以通过取值运算符（*，又叫解引用运算符）加指针变量的形式对目标变量进行间接访问。例如：

```
int i = 0;
cout << "i=" << i << endl;  //输出 i=0
int *p = &i;
*p = 1;
cout << "i=" << i << endl;  //输出 i=1
```

对比赋值前后变量 i 值的变化可以看出，以上第 4 行语句通过指针变量的间接访问（*p）对变量 i 进行了赋值，使 i 的值从 0 变为 1。

【例 8-1】 直接访问和间接访问的对比。

```
#include <iostream>
using namespace std;
int main()
{
    int num = 0;
    int *p = &num;    //建立指向关系
    *p = 10;          //通过指针间接访问
    cout << "目标变量值：" << num << " " << *p << endl;
    cout << "指针变量值：" << &num << " " << p << endl;
    return 0;
}
```

运行结果：

```
目标变量值：10 10
指针变量值：0x7ffc08 0x7ffc08
```

通过本例可以看出，间接访问可以达到与直接访问一样的效果。指针变量的值是目标变量的内存地址，以十六进制形式表示，在不同的机器上可能对应不同的地址。一般情况下，并不关心变量地址值本身，而是通过这种方式建立和使用指针变量与目标变量的指向关系，达到间接访问目标变量的目的。

空指针问题。指针变量还可以初始化或赋值为 NULL（NULL 的值为 0），代表空指针，表示它不指向任何变量。此时，如果试图用取值运算符对指针进行解引用操作，会引起程序崩溃，这就是空指针问题。因此，考虑到复杂程序的健壮性，在尝试使用指针之前，应该先检查它是否为空。

8.2　指针与数组

8.1 节介绍了指针，通过指针可以对第 7 章介绍的数组做进一步的理解和分析。实际上，数组背后是通过指针方式进行操作的。

8.2.1　指针运算

当指针变量指向数组元素时，指针变量可以参与算术加减运算，运算以单个数组元素为单位，具体分为以下 3 种情况。

（1）加上一个整数 *n*，则向后移动 *n* 个元素位置。例如，如果一个指针变量 *p* 指向数

组中的第 i 个元素，那么 $p+1$ 将指向数组中的第 $i+1$ 个元素。

（2）减去一个整数 n，则向前移动 n 个元素位置。例如，如果一个指针变量 p 指向数组中的第 i 个元素，那么 $p-1$ 将指向数组中的第 $i-1$ 个元素。

（3）两个指针相减，结果为两者之间相差的元素个数。假设有两个指针 p 和 q，如果 p 指向数组中的第 i 个元素，而 q 指向数组中的第 j 个元素（$j > i$），那么 $p-q$ 的结果将是 $j-i$，表示这两个指针之间相隔的元素个数。

需要注意的是，当指针指向数组边界之外的位置时，对指针进行算术运算会导致未定义的行为。因此，在使用指针进行算术运算时，必须确保指针指向有效的数组内存区域。

【例 8-2】 指针变量的加减算术运算。

```
#include <iostream>
using namespace std;
int main()
{
    int a[] = {1, 2, 3, 4, 5};
    int *p1 = &a[0];
    int *p2 = &a[4];
    p1++;     //指针变量与整数的加法
    p2--;     //指针变量与整数的减法
    int offset = p2 - p1; //指针变量之间的减法
    cout << "p1 指向的元素值:" << *p1 << endl;
    cout << "p2 指向的元素值:" << *p2 << endl;
    cout << "p1 与 p2 相隔的元素个数:" << offset << endl;
    return 0;
}
```

运行结果：

```
p1 指向的元素值:2
p2 指向的元素值:4
p1 与 p2 相隔的元素个数:2
```

本例定义了一个整型数组 a，并初始化了 5 个元素。定义了两个整型指针 p1 和 p2，分别初始化为数组 a 的第一个元素和最后一个元素的地址。通过 p1++将指针 p1 向后移动一个元素，使其指向数组下标为 1 的元素。通过 p2−−将指针 p2 向前移动一个元素，使其指向数组下标为 3 的元素。计算了指针 p2 和 p1 之间的距离（相隔的元素个数），等价于两个元素下标的差值，并存储在变量 offset 中；输出了指针 p1 和 p2 当前指向的元素值以及它们之间的距离，如图 8-2 所示。

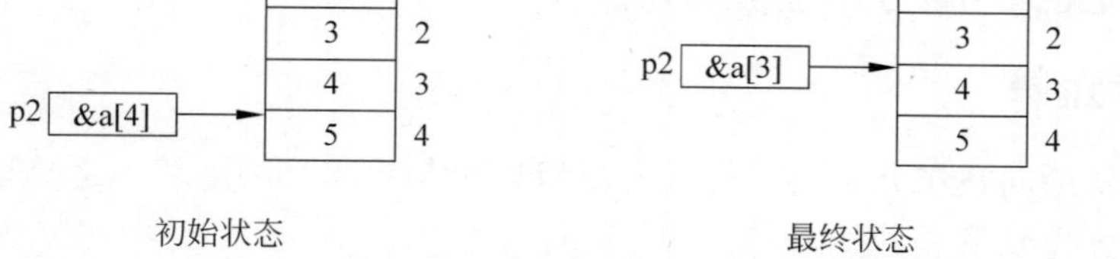

图 8-2　指针变量的加减算术运算示意图

下笔如有神

May all your wishes
come true
读书破万卷

8.2.2 用指针访问数组元素

视频讲解

```
int a[] = {1, 2, 3, 4, 5};
int *p = a;
```

如果有以上语句中的数组定义，以及指向数组的指针定义，则对数组元素的遍历有以下 5 种方式。

（1）a[i]和*(a+i)。数组名为地址常量，代表数组的首地址，说明数组名本质上是指针常量。因此，可以用形如*(a+i)的数组名和指针运算访问数组元素。实际上，形如 a[i]的数组下标形式背后是以形如*(a+i)的指针形式运算的。

（2）p[i]和*(p+i)。指针变量 p 用数组名进行初始化后，便也可以使用数组下标形式和指针形式。在这两种方式中，指针变量 p 未发生改变，始终指向数组下标为 0 的元素。

（3）*(p++)。不同于作为数组名的指针常量 a，p 为指针变量，能够使用自增运算符。因此，可以每次取 p 指向的元素值后，使 p 自增，直到遍历全部元素。这种形式是比较常见的。

【例 8-3】 用数组下标和指针等 5 种方式遍历数组元素。

```
#include <iostream>
#include <iomanip>
using namespace std;
int main()
{
    int a[] = {1, 2, 3, 4, 5};
    int *p = a;
    cout << setw(10) << "a[i]:";
    for (int i = 0; i < 5; i++) {
        cout << a[i] << " ";
    }
    cout << endl << setw(10) << "*(a + i):";
    for (int i = 0; i < 5; i++) {
        cout << *(a + i) << " ";
    }
    cout << endl << setw(10) << "p[i]:";
    for (int i = 0; i < 5; i++) {
        cout << p[i] << " ";
    }
    cout << endl << setw(10) << "*(p + i):";
    for (int i = 0; i < 5; i++) {
        cout << *(p + i) << " ";
    }
    cout << endl << setw(10) << "*p:";
    for (int i = 0; i < 5; i++) {
        cout << *p << " ";
        p++;
    }
    cout << endl;
    return 0;
}
```

运行结果：

```
    a[i]:1 2 3 4 5
*(a + i):1 2 3 4 5
    p[i]:1 2 3 4 5
*(p + i):1 2 3 4 5
      *p:1 2 3 4 5
```

视频讲解

视频讲解

8.2.3 字符指针

在实践中，C 风格字符串变量通常使用字符数组来表示，而字符串常量则使用字面量来表示。尽管它们都可以通过字符指针来操作，但它们之间存在一些细微的区别。例 8-4 演示了它们的不同。

【例 8-4】 字符指针在字符串变量与字符串常量中的不同。

```
#include <iostream>
using namespace std;
int main()
{
    char str[] = "hello";
    *str = 'H';           //修改下标 0 元素的值
    cout << str << endl; //输出：Hello
    str++;                //错误：试图修改指针常量的值

    const char *p = "world";
    cout << p << endl;    //输出：world
    cout << *p << endl;   //输出：w
    p++;                  //移动 p 指向下一个元素
    *p = 'W';             //错误：试图修改常量的值
    return 0;
}
```

（1）字符串变量中，元素值可以修改，数组名不能修改指向。第 5 行用字面量初始化了数组变量 str，字面量“hello”和数组 str 占用不同的内存空间，但是包含的字符内容相同。str 中的每个元素都可以通过指针进行修改，如第 6 行。当第 7 行用 cout 输出指针时，从指针指向位置到字符串结束标志之间的字符都会被输出。而数组名作为指针常量（指针本身的值不能修改）不能被修改指向，所以第 8 行的 str 自增是不允许的。

（2）字符串常量中，指针可以修改指向，不能修改指向元素的值。第 10 行用字面量初始化了常量指针（指向常量的指针，在类型前添加 const）p，即 p 指向了字面量“world”，此时内存中只有一份“world”，且作为字面量不可修改。第 11 行输出指针 p 时，从指针指向位置到字符串结束标志之间的字符都会被输出。*p 表示取 p 所指向元素的值，所以第 12 行输出 p 指向的当前字符 w。第 13 行对 p 进行修改，移动 p 指向下一个元素。p 指向的整个字符串为常量，第 14 行试图修改字符串中的元素值，是不被允许的。

8.3　指针与函数

指针作为一种复合类型，自然也可以作为函数参数或返回值。并且，利用指针的间接访问特性，通过指针参数，可以实现在被调函数中修改主调函数中变量的功能。这一特性使函数能够实现更加灵活和高效的数据处理，同时增强代码的可读性和可维护性。

8.3.1　数组以指针参数传递

视频讲解

以数组作为函数形参，实质上是以指针作为函数形参。例如，以下两个函数声明是等价的。a 是指针变量，而不是数组名（指针常量），因此才能接受实参的值，并且在函数体中，a 的值也是可以修改的。

```
void outputArray(int a[], int len);
void outputArray(int *a, int len);
```

【例 8-5】 定义函数输出数组元素，使用指针作为参数，并使用指针访问数组元素。

```
#include <iostream>
using namespace std;
void outputArray(int *a, int len);
int main()
{
    int a[5] = {1, 2, 3, 4, 5};
    outputArray(a, 5); //把数组的元素输出
    return 0;
}
void outputArray(int *a, int len)
{
    for (int i = 0; i < len; i++) {
        cout << *a << " "; //输出当前元素
        a++; //移动指针到下一个元素
    }
}
```

运行结果：

```
1 2 3 4 5
```

本例中，实参 a 是数组名，实际为指针常量。形参 a 为指针变量，接收了实参 a 的值（数组首地址），从而可以通过*a 和 a++的循环完成对数组元素的遍历。

同样地，第 7 章介绍的 C 风格字符串操作函数，它们的参数其实都是字符指针。表 8-1 列出了每个函数的原型和功能。

表 8-1　常用 C 风格字符串操作函数原型及功能

函 数 原 型	功　能
size_t strlen(const char *str);	返回字符串 str 的长度，不包括字符串结束标志'\0'
int strcmp(const char *str1, const char *str2);	比较两个字符串 str1 和 str2 中对应位置的字符。若 str1 与 str2 完全相同，返回 0；找到第一个不相同的字符，若 str1 大于 str2，则返回正数；若 str1 小于 str2，则返回负数

续表

函数原型	功　能
char *strcpy(char *dest, const char *src);	将 src 的内容复制到 dest，并返回 dest。使用者要确保 dest 的长度足够保存 dest 的内容
char *strcat(char *dest, const char *src);	将*src 的内容连接到 dest 的末尾，并返回 dest。使用者要确保 dest 的长度足够保存 dest 和 src 的内容

8.3.2 修改主调函数中变量

【例 8-6】 使用函数交换两个变量的值，对比非指针参数和指针参数的效果。

```
#include <iostream>
using namespace std;
void swap1(int x, int y);
void swap2(int *x, int *y);
int main()
{
    int a = 3, b = 8;
    cout << "begin: a=" << a << " b=" << b << endl;
    swap1(a, b);
    cout << "swap1: a=" << a << " b=" << b << endl;
    swap2(&a, &b);
    cout << "swap2: a=" << a << " b=" << b << endl;
    return 0;
}
void swap1(int x, int y)
{
    int temp;
    temp = x;
    x = y;
    y = temp;
}
void swap2(int *x, int *y)
{
    int temp;
    temp = *x;
    *x = *y;
    *y = temp;
}
```

运行结果：

```
begin: a=3 b=8
swap1: a=3 b=8
swap2: a=8 b=3
```

从本例可以看出，只有使用指针参数的函数 swap2 成功交换了变量 a 和 b 的值，函数 swap1 不能达到交换效果。这是什么原因呢？

函数 swap1 与 swap2 的参数传递过程如图 8-3 所示。

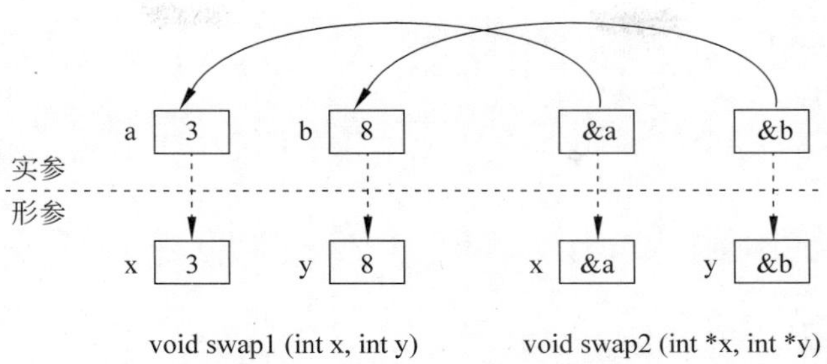

图 8-3　参数传递过程示意图

这里涉及两个知识点：函数参数传递机制和函数参数类型。

单向值传递，是函数参数传递机制。在函数调用时，创建形参变量，并用对应实参进行初始化，从而将实参的值传递给形参，反过来则不行，所以是单向的。形参和实参是不同的两个变量（不同的存储单元），但值是相同的，所以是值传递。

函数 swap1 和 swap2 在参数传递上的机制是相同的，但结果却有所不同，这主要是因为参数类型的差异。对于非指针类型，实参是主调函数中的变量，通过单向值传递后，形参与实参成为独立的变量。因此，对形参的修改不会影响到实参，也就不会影响主调函数中的变量。而对于指针类型，实参是主调函数中变量的地址。单向值传递后，形参的值同样是主调函数中变量的地址。在 swap2 函数中，通过指针的间接访问修改目标变量的值，也就是主调函数中变量的值。因此，完成交换的关键在于指针的间接访问方式。虽然相对于直接访问变量名，指针的间接访问略显烦琐，但它实际上提供了更大的灵活性。

结论：通过指针变量作为函数形参的方式，可以达到在被调用函数中修改主调函数中变量值的目的。这一结论在上例的函数 void swap2(int *x, int *y)中得到了验证，并且可以用于解释之前章节中的排序函数，如 void bubble(int a[ ], int len)和 void insert(int a[ ], int len)。

实践中，有些指针参数只用来传递数组，不需要改变主调函数中的变量值，则可以添加 const 关键字限定为常量指针，以增加代码可读性。例如，strcpy 函数的形参 src 限定为 const，表示 src 指向的量在该函数中是只读的；形参 dest 没有 const 限定，表示 dest 指向的量在该函数中可以被修改。

```
char *strcpy(char *dest, const char *src);
```

调用该函数时，src 对应的实参可以是字符串常量或字符串变量（字符串变量在该函数中被限定为只读），dest 对应的实参则必须是字符串变量。例 8-7 演示了函数 strcpy 的正确调用，如果第 8 行中的两个参数交换顺序，则会出现编译错误，提示第一个参数试图将字符串常量赋值给字符串变量。

【例 8-7】 函数 strcpy 调用示例。

```
#include <iostream>
#include <cstring>
using namespace std;
int main()
{
    char str[] = "hello";
    const char *p = "world";
    strcpy(str, p);
```

```
    cout << str;
    return 0;
}
```

运行结果：

```
world
```

8.3.3 指针函数

返回指针的函数称为指针函数。例如，字符串操作函数 strcpy 和 strcat 均是指针函数。

```
char *strcpy(char *dest, const char *src);
char *strcat(char *dest, const char *src);
```

为了保证返回的指针是有效的，不能返回在函数内部定义的具有局部作用域的地址，因为这些地址在函数结束后便无效了。

可以返回外部传入的指针参数，如函数 strcpy 和 strcat，或者全局变量、静态变量、堆变量的地址。

8.3.4 void 指针参数

void* 是一个特殊的指针类型，它表示一个不指定任何特定数据类型的指针。因为不属于特定类型，所以不能进行指针运算，也不能进行间接访问。可以将任意类型的指针赋值给 void 指针，这意味丢失了原有的类型信息；反过来，将 void 指针赋值给特定类型指针，则需要事前仔细确认合理性再进行强制类型转换。

void 指针常见于一些库函数的参数，例如，库函数 memcpy 便使用了 void 指针，用来实现内存复制。函数原型如下。

```
void * memcpy ( void * dest, const void * src, size_t num );
```

该函数从源内存地址的起始位置（src）开始，复制若干（num）字节到目标内存地址（dest）中。不同于 strcpy 只能复制字符串，该函数可以复制任意类型的数组或复合类型变量。例 8-8 演示了对整型数组的复制。

【例 8-8】 使用 memcpy 库函数对整型数组进行复制。

```
#include <iostream>
#include <cstring>  //包含 memcpy 函数
using namespace std;
int main()
{
    //定义源数组和目标数组
    int sourceArray[] = {1, 2, 3, 4, 5};
    int destinationArray[5];
    //使用 memcpy 复制数组
    memcpy(destinationArray, sourceArray, sizeof(sourceArray));
    //输出目标数组的内容，以验证复制是否成功
    for (int i = 0; i < 5; i++) {
        cout << destinationArray[i] << " ";
    }
```

```
    return 0;
}
```

运行结果：

```
1 2 3 4 5
```

本例中，实参为整型指针，形参为 void 指针，利用了系统的自动转换。

8.4　指针与堆内存

视频讲解

因为堆内存中的变量没有变量名，只能通过指针的间接访问来管理，所以堆内存管理是必须用到指针的场景之一。

根据 6.1.2 节对程序内存模型的阐述，了解到堆内存管理是用于动态内存分配的。这意味着内存空间的大小是在程序运行时才确定的，而不是在编译时。堆区内存的分配与释放由开发者直接负责，使得我们能够灵活地控制堆变量的生命周期。这种灵活性使得堆区成为处理动态内存需求的理想选择。然而，这也要求开发者更加谨慎地管理内存，以避免潜在的内存泄漏或无效的内存访问等问题。

下面将探讨 C 和 C++中堆内存管理的具体细节。

8.4.1　free 和 malloc

C 语言中使用函数进行堆内存的分配和释放，C++继承了这一功能。常用的堆内存管理函数如下。

```
void* malloc(size_t size);
void free(void* ptr);
```

malloc 函数接收一个参数，即要分配的字节数，并返回一个指向新分配内存的 void 指针。如果内存分配失败，它将返回 NULL。

free 函数接收一个 void 指针参数，即要释放的内存指针。在释放内存之后，不应再使用该指针，因为其指向的内存已被释放，可能导致未定义的行为。

需要注意的是，使用 malloc 函数后，需要手动释放分配的内存，即调用 free 函数，以避免内存泄漏。

【例 8-9】 使用 malloc 和 free 在堆内存中分配和使用动态数组。

```
#include <iostream>
using namespace std;
int main()
{
    int len;
    int *array;
    cout << "输入数组长度:" << endl;
    cin >> len;
    if ((array = (int*)malloc(len * sizeof(int))) == NULL) {
        cout << "内存分配失败!" << endl;
        return 1;
```

```
    }
    for (int i = 0; i < len; i++)
        array[i] = i * 2;
    for (int i = 0; i < len; i++)
        cout << array[i] << "  ";
    free(array);
    return 0;
}
```

运行结果：

```
输入数组长度:
5
0 2 4 6 8
```

该示例首先提示用户输入一个整数，表示数组的长度。然后，尝试使用 malloc 为该长度的整数数组分配内存，这里需要把 malloc 返回的 void 指针转换为期望的 int 指针。如果内存分配失败，程序会输出一个错误消息并返回 1。如果成功，程序将数组的每个元素初始化为其下标的两倍，然后输出数组的所有元素。最后，程序释放之前分配的内存并返回 0。

8.4.2 new 和 delete

C++中引入了更简洁、功能更强的运算符 new 和 delete 进行堆内存管理。

new 的操作数为数据类型，还可以带有初始化值表（一个变量）或数组长度（一个数组），返回一个具有操作数数据类型的指针。

delete 的操作数是 new 返回的指针，当返回的是 new 分配的数组时，还要在指针前添加运算符[ ]。

例如，以下语句第 1 行使用 new 在堆上分配一个整型变量并初始化为 1024，第 2 行在堆上分配一个含有 6 个元素的整型数组。不再使用时，在第 4 行使用 delete 释放了 pInt 指向的内存，第 5 行释放了 pArray 指向的内存。因为 pArray 指向的是一个整数数组，所以使用 delete[ ]来释放内存。

```
int *pInt = new int(1024);   //堆上分配一个整型变量并初始化为 1024
int *pArray = new int[6];    //堆上分配一个含有 6 个整数元素的数组
...
delete pInt;                 //释放单个变量
delete [] pArray;            //释放数组变量
```

【例 8-10】 使用 new 和 delete 在堆内存中分配和使用动态数组。

```
#include <iostream>
using namespace std;
int main()
{
    int len;
    int *array;
    cout << "输入数组长度:" << endl;
    cin >> len;
    if ((array = new int[len]) == NULL) {
        cout << "内存分配失败!" << endl;
```

```
        return 1;
    }
    for (int i = 0; i < len; i++)
        array[i] = i * 2;
    for (int i = 0; i < len; i++)
        cout << array[i] << "  ";
    delete[] array;
    return 0;
}
```

运行结果：

```
输入数组长度：
5
0 2 4 6 8
```

该示例首先提示用户输入一个整数，表示数组的长度。然后，尝试使用 new 为该长度的整数数组分配内存。如果内存分配失败，程序会输出一个错误消息并返回 1。如果成功，程序将数组的每个元素初始化为其下标的两倍，然后输出数组的所有元素。最后，程序使用 delete[ ]释放之前分配的内存并返回 0。

悬挂指针问题。悬挂指针是指向已经释放内存的指针。当内存被释放后，该内存地址可能被重新分配给其他数据，而悬挂指针仍然指向原来的内存地址，这会导致读取或写入该内存地址时发生未定义行为。为了避免复杂程序中的悬挂指针问题，应该在使用指针之前先检查它是否为空，并在不再需要指针时将其设置为空。

8.5 小结

8.5.1 思维导图

本章思维导图如图 8-4 所示。

8.5.2 思维模式

本章涉及的主要思维模式如表 8-2 所示。

表 8-2　本章主要思维模式

模　式	说　明
指针	指针（变量）存储了变量在内存中的地址，这种机制使得通过指针进行的间接访问成为访问变量的一种更为通用和接近硬件层面的方法。与直接通过变量名访问相比，使用指针提供了一种更为灵活且直接操作内存的手段
堆内存	堆内存是计算机程序中用于动态内存分配的内存区域。与栈内存不同，堆内存不由编译器自动管理，而是由开发者在程序运行时根据需要动态分配和释放，从而更有效地利用系统资源

指针

- 指针定义
  - 格式
  - [存储类型]数据类型*指针名;
  - 示例
  - int *p1, *p2;
- 指针初始化和赋值
  - 使用取地址运算符&建立指向关系
  - 示例

```
int i;
int *p1=&i;//初始化指针变量p1
int *p2;
p2=&i;//给指针变量p2赋值
```

- 用指针间接访问
  - 使用取地址运算符*间接访问变量
  - 示例

```
int i=0;
cout<<"i="<<i<<endl;
int *p=&i;
*p=1;
cout<<"i="<<i<<endl;
```

- 用指针访问数组

```
int a[]={1,2,3,4,5};
int *p=a;
```

  - 有以上数组与指针定义，则对数组元素的遍历有以下3种方式：
  - 1、a[i]和*(a+i)。
  - 2、p[i]和*(p+i)。
  - 3、*(p++)。
- 数组以指针参数传递
  - 以数组作为函数参数，实质上是以指针作为函数参数。
  - 以下两个函数声明是等价的：

```
void outputArray(int a[],int len);
void outputArray(int *a,int len);
```

- 指针作为参数
  - 通过指针变量作为函数参数的方式，
  - 可以达到在被调用函数中修改主调函数中变量值的目的。

```
void swap2(int *x, int *y)
{
   int temp;
   temp=*x;
   *x=*y;
   *y=temp;
}
int main()
{
   int a=3,b=8;
   cout<<"begin: a="<<a<<"b="<<b<<endl;
   swap2(&a,&b);
   cout<<"swap2: a="<<a<<"b="<<b<<endl;
   return 0;
}
```

- 堆内存
  - 使用new分配堆内存，使用delete释放堆内存

```
int *plnt=new int(1024);//堆上分配一个整型变量并初始化为1024.
int *pArray=new int[6];//堆上分配一个含有6个整数元素的数组。
...
delete plnt; //释放单个变量
delete []pArray; //释放数组变量
```

图 8-4　本章思维导图

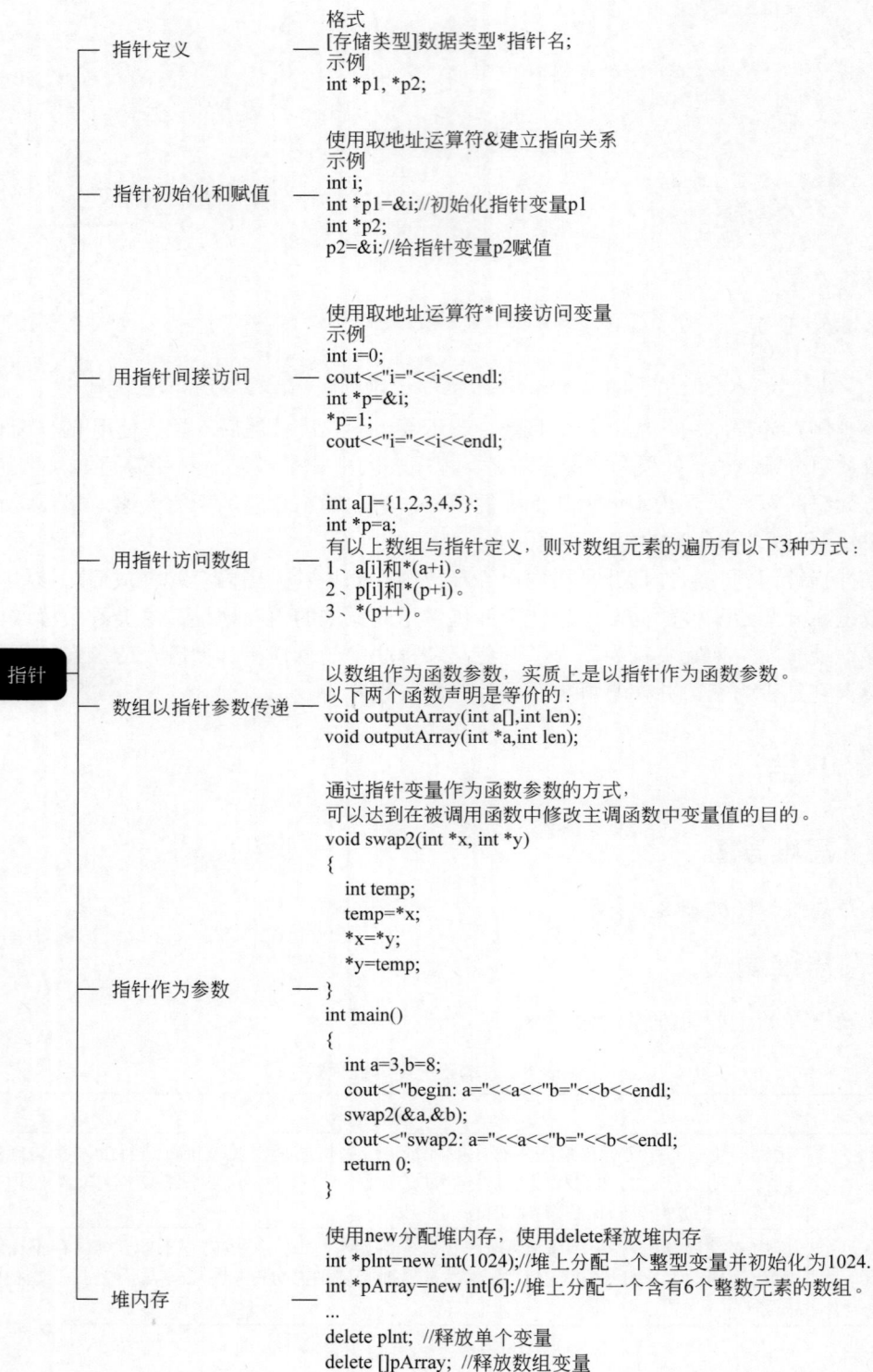

8.5.3　逻辑结构

本章聚焦于指针，作为对变量的扩展而引入的第二个复合类型。

核心是指针变量的定义、初始化和访问，并强调指针与数组的关系，以及指针与函数的关系。

最后探讨了堆内存管理，这是指针的一个重要应用场景，且必须通过指针来操作。

练习

一、单项选择题

1. 在 C++中，关于指针的描述，以下选项正确的是（　　）。

A. 指针变量是一个特殊的变量，其值为其他变量的内存地址

B. 指针只能用来存放整型变量的地址，并且不能通过指针修改目标变量的值

C. 直接访问和间接访问都是指通过变量名来访问目标变量的值

D. 在任何情况下，使用指针访问变量都会比直接访问更高效

2. 在 C++中，以下正确的初始化指针变量方法是（　　）。

A. int *p;　　B. int *p = 10;

C. int var = 20; int *p = &var;　　D. int *p; *p = 10;

3. 在 C++中，若要使指针变量正确地指向一个已声明的局部整型变量，以下选项正确的是（　　）。

A. int var; int *p = 10; p = &var;　　B. int var = 20; int *p; p = var;

C. int var = 30; int *p = &var;　　D. int *p = NULL; p = 30;

4. 在 C++中，通过指针间接访问并修改目标变量的值的是（　　）。

A. int x = 10; int *p = &x; *p = 20;　　B. int x = 10; int *p = x; p = 20;

C. int x = 10; int *p = &x; p++;　　D. int x = 10; int *p = new int; p = &x;

5. 在 C++中，假设有一个包含 5 个整数元素的数组 arr，以下通过指针正确访问数组的第一个元素的是（　　）。

A. int arr[5] = {1, 2, 3, 4, 5}; int *p = arr; cout << p;

B. int arr[5] = {1, 2, 3, 4, 5}; int *p = &arr; cout << *p;

C. int arr[5] = {1, 2, 3, 4, 5}; int *p = arr; cout << *p;

D. int arr[5] = {1, 2, 3, 4, 5}; int *p = arr[0]; cout << p;

6. 在 C++中，若要通过指针访问数组的一个元素，以下不正确的是（　　）。

A. int arr[5] = {1, 2, 3, 4, 5}; int *p = arr + 3; cout << *p;

B. int arr[5] = {1, 2, 3, 4, 5}; int *p = arr; p += 2; cout << *p;

C. int arr[5] = {1, 2, 3, 4, 5}; int *p = &arr[3]; cout << p;

D. int arr[5] = {1, 2, 3, 4, 5}; int *p = arr; cout << *(p + 3);

7. 假设有一个函数用于计算并返回一维数组所有元素的和，以下函数声明形式更适合于该功能的是（　　）。

A. int sumArray(const int *arr, const int size);

B. int sumArray(int arr[5]);

C. int sumArray(int *arr[ ], int size);

D. int sumArray(int *arr);

8. 假设有一个名为 changeValue 的函数，其目的是通过指针修改传入整数变量的值。以下满足要求的函数定义是（　　）。

A. void changeValue(int num) { num = 10; }

B. void changeValue(int &num) { num = 10; }

C. void changeValue(int *ptr) { *ptr = 10; }

D. int *changeValue() { int num = 10; return # }

9. 在 C++中，使用 new 运算符动态分配一个整型变量并初始化为特定值，以下声明和初始化方式正确的是（　　）。

A. int *pInt; pInt = new int(1024);　　B. int *pInt = 1024;

C. int pInt = new int(1024);　　D. int *pInt; pInt = new int[1024];

10. 对于在堆上动态分配的数组，使用 delete 运算符释放内存时，以下表达式正确的是（　　）。

A. delete pArray;　　B. delete [] pArray[6];

C. delete (pArray + 6);　　D. delete [] pArray;

二、填空题

1. 在 C++中，取地址运算符是________，它用于获取一个变量的内存地址；而取值运算符是________，它用于获取指针变量所指向的内存位置中的值。

2. 在 C++中，________运算符用于动态内存分配，并返回所分配内存的地址；________运算符用于释放以上分配的内存，当释放的是数组时，则使用________加指针变量。

3. 在 C++程序中，局部变量通常存储在________区域，而通过 new 运算符动态分配的内存空间则位于________区域。

三、程序设计题

视频讲解

1. 编写一段 C++程序，定义一个包含 10 个整数元素的数组，并通过指针方式接收用户输入的 10 个整数值。之后，利用指针以逆序的方式输出这些元素。

2. 编写一个 C++函数，该函数接收两个字符串指针作为参数，并实现对这两个字符串进行比较的功能。根据比较结果，返回一个整数值以表示两个字符串之间的关系（例如，返回 0 表示相等，小于 0 表示第一个字符串小于第二个字符串，大于 0 表示第一个字符串大于第二个字符串）。

3. 编写一个 C++程序，该程序接收用户输入的字符串，统计其中 26 个字母（不区分大小写）出现的次数，打印出现过的字母及其出现的次数。

4. 假设有一个由 10 个整数组成的环形序列，请编写一个 C++程序，计算并返回这个环形序列中任意相邻 3 个数之和的最小值。

5. 编写一个 C++函数，该函数接收一个字符串作为输入参数，并负责去除字符串首尾的空格字符，最终返回处理后不再包含首尾空格的字符串。

6. 编写一个 C++函数，该函数接收一个包含数字字符和非数字字符的字符串作为输入。从该字符串中提取所有的数字字符（包括可能位于数字前方的单个负号），并将这些选出的数字字符及其前置负号（如果有）重新组成一个新的字符串返回。

第 9 章 引用与结构体

在 C++中，指针提供了极大的灵活性和高效性，但同时也伴随着潜在的安全隐患，如空指针和悬挂指针等问题。为了规避这些风险，C++引入了一种新的复合类型——引用。在实际应用中，引用主要用于函数的形参，它能够实现与指针相似的功能，但在使用上更为简洁和安全，因此在某些场景中替代了指针的使用。

在变量类型方面，C++已经提供了整型、浮点型、字符型和布尔型 4 种基本数据类型，以及数组、指针和引用三种复合类型。然而，这些有限的类型仍然不足以完全表达现实世界中多样化和复杂的概念。因此，本章将介绍一种新的复合类型——结构体。结构体不仅是一种新的复合类型，也是一种类型构造机制，它允许开发者基于有限的原子类型来组合出任意数量的新类型，以满足现实世界中对多样化和复杂概念的表示需求。

通过本章的学习，读者将掌握引用类型变量的定义和使用，掌握结构体类型的定义和结构体变量的定义和使用，了解结构体和堆内存的典型应用——链表，能够应用数组、指针、引用、结构体等复合类型解决综合问题，以应对编程中遇到的各种挑战。

课程思政

责任意识：通过指针的潜在风险讨论，培养学生的责任感，强调预见风险和负责任的行为。

团队精神：C++ 结构体的组合机制启示我们，在面对复杂任务时，团队成员应紧密携手，充分发挥各自的优势，通过高效的协作与配合，凝聚成一股强大的力量，共同攻克难题。

9.1 引用

引用（Reference）是变量的另一个名字，它的定义不需要分配新的内存空间。引用仅仅为已经存在的变量添加一个别名，使开发者可以间接地访问该变量。通过引用进行间接访问，与使用原变量名进行直接访问，可以达到同样的效果。

9.1.1 引用定义和初始化

引用必须在定义时完成初始化，格式如下。

```
数据类型 &引用名 = 变量名;
```

其中，&为引用定义运算符，而不是取地址运算符。注意，同一个符号在不同的上下文中表示不同的含义。

以下语句定义了引用 length，作为变量 size 的别名。

```
int size = 0;
int &length = size;
```

一旦引用被定义并初始化，指向一个特定的变量，这种绑定就是永久的，无法更改。也就是说，引用在其整个生命周期内始终作为它最初绑定的那个变量的别名，而不能转变为代表其他变量的别名。与此相对，指针则具有灵活性，它们可以随时改变指向，指向不同的变量。因此，与可以重新指向的指针不同，引用一旦与一个变量绑定，就始终与该变量保持关联。

9.1.2 引用访问

使用引用名对引用进行访问。对引用的访问就是对被引用变量的访问，对引用取地址就是对被引用变量取地址，因为它们代表同一地址单元。

【例 9-1】 对比引用和变量。

```
#include <iostream>
using namespace std;
int main()
{
    int size = 0;
    int &length = size;
    length = 10;
    cout << size << " " << length << endl;
    cout << &size << " " << &length << endl;
    return 0;
}
```

运行结果：

```
10 10
0x63fcd8 0x63fcd8
```

首先，程序定义了一个名为 size 的整型变量，并将其初始化为 0。然后，程序定义了一个名为 length 的整型引用，并将其初始化为 size 的引用，这意味着 length 现在成为 size 的别名。接下来，程序将 length 的值设置为 10。由于 length 是 size 的引用，这实际上也将 size 的值设置为 10。然后，程序输出了 size 和 length 的值，由于它们指向同一个变量，所以它们的值是相同的。接着，程序输出了 size 和 length 的地址，它们也是相同的，说明 size 和 length 代表同一个内存地址。

9.1.3 引用作为函数参数

视频讲解

引用的主要用途之一是作为函数的形参。通过使用引用形参，可以避免在函数调用过程中创建参数的副本，从而提高程序的执行效率。此外，引用形参还能用于修改主调函数中的变量，就像指针形参那样，但引用在语法上更为简洁，使得代码更易读。

【例 9-2】 使用函数交换两个变量的值，对比引用参数和指针参数。

```
#include <iostream>
using namespace std;
void swap1(int &x, int &y);
void swap2(int *x, int *y);
int main()
{
    int a = 3, b = 8;
    cout << "begin: a=" << a << " b=" << b << endl;
    swap1(a, b);
    cout << "swap1: a=" << a << " b=" << b << endl;
    a = 3;
    b = 8;
    swap2(&a, &b);
    cout << "swap2: a=" << a << " b=" << b << endl;
    return 0;
}
void swap1(int &x, int &y)
{
    int temp;
    temp = x;
    x = y;
    y = temp;
}
void swap2(int *x, int *y)
{
    int temp;
    temp = *x;
    *x = *y;
    *y = temp;
}
```

运行结果：

```
begin: a=3 b=8
swap1: a=8 b=3
swap2: a=8 b=3
```

从本例可以看出，使用引用参数的函数 swap1 成功交换了变量 a 和 b 的值，使用指针参数的函数 swap2 也成功交换了变量 a 和 b 的值。

函数 swap1 与 swap2 的参数传递过程如图 9-1 所示。

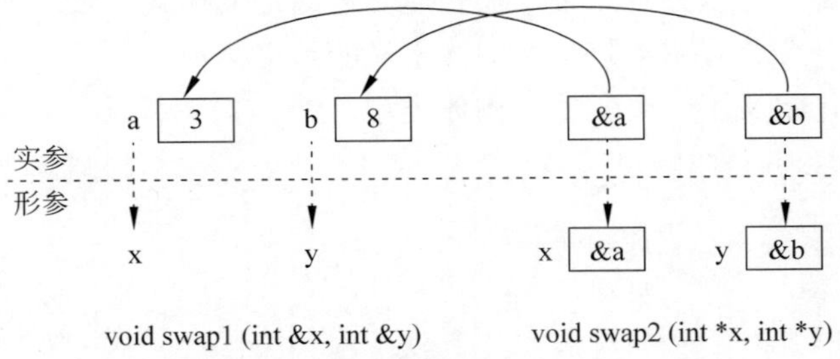

图 9-1　参数传递过程示意图

如果不需要修改主调函数中的变量，可以添加 const 限定形参为常量引用，以增加可读性。例如，如下 printValue 函数定义形参为常量引用，表示 value 在该函数中是只读的。

```
void printValue(const int& value) {
    cout << value << endl; //不能通过这个函数修改 value 的值
}
```

在编程实践中，通常更倾向于使用引用，因为它们提供了更简洁和直观的语法。然而，在某些特定场景下，指针仍然有其独特的用途。例如，当需要在堆内存中进行动态内存管理时，指针就成为必不可少的工具。另外，当数组作为函数参数传递时，由于数组名本质上是指向数组第一个元素的指针，因此使用指针作为函数参数可以更直观地表示数组的传递。总的来说，指针和引用各有其适用的场景，选择使用哪种取决于具体的编程需求和上下文。

9.2 结构体

C 语言的结构体（Struct）主要用于根据已有的数据类型组合成新的、更复杂的数据类型。结构体允许将多个不同的数据项组合在一起，形成一个单一的复合数据类型。这样，就可以用单个变量来存储多个相关的值。

使用结构体，首先需要定义一个新的结构体类型，然后才能定义该类型的变量、指针、数组或引用。

9.2.1 结构体类型

结构体类型的定义格式如下。

```
struct 结构体类型名 {
    成员类型 1 成员名 1;
    成员类型 2 成员名 2;
    …
    成员类型 n 成员名 n;
};
```

结构体类型名是自定义的类型名称，需要遵守标识符命名规则。花括号内列出每个成员的名称及类型，每一行以分号结束，与普通变量的定义形式一致，但不能初始化。在花括号的后面，还有一个分号作为整个结构体定义的结束标记。

例如，以下语句定义了一个学生结构体类型。

```
//定义学生结构体类型
struct Student {
    char id[10];      //学号
    char name[10];    //姓名
    int age;          //年龄
};
```

本例定义了一个名为 Student 的结构体类型，它包含三个成员：id、name 和 age。id 是字符数组，用于存储学生学号；name 也是字符数组，用于存储学生姓名；age 是整型变量，用于存储学生年龄。

结构体成员的类型也可以是结构体类型。通过这样的嵌套组合，能够创建出各种复合类型，以模拟现实世界中的各类实体，例如：

```
//定义日期结构体类型
struct Date {
    int year;
    int month;
    int day;
};
//定义学生结构体类型
struct Student {
    char id[10];       //学号
    char name[10];     //姓名
    Date birthday;     //出生日期
};
```

在以上语句中，Date 结构体定义了一个日期类型，其中包含年、月和日三个整型成员。Student 结构体中包含一个 Date 类型的成员，用于存储学生的出生日期。

9.2.2 结构体变量

结构体变量与基本类型变量的定义格式一致，如下。

[struct] 结构体类型 变量名;

其中，关键字 struct 可以省略。结构体变量也可以在定义时完成初始化，初始化的格式与数组的初始化格式相似，如下。

[struct] 结构体类型 变量名 = {成员 1 初值,成员 2 初值,…,成员 *n* 初值};

花括号中初值的类型和顺序与结构体类型定义时成员的类型和顺序一致。例如：

```
Student stu = {"04230520", "陈明", {2004, 5, 6}};
```

以上语句定义并初始化一个 Student 类型的变量 stu，字符串"04230520"赋值给字符数组成员 id，字符串"陈明"赋值给字符数组成员 name，{2004, 5, 6}赋值给结构体成员 birthday。

定义变量之后，使用成员访问运算符“.”访问结构体变量的成员，格式如下。

结构体变量.成员名

【例 9-3】 定义 Student 结构体类型的变量，进行初始化，并输出每个成员的值。

```
#include <iostream>
using namespace std;
//定义日期结构体类型
struct Date {
    int year;
    int month;
    int day;
```

```
};
//定义学生结构体类型
struct Student {
    char id[10];     //学号
    char name[10];   //姓名
    Date birthday;   //出生日期
};
int main()
{
    Student stu = {"04230520", "陈明", {2004, 5, 6}};
    cout << "学号：" << stu.id << endl;
    cout << "姓名：" << stu.name << endl;
    cout << "生日：" << stu.birthday.year << "年";
    cout << stu.birthday.month << "月";
    cout << stu.birthday.day << "日";
    return 0;
}
```

运行结果：

```
学号：04230520
姓名：陈明
生日：2004 年 5 月 6 日
```

以上示例首先在函数之外定义了两个结构体类型 Date 和 Student，分别表示日期和学生，在学生中使用日期类型变量作为成员之一。接下来，在主函数中定义一个学生变量，并完成初始化。对结构体成员 birthday 进行初始化时，使用了嵌套的花括号。最后，使用成员访问运算符访问结构体变量 stu 的各个成员，对于结构体成员 birthday，级联使用成员运算符访问其下一级的各个成员。

9.2.3 结构体指针

结构体指针与基本类型指针的定义格式一致，如下。

[struct] 结构体类型 *指针变量名;

使用结构体指针访问目标变量的成员，通常使用成员指针访问运算符（->，也称作箭头运算符），也可以使用取值运算符与成员访问运算符的组合，两种方式的格式如下。

指针变量名->成员名

(*指针变量名).成员名

【例 9-4】 定义 Student 结构体类型的变量，进行初始化，并使用结构体指针输出每个成员的值。

```
#include <iostream>
using namespace std;
//定义日期结构体类型
struct Date {
    int year;
    int month;
```

```
    int day;
};
//定义学生结构体类型
struct Student {
    char id[10];      //学号
    char name[10];    //姓名
    Date birthday;    //出生日期
};
int main()
{
    Student stu = {"04230520", "陈明", {2004, 5, 6}};
    Student *p = &stu;
    cout << "学号: " << p->id << endl;
    cout << "姓名: " << p->name << endl;
    cout << "生日: " << p->birthday.year << "年";
    cout << p->birthday.month << "月";
    cout << p->birthday.day << "日";
    return 0;
}
```

运行结果：

```
学号：04230520
姓名：陈明
生日：2004 年 5 月 6 日
```

本例定义结构体指针 p，初始化指向结构体变量 stu，使用成员指针访问运算符访问每一个成员并输出。

9.2.4　结构体数组

视频讲解

结构体数组与基础类型数组的定义、初始化格式一致，如下。

[struct] 结构体类型 数组名[长度表达式];
[struct] 结构体类型 数组名[长度表达式]={初始化列表};

结构体数组元素成员的访问格式如下。

数组名[下标].成员名

【例 9-5】 定义 Student 结构体类型的数组，进行初始化，并输出每个元素成员的值。

```
#include <iostream>
using namespace std;
//定义日期结构体类型
struct Date {
    int year;
    int month;
    int day;
};
//定义学生结构体类型
struct Student {
    char id[10];      //学号
```

```
    char name[10];   //姓名
    Date birthday;   //出生日期
};
int main()
{
    Student stu[3] = {{"04230520", "陈明", {2004, 5, 6}},
        {"04230521", "刘欢", {2004, 6, 6}},
        {"04230522", "李广", {2004, 7, 6}}
    };
    for (int i = 0; i < 3; i++) {
        cout << "学号: " << stu[i].id << endl;
        cout << "姓名: " << stu[i].name << endl;
        cout << "生日: " << stu[i].birthday.year << "年";
        cout << stu[i].birthday.month << "月";
        cout << stu[i].birthday.day << "日" << endl;
    }
    return 0;
}
```

运行结果：

```
学号：04230520
姓名：陈明
生日：2004 年 5 月 6 日
学号：04230521
姓名：刘欢
生日：2004 年 6 月 6 日
学号：04230522
姓名：李广
生日：2004 年 7 月 6 日
```

本例创建了一个包含三个元素的 Student 类型数组 stu，并初始化了三个学生元素，每个元素是一个 Student 结构体类型变量，包含学号、姓名和出生日期三个成员。然后，程序通过一个 for 循环遍历数组中的每个学生元素，并使用下标运算符和成员访问运算符打印出每个学生的学号、姓名和出生日期。

9.2.5 结构体引用

结构体引用与基本类型引用的定义格式一致，如下。

[struct] 结构体类型 &引用名 = 结构体变量名;

使用引用作为函数形参能够避免在函数调用过程中创建参数的副本，从而提升效率。特别是在处理占用大量内存的结构体变量时，这种优化显得尤为必要。例如，例 9-6 中结构体类型 Student 占 32B，使用引用形参可以避免每次循环中创建一个 32B 的副本。

```
cout<<sizeof(Student); //输出 32, 10+10+4+4+4=32
```

【例 9-6】 定义 Student 结构体类型的数组，进行初始化，在循环中调用函数输出数组元素，函数参数使用引用类型。

```
#include <iostream>
```

```
using namespace std;
//定义日期结构体类型
struct Date {
    int year;
    int month;
    int day;
};
//定义学生结构体类型
struct Student {
    char id[10];      //学号
    char name[10];    //姓名
    Date birthday;    //出生日期
};
void output(const Student& s);
int main()
{
    Student stu[3] = {{"04230520", "陈明", {2004, 5, 6}},
        {"04230521", "刘欢", {2004, 6, 6}},
        {"04230522", "李广", {2004, 7, 6}}
    };
    for (int i = 0; i < 3; i++) {
        output(stu[i]);   //使用引用类型传递数组元素
    }
    return 0;
}
void output(const Student& stu)
{
    cout << "学号：" << stu.id << endl;
    cout << "姓名：" << stu.name << endl;
    cout << "生日：" << stu.birthday.year << "年";
    cout << stu.birthday.month << "月";
    cout << stu.birthday.day << "日" << endl;
}
```

运行结果：

```
学号：04230520
姓名：陈明
生日：2004年5月6日
学号：04230521
姓名：刘欢
生日：2004年6月6日
学号：04230522
姓名：李广
生日：2004年7月6日
```

本例中，主函数通过一个 for 循环遍历数组中的每个学生，并使用函数 output()打印出每个学生的信息。函数 output()接收一个 Student 类型的常量引用作为参数，并打印出该学生的学号、姓名和出生日期。使用常量引用作为参数可以避免在函数调用过程中创建参数的副本，从而提高效率。特别是对于占用空间较大的结构体变量，这种优化可以明显提高程序的性能。

9.2.6 数据类型小结

目前为止，已经学习了 4 种基础类型：整型、浮点型、字符型和布尔型，如表 9-1 所示。这些类型是构建数据类型大厦的基石。

表 9-1 数据类型小结

类　　型	变　　量	数　　组	指　　针	引　　用
整型	int a;	int a[10];	int *a;	int &a;
浮点型	double a;	double a[10];	double *a;	double &a;
字符型	char a;	char a[10];	char *a;	char &a;
布尔型	bool a;	bool a[10];	bool *a;	bool &a;
结构体	Student a;	Student a[10];	Student *a;	Student &a;

每个基本类型不仅可以定义普通变量，还可以定义数组、指针和引用等复合类型的变量，在表 9-1 中表现为 4 行与 4 列共 16 种组合。

以这 16 种候选类型为基础，便可以组合成自定义的结构体类型。结构体类型的出现，打开了通往定制化的大门，使开发者能够创建出各种独特而复杂的数据类型。已有的结构体类型的变量、数组、指针和引用，又可以作为更大、更复杂的结构体类型的成员。通过结构体类型的自组合机制，开发者拥有了自定义任意数量类型的能力，从而可以满足各种复杂的编程需求。

9.3 结构体应用：链表

链表是一种抽象数据结构，需要动态创建。相比于数组，链表有什么优势？数组的大小必须在定义时指定，而链表的大小可以动态调整；数组所占用的内存空间是连续的，而链表所用的内存空间没有这个限制。

9.3.1 链表概念

不同于数组的连续存储，链表是一种非连续存储的数据结构，链表元素之间通过指针链接起来，如图 9-2 所示。链表中的元素称为结点，每个结点包括两部分：一部分是存储有效数据的数据域，另一部分是存储下一个结点地址的指针域。链表通过头指针 head 进行管理，头指针是一个结点指针，指向链表的第一个结点。

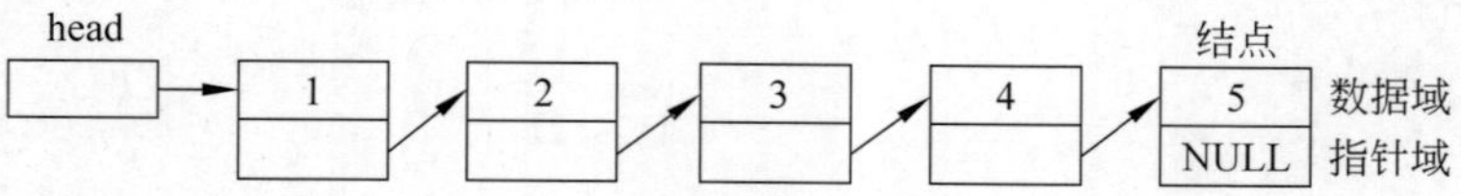

图 9-2 链表示意图

链表的主要操作如下。

- 插入结点。在链表的末尾插入一个新的结点。
- 删除结点。从链表中移除一个结点。
- 查找结点。在链表中查找特定的结点。

- 遍历链表。从头到尾访问链表中的每个结点。

一般情况下，链表结点类型使用结构体类型表示，结点变量在堆上创建，链表的实现涉及结构体、堆内存管理、指针等知识点的综合应用。

9.3.2　链表实现

【例 9-7】 定义链表结点，用函数分别实现创建结点、插入结点、删除结点、查找结点、遍历链表等链表操作，并在主函数中验证。

```
#include <iostream>
using namespace std;
struct Node {
    int data;     //数据域
    Node *next;   //指针域
};
//创建一个新的结点
Node *createNode(int data)
{
    //动态分配内存给新结点
    Node *newNode = new Node;
    //如果新结点为空（即内存分配失败），则输出错误信息并退出程序
    if (newNode == NULL) {
        cout << "创建结点失败！" << endl;
        exit(0);
    }
    //将传入的数据赋值给新结点的数据域
    newNode->data = data;
    //将新结点的指针域设置为空，表示新结点没有下一个结点
    newNode->next = NULL;
    //返回新结点的指针
    return newNode;
}
//插入结点到链表末尾
void insertNode(Node *&head, int data)
{
    //创建一个新的结点，并传入数据
    Node *newNode = createNode(data);
    //如果链表为空（即头指针为空），则将头指针指向新结点，并返回
    if (head == NULL) {
        head = newNode;
        return;
    }
    //定义一个临时指针，指向链表的头结点
    Node *temp = head;
    //遍历链表，直到找到最后一个结点（即下一个结点为空）
    while (temp->next != NULL) {
        temp = temp->next;
    }
    //将最后一个结点的指针域指向新结点，实现链表末尾插入新结点
    temp->next = newNode;
```

```
}
//删除结点
void deleteNode(Node *&head, int data)
{
    //如果链表为空，则直接返回
    if (head == NULL) return;
    //如果头结点是要删除的结点
    if (head->data == data) {
        //改变头结点指向下一个结点
        Node *temp = head;
        head = head->next;
        //释放当前结点内存空间
        delete temp;
        return;
    }
    //记录前一个结点地址
    Node *prev = head;
    //记录当前结点地址
    Node *temp = head;
    //如果中间的结点是要删除的结点或查找无此元素
    while (temp != NULL && temp->data != data) {
        //记录上一个结点地址
        prev = temp;
        //继续向下查找
        temp = temp->next;
    }
    //如果无此元素则直接返回
    if (temp == NULL) return;
    //将要删除的结点从链表中移除
    prev->next = temp->next;
    //释放当前结点内存空间
    delete temp;
}
//查找结点
Node *findNode(Node *head, int data)
{
    //如果链表不为空并且查找的结点值与链表中的结点值不相等，则继续向下查找
    while (head != NULL && head->data != data) {
        //继续向下查找
        head = head->next;
    }
    //如果查找成功，即循环第二个条件不成立，则返回该结点；
    //否则，即循环第一个条件不成立，返回 NULL
    return head;
}
//遍历链表
void traverseList(Node *head)
{
    //如果链表不为空，则继续遍历
    while (head != NULL) {
        //输出当前结点的数据域值
```

```
        cout << head->data << " ";
        //继续向下遍历
        head = head->next;
    }
}
int main()
{
    //初始化链表头指针为空
    Node *head = NULL;
    //插入结点到链表末尾
    cout << "向链表中插入 5 个结点。" << endl;
    insertNode(head, 1);
    insertNode(head, 2);
    insertNode(head, 3);
    insertNode(head, 4);
    insertNode(head, 5);
    //遍历链表并输出结点数据域值
    cout << "输出链表的所有结点：";
    traverseList(head);
    cout << endl;
    //删除结点
    cout << "删除两个结点。" << endl;
    deleteNode(head, 3);
    deleteNode(head, 5);
    //遍历链表并输出结点数据域值
    cout << "输出链表的所有结点：";
    traverseList(head);
    cout << endl;
    //查找结点是否存在
    Node *temp = findNode(head, 4);
    if (temp != NULL) {
        cout << "存在数据域为 4 的结点。";
    } else {
        cout << "不存在数据域为 4 的结点。";
    }
    cout << endl;
    //释放链表内存空间
    while (head != NULL) {
        Node *temp = head;
        head = head->next;
        delete temp;
    }
    return 0;
}
```

运行结果：

```
向链表中插入 5 个结点。
输出链表的所有结点：1 2 3 4 5
删除两个结点。
输出链表的所有结点：1 2 4
```

存在数据域为 4 的结点。

Node 为结构体类型，表示链表结点，包含一个数据域和一个指针域。数据域用于存储实际的数据，而指针域则用于指向链表中的下一个结点。

createNode 函数接收一个整数参数 data，用于创建一个新的结点，并将其返回。在函数内部，首先动态分配内存给新结点，然后检查新结点是否成功创建（即非空指针）。如果新结点创建失败（即内存分配失败），则输出错误信息并退出程序。如果新结点创建成功，则将传入的数据赋值给新结点的数据域，将新结点的指针域设置为空，表示新结点没有下一个结点，最后返回新结点的指针。

insertNode 函数接收一个指向链表头结点的指针的引用 head 和一个整数参数 data，用于在链表的末尾插入一个新的结点。使用指针的引用是因为在函数中有可能修改 head 本身的值。在函数内部，首先创建一个新的结点，并传入数据。然后检查链表是否为空（即头指针是否为空），如果链表为空，则将头指针指向新结点，并返回。如果链表不为空，则定义一个临时指针，指向链表的头结点，然后遍历链表，直到找到最后一个结点（即下一个结点为空）。最后将最后一个结点的指针域指向新结点，实现链表末尾插入新结点。

deleteNode 函数接收一个指向链表头结点的指针的引用 head 和一个整数参数 data，用于删除链表中的指定结点。使用指针的引用同样是因为在函数中有可能修改 head 本身的值。在函数内部，首先判断链表是否为空，如果为空则直接返回。然后判断头结点是否是要删除的结点，如果是，则改变头结点的指向，释放原头结点的内存空间，并返回。接下来，使用两个指针 prev 和 temp 分别记录前一个结点和当前结点的地址，并遍历链表，查找要删除的结点。在遍历过程中，如果找到了要删除的结点，则将前一个结点的指针域指向要删除结点的下一个结点，从而将其从链表中移除。最后释放要删除结点的内存空间。

findNode 函数接收一个指向链表头结点的指针 head 和一个整数参数 data，用于在链表中查找指定数据对应的结点。在函数内部，使用一个循环来遍历链表，直到找到要查找的结点或链表结束。如果找到了要查找的结点，则返回该结点，否则返回 NULL。

traverseList 函数接收一个指向链表头结点的指针 head，用于遍历链表并输出其中所有结点的数据域值。在函数内部，使用一个循环来遍历链表，直到链表结束。在循环中，首先输出当前结点的数据域值，然后继续向下遍历。

主函数中，首先通过调用 insertNode 函数向链表中插入若干个结点，然后调用 traverseList 函数遍历链表并输出结点数据域值。接着，通过调用 deleteNode 函数删除链表中的特定结点，再次调用 traverseList 函数遍历链表并输出结点数据域值，以验证删除操作是否正确。然后，通过调用 findNode 函数查找特定结点是否存在，并输出相应的结果。最后，通过循环释放链表的内存空间，避免内存泄漏。

9.4 综合应用

9.4.1 图书管理系统 V1 分析

【例 9-8】 设计简单的图书管理系统，实现图书添加、显示图书列表、图书排序、图书查找、图书借阅和图书归还功能，并提供系统交互菜单。

系统分析：

（1）主菜单的实现。主菜单的多次交互需要使用循环，这里选择 do-while 循环结构，方便根据用户输入判断是否继续循环。根据用户的选择，执行相应的操作，如添加图书、显示图书列表、排序图书、借阅图书或归还图书。菜单选择使用 switch-case 分支结构，以支持多路分支。

（2）图书信息的表示和存储。创建结构体 Book 来表示图书信息，包括图书名称、作者、ISBN、价格和状态。图书信息被保存在全局数组中，并通过全局变量 count 来记录图书的数量。

（3）添加图书和显示列表。添加图书可以通过对数组元素的赋值实现，显示列表通过遍历数组元素并输出元素的各成员实现。

（4）图书排序。根据图书的 ISBN 进行冒泡排序，ISBN 用字符数组表示，比较大小时需要用到 strcmp 库函数。

（5）图书借阅和归还。图书状态用布尔类型表示，true 表示在库中，false 表示已借出。图书的借阅和归还通过修改图书状态成员的值实现。例如，首先输入要借阅的图书 ISBN 号，然后根据 ISBN 号精确查找图书是否在数组中，如果找到则执行借出操作。

（6）退出机制和异常处理。用户输入特定数字时退出程序，如数字 0。如果用户输入了无效的选择（即不为 0～5），程序会提示用户重新选择。

9.4.2　图书管理系统 V1 实现

```
#include <iostream>
#include <iomanip>
#include <cstring>
using namespace std;
//定义图书结构体
struct Book {
    char title[50];        //图书的标题
    char author[50];       //图书的作者
    char isbn[20];         //图书的 ISBN
    double price;          //图书的价格
    bool status;           //图书的状态，true 表示在库中，false 表示已被借出
};
Book books[100];           //图书数组
int count;                 //记录图书数量
//添加图书
void addBook(const Book &book)
{
    //将传入的图书赋值给数组的下一个位置
    books[count] = book;
    //图书数量加 1
    count++;
}
//显示图书列表
void showBooks()
{
    cout << "全部图书列表:" << endl;
```

```
    //输出标题行
    cout << setw(20) << "书名";
    cout << setw(10) << "作者";
    cout << setw(15) << "ISBN";
    cout << setw(10) << "价格";
    cout << setw(5) << "状态";
    cout << endl;
    //循环遍历图书数组，从 0 到 count-1
    for (int i = 0; i < count; i++) {
        //设置输出宽度为 20 个字符，输出当前图书的标题
        cout << setw(20) << books[i].title;
        cout << setw(10) << books[i].author;
        cout << setw(15) << books[i].isbn;
        cout << setw(10) << books[i].price;
        cout << setw(5) << books[i].status;
        cout << endl;
    }
}
//根据 ISBN 进行排序
void sortByISBN()
{
    //外层循环控制排序的轮数，这里使用的是冒泡排序算法
    for (int pass = 1; pass < count; pass++) {
        //内层循环进行实际的比较和交换操作
        for (int i = 0; i < count - pass; i++) {
            //如果当前图书的 ISBN 大于下本书的 ISBN，则交换
            if (strcmp(books[i].isbn, books[i + 1].isbn) > 0) {
                //交换 books[i]和 books[i+1]
                Book temp = books[i];
                books[i] = books[i + 1];
                books[i + 1] = temp;
            }
        }
    }
}
//根据 ISBN 查找图书
bool findBookByISBN(const char *isbn, int &index)
{
    //遍历图书数组，查找匹配的 ISBN
    for (int i = 0; i < count; i++) {
        //如果找到了匹配的 ISBN，记录图书下标，并返回 true
        if (strcmp(books[i].isbn, isbn) == 0) {
            index = i;
            return true;
        }
    }
    //如果遍历完数组都没有找到匹配的 ISBN，则返回 false
    return false;
}
//借阅图书
bool borrowBook(const char *isbn)
```

```
{
    //声明一个索引变量
    int index;
    //调用 findBookByISBN 函数查找 ISBN 对应的图书，并记录索引
    if (findBookByISBN(isbn, index)) {
        if (books[index].status) {          //如果图书在库中
            books[index].status = false;  //借出图书
            cout << "借阅成功！" << isbn << endl;
            return true;
        } else {  //如果图书已借出
            cout << "图书已借出。" << endl;
        }
    } else {        //如果图书不存在
        cout << "图书不存在。" << endl;
    }
    //返回 false 表示图书已借出或图书不存在
    return false;
}
//归还图书
bool returnBook(const char *isbn)
{
    int index;
    //调用 findBookByISBN 函数查找 ISBN 对应的图书，并记录索引
    if (findBookByISBN(isbn, index)) {
        if (!books[index].status) {         //如果图书已借出
            books[index].status = true;   //归还图书
            cout << "归还成功！" << isbn << endl;
            return true;
        } else {
            cout << "图书未借出。" << endl;
        }
    } else {  //如果图书不存在
        cout << "图书不存在。" << endl;
    }
    //返回 false 表示图书未借出或图书不存在
    return false;
}
//主函数
int main()
{
    //默认添加两本图书信息
    Book book1 = {"人工智能通识教程", "王万良", "9787302560470", 49.8, true};
    addBook(book1);
    Book book2 = {"操作系统", "罗宇", "9787121365805", 52, true};
    addBook(book2);
    int choice;
    do {
        //显示主菜单
        cout << "================================\n";
        cout << "1. 添加图书信息\n";
        cout << "2. 显示所有图书列表\n";
```

```
        cout << "3. 图书排序\n";
        cout << "4. 借阅图书\n";
        cout << "5. 归还图书\n";
        cout << "0. 退出系统\n";
        cout << "================================\n";
        cout << "请选择操作：";
        char isbn[20];
        cin >> choice;
        switch (choice) {
           case 1:
               //创建 Book 对象，输入图书信息，添加到数组，并显示列表
               Book book;
               cout << "请依次输入图书名称、作者、ISBN、价格和状态：\n";
               cin >> book.title;
               cin >> book.author;
               cin >> book.isbn;
               cin >> book.price;
               cin >> book.status;
               addBook(book);
               showBooks();
               break;
           case 2: //显示所有图书列表
               showBooks();
               break;
           case 3: //根据 ISBN 对图书进行排序，并显示排序后的列表
               sortByISBN();
               showBooks();
               break;
           case 4:  //提示用户输入要借阅的图书 ISBN，然后进行借阅
               cout << "请输入要借图书 ISBN：";
               cin >> isbn;
               borrowBook(isbn);
               break;
           case 5: //提示用户输入要归还的图书 ISBN，然后进行归还
               cout << "请输入要还图书 ISBN：";
               cin >> isbn;
               return Book(isbn);
               break;
           case 0: //如果用户选择退出系统，则输出退出消息并结束程序
               cout << "系统已退出。" << endl;
               return 0;
           default: //如果用户输入了无效的选择，则提示用户重新选择
               cout << "输入有误，请重新选择操作\n";
        }
    } while (choice != 0);  //如果用户没有选择退出系统，则继续循环
    return 0;
}
```

9.4.3 图书管理系统 V1 运行

以下为根据用户选择进行交互的某次运行结果。

```
================================
1. 添加图书信息
2. 显示所有图书列表
3. 图书排序
4. 借阅图书
5. 归还图书
0. 退出系统
================================
请选择操作：2
全部图书列表：
                书名        作者              ISBN          价格  状态
    人工智能通识教程      王万良   9787302560470        49.8    1
            操作系统        罗宇   9787121365805        52      1
================================
1. 添加图书信息
2. 显示所有图书列表
3. 图书排序
4. 借阅图书
5. 归还图书
0. 退出系统
================================
请选择操作：3
全部图书列表：
                书名        作者              ISBN          价格  状态
            操作系统        罗宇   9787121365805        52      1
    人工智能通识教程      王万良   9787302560470        49.8    1
================================
1. 添加图书信息
2. 显示所有图书列表
3. 图书排序
4. 借阅图书
5. 归还图书
0. 退出系统
================================
请选择操作：4
请输入要借图书 ISBN：9787121365805
借阅成功！9787121365805
================================
1. 添加图书信息
2. 显示所有图书列表
3. 图书排序
4. 借阅图书
5. 归还图书
0. 退出系统
================================
请选择操作：5
请输入要还图书 ISBN：9787121365805
归还成功！9787121365805
================================
1. 添加图书信息
```

```
2. 显示所有图书列表
3. 图书排序
4. 借阅图书
5. 归还图书
0. 退出系统
================================
请选择操作：0
系统已退出。
```

9.5 小结

9.5.1 思维导图

本章思维导图如图 9-3 所示。

9.5.2 思维模式

本章涉及的主要思维模式如表 9-2 所示。

表 9-2　本章主要思维模式

模　式	说　明
引用	与指针相似，引用也是一种间接访问变量的方式。但引用必须在定义时进行初始化，且初始化后不能重新绑定，所以比指针更安全。引用主要用于函数形参，以避免在函数调用过程中创建参数的副本，从而提高程序的执行效率
组合	结构体允许编程人员将多个不同的数据项组合在一起，形成一个单一的复合数据类型。这样，就可以用单个变量来存储多个相关的值。通过结构体的组合机制，基于 4 种原子类型，可以构建任意数量的新类型，进而定义新类型的变量 除此之外，函数调用和流程控制的嵌套也可以视为组合概念的具体体现

9.5.3 逻辑结构

本章聚焦于引用，作为对变量的扩展而引入的第三个复合类型；以及结构体，作为对变量的扩展而引入的类型组合机制。

首先介绍了引用变量的定义（并初始化）和访问，以及其主要应用：作为函数形参，并对指针和引用进行比较。

然后介绍了结构体类型的定义，以及结构体变量的定义、初始化和访问，并将结构体与指针、数组和引用结合起来使用。

最后，介绍了结构体与指针结合的一个典型应用——链表，并进一步通过综合应用展示面向过程编程范式。

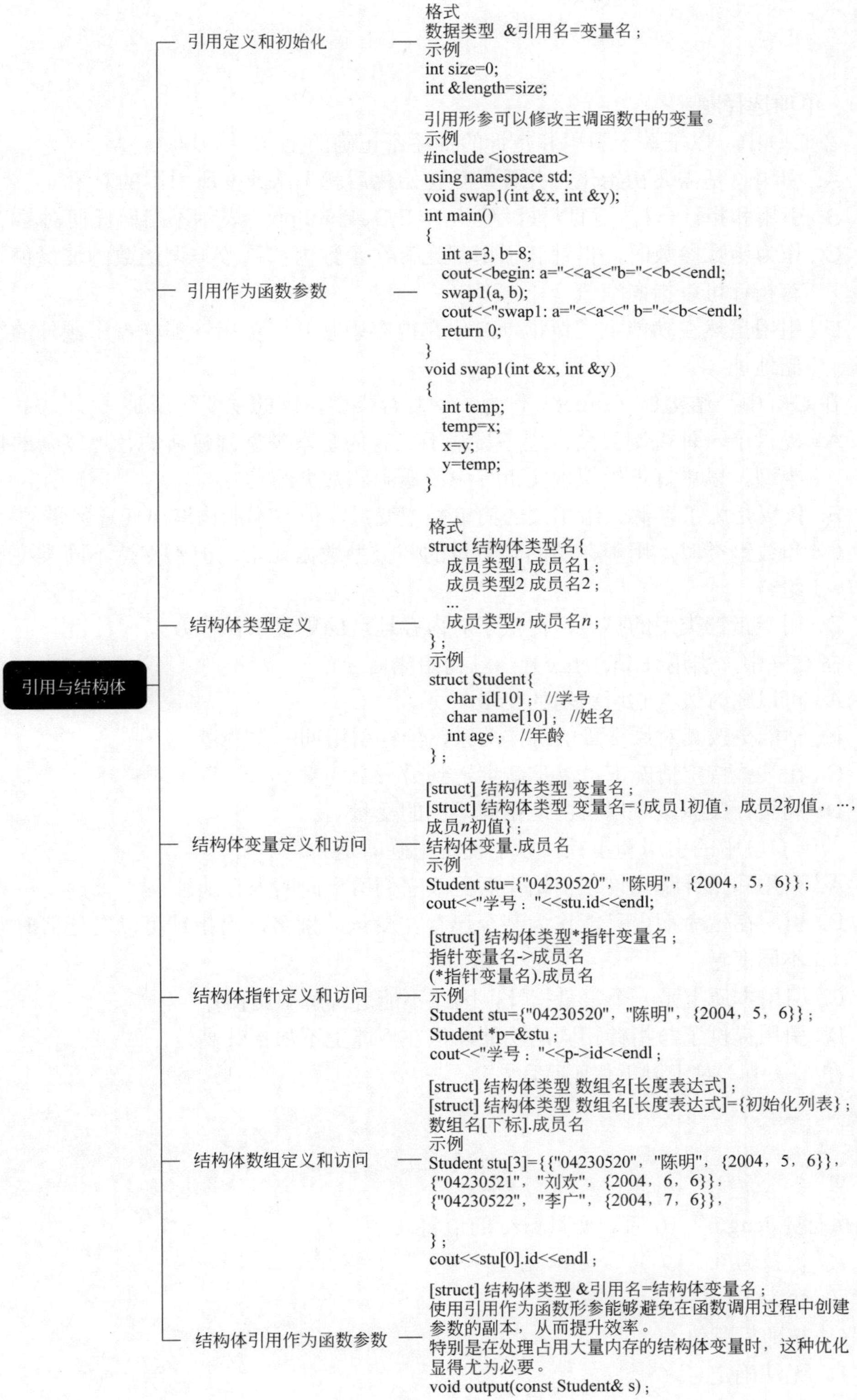
引用与结构体
引用定义和初始化
格式
数据类型 &引用名=变量名；
示例
int size=0;
int &length=size;
引用作为函数参数
引用形参可以修改主调函数中的变量。
示例
#include <iostream>
using namespace std;
void swap1(int &x, int &y);
int main()
{
int a=3, b=8;
cout<<begin: a="<<a<<"b="<<b<<endl;
swap1(a, b);
cout<<"swap1: a="<<a<<" b="<<b<<endl;
return 0;
}
void swap1(int &x, int &y)
{
int temp;
temp=x;
x=y;
y=temp;
}
结构体类型定义
格式
struct 结构体类型名{
成员类型1 成员名1；
成员类型2 成员名2；
...
成员类型n 成员名n；
}；
示例
struct Student{
char id[10]； //学号
char name[10]； //姓名
int age； //年龄
}；
结构体变量定义和访问
[struct] 结构体类型 变量名；
[struct] 结构体类型 变量名={成员1初值，成员2初值，…，成员n初值}；
结构体变量.成员名
示例
Student stu={"04230520"，"陈明"，{2004，5，6}}；
cout<<"学号："<<stu.id<<endl;
结构体指针定义和访问
[struct] 结构体类型*指针变量名；
指针变量名->成员名
(*指针变量名).成员名
示例
Student stu={"04230520"，"陈明"，{2004，5，6}}；
Student *p=&stu；
cout<<"学号："<<p->id<<endl；
结构体数组定义和访问
[struct] 结构体类型 数组名[长度表达式]；
[struct] 结构体类型 数组名[长度表达式]={初始化列表}；
数组名[下标].成员名
示例
Student stu[3]={{"04230520"，"陈明"，{2004，5，6}}，
{"04230521"，"刘欢"，{2004，6，6}}，
{"04230522"，"李广"，{2004，7，6}}，
}；
cout<<stu[0].id<<endl；
结构体引用作为函数参数
[struct] 结构体类型 &引用名=结构体变量名；
使用引用作为函数形参能够避免在函数调用过程中创建参数的副本，从而提升效率。
特别是在处理占用大量内存的结构体变量时，这种优化显得尤为必要。
void output(const Student& s)；

图 9-3　本章思维导图

练习

一、单项选择题

1. 在 C++中，以下关于引用和指针的描述不正确的是（　　）。
   A. 引用总是需要初始化，并且一旦初始化后就无法改变所引用的对象
   B. 引用和指针一样，可以被赋值为 NULL 或 nullptr，表示不指向任何对象
   C. 作为函数参数时，指针和引用都允许在函数内部修改被调函数的变量值，但只有指针可以指向空值
   D. 引用虽然在功能上类似指针，但在内存中它并不像指针那样占用额外的空间存储地址
2. 在 C++中，结构体（struct）作为一种复合类型，它的主要作用是（　　）。
   A. 提供了一种机制，允许程序员基于已有的基本类型创建新的、更复杂的自定义类型，以更好地模拟现实世界中的概念和数据结构
   B. 仅仅是为了存储一组相关的简单类型变量，但并不能构造出任意数量的新类型
   C. 和数组类似，用于存储固定数量的同类型数据元素，但不支持不同类型的数据组合
   D. 用于指针类型的扩展，提供了对内存地址的更复杂操作方式
3. 在 C++中，引用（reference）一旦初始化后（　　）。
   A. 可以随时改变它所引用的变量
   B. 不能更改其对原变量的绑定关系，始终引用同一个变量
   C. 在某些特定情况下可以重新绑定到另一个变量上
   D. 和指针类似，可以自由地指向不同的变量
4. 关于 C++中的引用和指针，以下说法正确的是（　　）。
   A. 引用和指针都允许在初始化后更改它们所指向的内存地址
   B. 引用在生命期内只能作为某个已存在变量的别名，而指针可以在任何时候指向不同变量
   C. 引用本质上是一个常量指针，因此不能进行解引用操作
   D. 引用提供了与指针相同的功能，但在性能上不如指针高效
5. 在 C++中，对于以下代码片段：

```
int size = 0;
int &length = size;
length = 10;
```

当执行完 length = 10;后，变量 size 的值将（　　）。
   A. 保持为 0
   B. 变为 10
   C. 被随机赋值
   D. 无法确定
6. 在 C++中，使用引用作为函数形参的主要优点不包括（　　）。

A. 提高效率，避免了实参数据的复制操作

B. 允许函数直接修改被调函数中变量的值

C. 与指针相比，引用在语法上更为简洁，增强了代码可读性

D. 引用形参能够确保传入动态分配内存空间的安全释放

7. 在 C++中，定义一个结构体时，以下描述正确的是（　　）。

A. 结构体类型名的命名可以任意选择，只要符合标识符命名规则

B. 结构体成员变量可以在定义结构体类型的同时进行初始化

C. 结构体内部各成员之间用逗号分隔，每个成员变量声明后面使用等号（=）进行赋值初始化

D. 结构体定义结束后，无须添加分号作为结束标记

8. 在 C++中，关于结构体变量定义和初始化的说法正确的是（　　）。

A. 定义结构体变量时必须使用关键字 struct

B. 结构体变量的初始化可以在定义时通过花括号完成，并且初始值的类型和顺序必须与成员声明时保持一致

C. 结构体内部嵌套的数组或结构体成员不能进行整体初始化

D. 结构体变量只能通过逐一赋值的方式赋值给各个成员

9. 在 C++中，关于结构体嵌套使用和初始化的描述，以下正确的是（　　）。

A. 结构体不能嵌套定义，即一个结构体类型不能包含另一个结构体类型的成员

B. 在对包含嵌套结构体成员的结构体变量进行初始化时，只能逐个初始化外部结构体的各个成员，而无法直接初始化内部嵌套的结构体成员

C. 可以通过级联成员访问运算符“.”来访问嵌套结构体中的成员

D. 结构体嵌套使用会增加内存开销，因此应尽量避免在结构体中嵌套其他结构体

10. 在 C++中，关于结构体指针访问成员的说法正确的是（　　）。

A. 结构体指针的定义格式与基本类型指针一致，但必须包含 struct 关键字

B. 使用结构体指针访问成员时，只能使用箭头运算符（->），不能使用解引用运算符和成员访问运算符组合的方式

C. 结构体指针通过->运算符访问成员时，等价于先进行解引用再通过“.”运算符访问成员

D. 安全起见，在访问结构体指针指向的对象不存在或已释放的情况下，编译器会自动阻止对成员的访问

二、填空题

1. 在 C++中，符号“&”在不同的上下文中有不同的含义。当它作为_______运算符时，它的意义是创建一个变量的别名；而当它作为_______运算符时，它的意义是获取变量的内存地址。

2. 在 C++中，_______形参和_______形参都可以用来修改主调函数中的变量值（按书中出现的顺序填写）。

3. 在 C++中，结构体是一种用户自定义的数据类型，它允许将多个不同的数据项组合成一个复合型的数据结构。结构体的定义以关键字_______开始，后面紧跟结构体的名称和成员列表，最后以_______结束（填写文字，而非符号）。

三、程序设计题

1. 根据以下代码和提示，补充完整 updateStudent 函数的内容。

```
#include <iostream>
#include <cstring>
using namespace std;
//定义一个表示学生的结构体
struct Student {
    char name[20];
    int age;
    float grade;
};
//创建函数，通过引用修改结构体成员
//你的任务是：使用传入的引用，更新 Student 结构体实例中的 name 和 age 字段
//提示：不需要返回值，直接在原结构体上修改即可
void updateStudent(Student &student, const char *newName, int newAge)
{
}
int main()
{
    Student s = {"Alice", 18, 85.0f};
    updateStudent(s, "Bob", 20);
    //输出更新后的学生信息
    cout << "Name: " << s.name << ", Age: " << s.age << endl;
    return 0;
}
```

2. 根据以下代码和提示，补充完整 getNewerBook 函数的内容。

```
#include <iostream>
#include <cstring>
using namespace std;
//定义一个表示图书的结构体
struct Book {
    char title[20];
    char author[20];
    int publicationYear;
};
//创建一个函数，比较两本图书的出版年份并返回引用
//返回出版年份较新的那本书的引用
//提示：可以通过条件语句判断哪本书的出版年份更早，并返回相应的引用
const Book &getNewerBook(const Book &book1, const Book &book2)
{
}
int main()
{
    Book b1 = {"The Old Book", "Author1", 1990};
    Book b2 = {"The New Book", "Author2", 2000};
    const Book &newerBook = getNewerBook(b1, b2);
    cout << "Newer Book Title: " << newerBook.title << endl;
    return 0;
```

```
}
```

3. 有 5 本图书，图书的成员包括书名（字符串）、作者（字符串）和价格（实型），要求计算出 5 本书的平均价格，并输出价格最高的图书的全部信息。

4. 有 6 个学生，学生的成员包括学号（字符串）、姓名（字符串）和年龄（整型），按照学号从小到大的顺序输出每个学生的全部信息。

5. 在例 9-7 链表的基础上，添加一个插入函数，该函数在值为 3 的结点前插入一个值为 9 的结点，如果没有值为 3 的结点，值为 9 的结点插到链表末尾。

PART 第3部分

C++面向对象编程

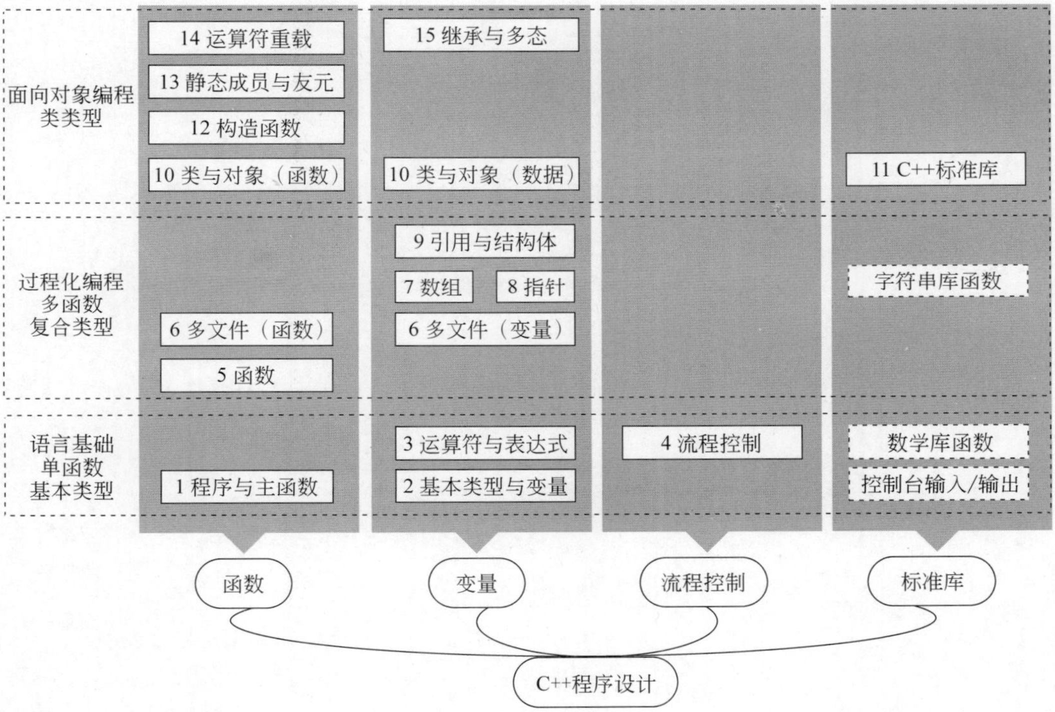

在前两部分的基础之上，本部分引入对象的概念，以进一步扩展变量的概念，并涉及对 C++标准库的介绍。从程序规模和复杂性角度来看，这一部分的主要特点在于引入了类类型，将函数和变量有机地组合在一起，为面向对象程序设计提供支持。

面向对象编程是一种更抽象的编程范式，它使用对象来设计软件。程序由对象组成，对象是数据和功能的封装。类作为蓝图，定义了对象所包含的数据和可以执行的操作，之后通过实例化这些类来创建具体的运行时对象。面向对象编程的基本特征是封装、继承和多态。由于其出色的抽象能力和代码组织能力，被广泛应用于大中型软件项目中。

本部分包含的章节如下。

第 10 章
类与对象

在 C++程序中，变量表示数据，函数表示对这些数据的操作，所有函数在源程序中是相互独立的。随着程序规模的扩大，为了提高代码的可维护性和模块化，我们希望把数据和对数据处理的操作组合为一个整体，形成一个比结构体粒度更大的逻辑实体。为此，引入类的概念。一个类不仅可以像结构体那样包含数据成员，还可以包含成员函数。这样一来，类通过对变量和函数的组合，成为构建中大规模软件的基本模块。

通过本章的学习，读者将理解类的概念，掌握类和对象的定义，掌握成员函数的定义和使用。

课程思政

团队管理：C++类的封装机制启示我们，团队中每位成员应有明确的角色和责任范围，同时应建设良好的沟通机制，以确保团队运作高效有序，每个成员都能在其专长领域发挥最大效能。

10.1 类与对象

类（Class）是一种用户自定义类型，可以看作对结构体的扩展。扩展主要体现在类中包含的成员除了数据，还可以有函数，称为成员函数。数据成员用来存储数据，而成员函数用来对数据成员执行操作。类是创建对象的蓝图或模板，它定义了一组属性（数据成员）和方法（成员函数），描述了一类对象共有的特征和行为。

对象（Object）是用类类型定义的变量。对象是类的实例，是根据类的定义创建出来的具体实体，每个对象都具有类所描述的属性和行为。

类与对象的关系如图 10-1 所示。

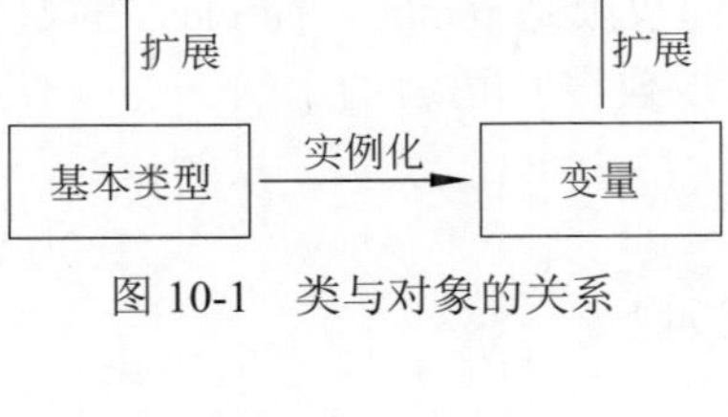

图 10-1　类与对象的关系

10.2 类定义

10.2.1 结构体与类

C++类的定义与（C 语言的）结构体类型的定义相似，不同之处主要有三方面：一是关键字不同，习惯上使用 struct 定义结构体类型，使用 class 定义类；二是类可以包含成员函数，而结构体只包含数据成员；三是类中一般显式指定成员的访问权限。

例如，以下代码来自第 9 章中定义的日期结构体类型。

```
//定义日期结构体类型
struct Date {
    int year;
    int month;
    int day;
};
```

【例 10-1】 一个添加了成员函数（设置和输出）的日期类定义如下。

```
//定义日期类
class Date
{
    private: //表示私有，可省略（class 中开头处没有指明类型时默认为私有）
        int year;
        int month;
        int day;
    public: //表示公有
        void set(int y, int m, int d) //修改数据成员的值
        {
            year = y;
            month = m;
            day = d;
        }
        void print() //访问数据成员，输出成员表示的日期
        {
            cout << year << "-" << month << "-" << day;
        }
};
```

以上代码定义了类 Date，该包含 3 个私有的数据成员，2 个公有的成员函数，成员函数可以访问（读和写）数据成员。前面定义的结构体 Date 包含 3 个数据成员，它们都是公有的，但不包含成员函数。

实际上，C++中的关键字 struct 和 class 都可以用来定义类，它们唯一的不同在于默认的访问权限：struct 的默认访问权限是 public，而 class 的默认访问权限是 private。通常使用 struct 来定义结构体类型，以兼容 C 语言的用法。

10.2.2 类定义

C++中定义类的一般格式如下。

```
class <类名>
{
    private:
        [<私有数据成员和成员函数>]
    protected:
        [<保护数据成员和成员函数>]
    public:
        [<公有数据成员和成员函数>]
};
```

class 是定义类的关键字，类名是用户命名的标识符，需要符合标识符的命名要求。访问权限有三个可选项，见表 10-1。未指定访问权限时，默认为私有成员。

表 10-1　访问权限说明

访问权限	说　明
private	私有成员，只在本类成员函数中可访问
protected	保护成员，只在本类和派生类成员函数中可访问
public	公有成员，在任意类成员函数或全局函数中可访问

一般情况下，类的数据成员设为私有成员，以防止用户任意修改；类的部分成员函数设为公有成员，以作为用户操作的功能接口。

每个访问权限后可以罗列若干个数据成员或成员函数。数据成员由成员类型和成员名称组成，以分号分隔。成员函数可以包含完整的函数定义，称为成员函数的内联定义，如例 10-1 所示。

10.2.3　成员函数定义

成员函数，有时也称为“函数成员”，在结构上与“数据成员”形成对照，强调这个成员的类型是函数。

成员函数的定义可以放在类定义之内，但更一般的做法是放在类定义之外，称为成员函数的分离定义。此时，类定义中只需包含成员函数的原型说明。这有助于保持类定义的简洁，尤其是在成员函数较为复杂或较长时。成员函数在类外定义的格式如下。

```
函数类型  类名::成员函数名(参数列表)
{
    函数体
}
```

不同于普通函数，在成员函数名之前添加了所属的类名和作用域操作符“::”，表示该函数属于指定类的成员函数。例 10-2 以分离定义方式重新定义了日期类。

【例 10-2】　使用成员函数分离定义的方式定义日期类。

```
//日期类定义
class Date
```

```
{
    private: //表示私有，可省略
        int year;
        int month;
        int day;
    public: //表示公有
        void set(int y, int m, int d); //修改数据成员的值
        void print(); //访问数据成员，输出成员表示的日期
};
//成员函数定义
void Date::set(int y, int m, int d)
{
    year = y;
    month = m;
    day = d;
}
void Date::print()
{
    cout << year << "-" << month << "-" << day;
}
```

10.3 对象定义与使用

10.3.1 对象定义

一旦定义了类，就可以定义该类型的对象。对象与基本类型变量的定义格式一致，如下。

类名 对象名;

例如：

```
Date today; //定义了一个日期类对象 today
cout<<sizeof(today)<<endl; //输出 12
```

与变量一样，定义对象时，将为其分配存储空间。存储空间的大小取决于该对象拥有的数据成员所占用的空间，而与其成员函数的数量及大小无关。如以上代码输出的 12，表示 today 包含三个整型成员，每个成员占用 4B。因此，用同一个类定义多个对象时，每个对象都有其自己的数据成员副本，它们之间相互独立；成员函数只有一份，所有对象共享该类全部成员函数。

10.3.2 成员函数调用

定义对象之后，使用成员访问运算符“.”调用对象的公有成员函数，格式如下。

对象名.成员函数名(参数列表)

例如：

```
Date today;                //定义对象
```

```
today.set(2024, 10, 1); //给对象设置日期
today.print();          //输出对象表示的日期
```

【例 10-3】 创建日期类的对象，并通过对象调用其成员函数。

```
#include <iostream>
using namespace std;
//日期类定义
class Date
{
   private: //表示私有，可省略
      int year;
      int month;
      int day;
   public: //表示公有
      void set(int y, int m, int d); //修改数据成员的值
      void print(); //访问数据成员，输出成员表示的日期
};
//成员函数定义：设置日期
void Date::set(int y, int m, int d)
{
   year = y;
   month = m;
   day = d;
}
//成员函数定义：输出日期
void Date::print()
{
   cout << year << "-" << month << "-" << day;
}
int main()
{
   Date today; //定义对象
   today.set(2024, 10, 1); //给对象设置日期
   today.print(); //输出对象表示的日期
   return 0;
}
```

运行结果：

```
2024-10-1
```

在 main 函数中定义了一个名为 today 的变量，它是 Date 类的一个实例。调用了 today 对象的 set 方法，该方法是 Date 类的一个成员函数，用于设置日期。然后调用了另一个成员函数 print，其作用是打印出 today 对象当前表示的日期信息到控制台。

10.3.3 指针、引用和数组

可以像第 9 章中的结构体类型那样，定义类类型的指针、引用和数组，然后通过指针或引用访问成员函数。

【例 10-4】 创建日期类的指针、引用和数组，并访问成员函数。

```
#include <iostream>
using namespace std;
//日期类定义
class Date
{
    private: //表示私有，可省略
        int year;
        int month;
        int day;
    public: //表示公有
        void set(int y, int m, int d); //修改数据成员的值
        void print(); //访问数据成员，输出成员表示的日期
};
//成员函数定义：设置日期
void Date::set(int y, int m, int d)
{
    year = y;
    month = m;
    day = d;
}
//成员函数定义：输出日期
void Date::print()
{
    cout << year << "-" << month << "-" << day << endl;
}
//使用引用修改对象的值
void setDate(Date &day)
{
    day.set(1949, 10, 1);
    day.print();
}
int main()
{
    //使用指针访问成员函数
    Date *p = new Date;
    p->set(2024, 10, 1);
    p->print();
    delete p;
    //定义对象数组
    Date days[3];
    for (int i = 0; i < 3; i++) {
        setDate(days[i]);
    }
    return 0;
}
```

运行结果：

```
2024-10-1
1949-10-1
1949-10-1
1949-10-1
```

在 main 函数中，首先通过 new 关键字动态创建了一个 Date 对象，并将其地址赋给指针 p。然后，使用箭头操作符->通过指针调用对象的 set 和 print 方法。最后，使用 delete 释放了之前分配的内存空间。

接下来，定义了一个包含三个 Date 对象的数组 days。通过一个循环，将数组中的每个 Date 对象依次传递给 setDate 函数。这个函数接收一个 Date 类型的引用 day 作为参数。引用允许直接操作原始对象，而不是副本。函数内部，它调用了 day 对象的 set 方法将日期设置为 1949 年 10 月 1 日，然后调用 print 方法打印这个日期。

10.4　多文件结构

在 C++编程中，通常采用多文件结构，将代码分别组织到头文件（.h ）和源文件（.cpp）两种类型的文件中，这样的做法有助于提高代码的可维护性、重用性和模块化。

类一般采用分离定义的方式，将每个类的定义放在一个头文件中，而类的成员函数定义放在源文件中。头文件包含类的接口信息，即类的数据成员和成员函数的原型，这使得其他需要使用该类的代码只需通过#include 指令包含这个头文件就能获取必要的信息。源文件包含类的成员函数定义，并通过#include 指令包含相应的头文件。类的头文件相当于接口，源文件相当于实现，接口与实现的分离，使类的用户只需要关注类能做什么（通过头文件了解），而不需要知道它是怎么做的（源文件中的细节）。

【例 10-5】 创建日期类的对象，并通过对象调用其成员函数，使用多文件结构实现。

文件：Date.h

```
#ifndef DATE_H
#define DATE_H

//日期类定义
class Date
{
   private: //表示私有，可省略
       int year;
       int month;
       int day;
   public: //表示公有
       void set(int y, int m, int d); //修改数据成员的值
       void print(); //访问数据成员，输出成员表示的日期
};

#endif
```

文件：Date.cpp

```
#include "Date.h"
#include <iostream>
using namespace std;

//成员函数定义：设置日期
```

```
void Date::set(int y, int m, int d)
{
    year = y;
    month = m;
    day = d;
}
//成员函数定义：输出日期
void Date::print()
{
    cout << year << "-" << month << "-" << day;
}
```

文件：main.cpp

```
#include "Date.h"
int main()
{
    Date today; //定义对象
    today.set(2024, 10, 1); //给对象设置日期
    today.print(); //输出对象表示的日期
    return 0;
}
```

运行结果：

```
2024-10-1
```

该项目包含 3 个文件，在 Dev-C++中的项目结构如图 10-2 所示。

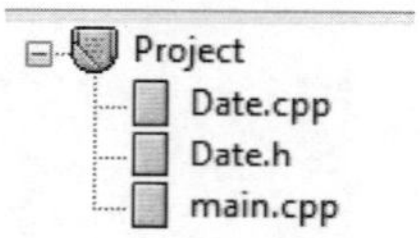

图 10-2 多文件项目结构

10.5 面向对象编程特征：封装

面向对象编程的基本特征是封装、继承和多态，本章内容主要体现了封装这一特征，具体可以从以下三方面来理解。

一是数据抽象与类型自定义。封装首先体现在通过类的机制对问题域进行概念化抽象，从而创建出符合需求的自定义数据类型。这一过程整合了相关数据（数据成员）与操作这些数据的行为（成员函数），形成一个逻辑上紧密耦合的抽象数据类型。

二是数据保护和接口设计。封装的核心在于实现数据的安全隔离与有效沟通。利用 private 或 protected，类能够隐藏其内部成员，有效防止外部环境的不当访问，保证了数据的完整性和安全性。同时，通过提供 public 接口，类向外界暴露必要的操作方法，成为与外部世界互动的桥梁，确保了使用的便捷性和安全性。

三是接口与实现的解耦。在实现层面，封装还体现在将类的接口声明（通常位于头文件中）与其实现细节（源文件中）分离开来。这种结构安排让类的使用者只需关注其提供

的公共接口，即“它能做什么”，而无须深入了解“它是如何做到的”。这不仅促进了代码的模块化和重用性，也极大地增强了软件的可维护性和扩展性。

10.6　小结

10.6.1　思维导图

本章思维导图如图 10-3 所示。

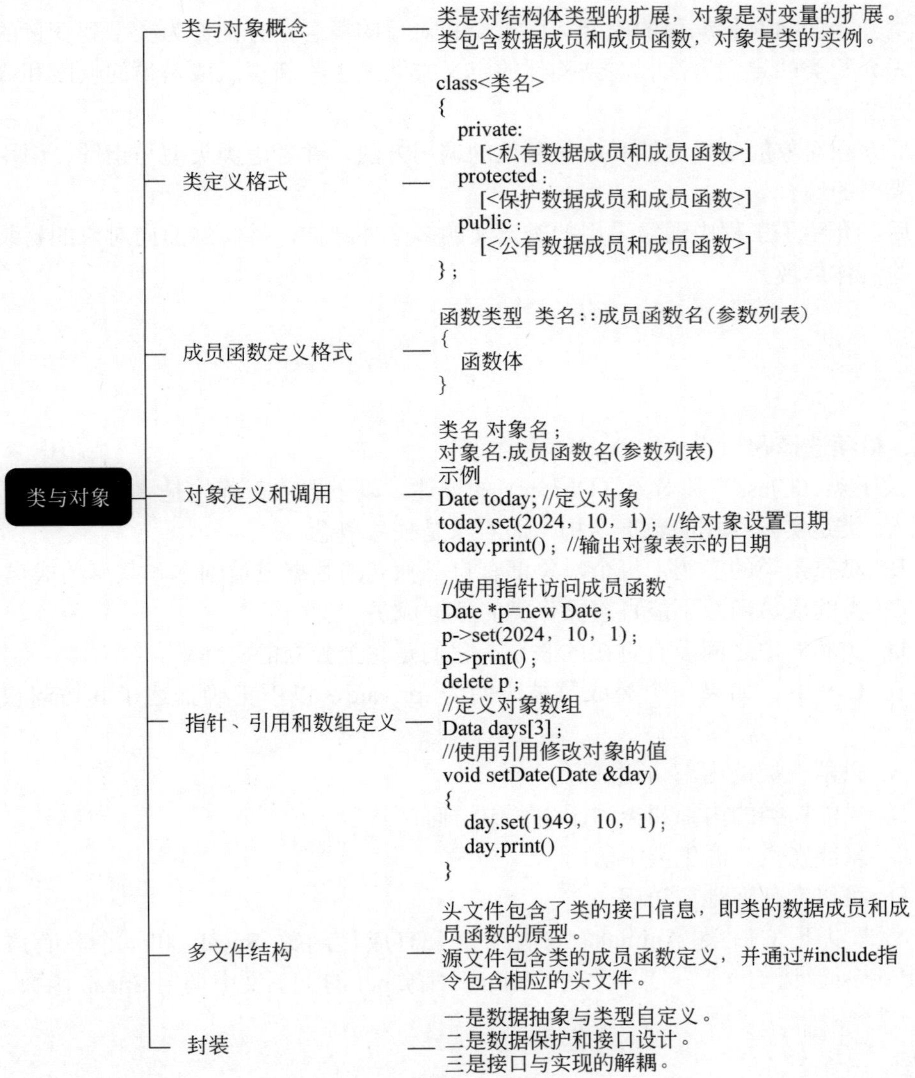

图 10-3　本章思维导图

10.6.2　思维模式

本章涉及的主要思维模式如表 10-2 所示。

表 10-2　本章主要思维模式

模　式	说　明
面向对象	函数是过程化编程的基本单元，而对象是面向对象编程的基本单元。程序由对象构成，对象是数据和功能的封装。通过定义类来刻画对象的数据和操作，然后实例化这些类来创建运行时对象
封装	封装是面向对象编程的基本特征之一，首先体现在通过自定义类整合数据成员和成员函数，其次体现在通过成员访问权限保护或公开成员，最后还体现在接口与实现的分离

10.6.3　逻辑结构

本章开始面向对象编程的内容，引入类和对象的概念，分别作为类型和变量的扩展。

首先介绍类的定义方法。在结构体的定义方法之上，新引入成员访问权限和成员函数的定义方法。

然后介绍对象的定义方法和成员函数的调用方法，并考虑类类型与指针、引用和数组等复合类型的结合。

最后，介绍了工程中通常采用的类定义的多文件结构，并总结面向对象的封装特征在实践中的具体体现。

练习

一、单项选择题

1. 关于类（Class）和对象（Object）的描述，以下选项正确的是（　　）。

   A. 类是实际存在的数据结构，而对象是抽象概念

   B. 对象是类的实例，每个对象都有自己独立的数据成员副本和共享的成员函数

   C. 类的成员函数不能直接操作类的数据成员

   D. 类和对象之间没有直接的联系，它们是完全独立的实体

2. 在 C++中，如果一个类成员被声明为 private，以下正确描述了其访问权限的是（　　）。

   A. 只能在类的内部访问

   B. 只能在类的内部和类的派生类中访问

   C. 只能在类的派生类中访问

   D. 可以在任何地方访问

3. 考虑以下 C++类 Animal，它有一个公有成员函数 Speak 和一个私有成员函数 InternalProcess。语句（　　）可以在 Animal 对象 pet 的上下文中调用 Speak 函数。

```
class Animal {
public:
    void Speak() { /* … */ }
private:
    void InternalProcess() { /* … */ }
};
```

   A. pet.InternalProcess(); //尝试调用私有成员函数

B. Speak();　　　　　　　　//没有对象调用 Speak

C. pet.Speak();　　　　　　//通过对象调用公有成员函数

D. InternalProcess(pet);　//假设 InternalProcess 是一个普通函数

4. 在 C++中，当你想要定义一个可以在多个源文件中使用的类时，以下正确的是（　　）。

A. 将类的定义放在一个头文件中，并在需要使用该类的源文件中包含这个头文件

B. 将类的定义放在一个源文件中，并在需要使用该类的源文件中复制这个定义

C. 将类的定义放在一个源文件中，并在编译时指定连接这个源文件

D. 将类的定义放在一个头文件中，并在编译时指定连接这个头文件

5. 关于面向对象编程中的封装特征，不正确的描述是（　　）。

A. 通过将所有成员设置为公有来提高访问的便利性

B. 将类的接口声明和实现细节分离，提高代码的模块化和可维护性

C. 将数据和操作这些数据的函数封装在类中，实现数据抽象与类型自定义

D. 只允许通过类的公有接口访问和修改数据成员，实现数据保护

二、填空题

1. 类成员的访问权限有_______、protected 和_______。

2. 在类定义之外定义成员函数时，需要在成员函数名之前先加上类名和_______。

3. struct 定义类型的成员默认访问权限是_______，class 定义类型的成员默认访问权限是_______。

三、程序设计题

1. 为本章中的 Date 类添加一个成员函数 isLeapYear()，用来判断给定日期中的年份是否是闰年，并在主函数中调用，验证结果是否正确。

2. 创建一个类 Point 用来表示平面上的一个点，包含数据成员 x 和 y 表示坐标，类型为 double，并包含以下成员函数。

```
void set(double a, double b);   //设置成员值
void print( );                  //输出成员值
double xOffset( );              //返回 x 的值
double yOffset( );              //返回 y 的值
double distance( );             //返回坐标到原点的距离
```

在主函数中调用每个成员函数，测试结果是否正确。

第 11 章 C++标准库

在第 10 章中探讨了类和对象的基础知识。在深入探讨自定义类型之前，本章将介绍常用的 C++标准库类型，以体验这些自定义类类型为使用者所提供的便捷之处。

C++标准库是 C++语言的一部分，提供了一组丰富的功能，用于支持各种基础的编程任务。一方面，开发者可以直接使用标准库中提供的组件和功能，而无须从头开始编写，这样可以显著减少开发时间和工作量。另一方面，标准库的类和函数经过了精心设计和广泛测试，熟悉它们也有助于开发者更好地理解 C++语言的特性。

通过本章的学习，读者将了解标准库的组织结构，掌握命名空间的用法，掌握字符串 string 类的用法，掌握动态数组 vector 的用法。

课程思政

专业精神：C++标准库的精心设计和严格规范，提醒我们对待程序设计工作要遵守规范，探索创新，态度严谨，养成专业精神。

11.1 组织结构

作为 C++ 语言标准的一部分，C++标准库（Standard Library）是一些类和函数的集合，这些类和函数也使用 C++语言写成。按照标准库中组件功能进行划分，整个库的组织结构如图 11-1 所示。

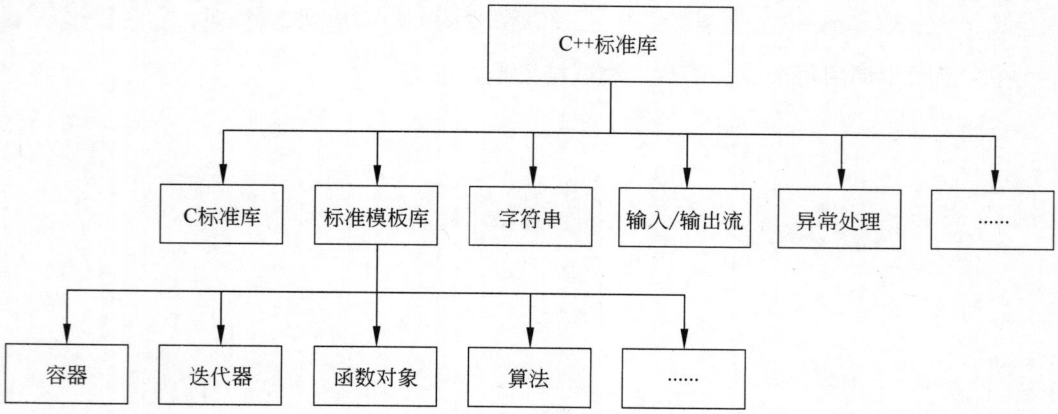

图 11-1　C++标准库的组织结构

C++标准库的每个组件都提供了一个或多个头文件，这些头文件包含该组件中类、函数、模板和其他工具的接口。要包含对应的头文件才能使用其中的功能，如调用求平方根函数 sqrt 需要包含数学头文件<cmath>。

C++支持 C 标准库，变化是去除了 C 语言头文件的后缀.h，添加了字符前缀 c。C++中的 C 标准库常用头文件如表 11-1 所示。

表 11-1　C++中的 C 标准库常用头文件

头文件	说　明
<climits>	定义了代表各种整型的最大值、最小值常量
<cmath>	声明了一组函数来计算常见的数学运算和转换，如三角函数、指数函数、幂函数等
<cstdlib>	C 标准通用工具库，如随机数、字符串转换、动态内存分配等
<cstring>	C 风格字符串操作函数，如字符串复制、比较、连接等
<ctime>	包含获取和操作日期和时间信息的函数

除了 C 标准库，其他组件是 C++语言新增的，其中最大的部分是标准模板库。本章介绍字符串类 string 和容器组件中的动态数组类 vector。另外，输入/输出流将在第 17 章中介绍，其他的组件可以根据实际编程需要自主学习。

11.2　命名空间

在大规模的程序设计中，或者在开发者使用 C++标准库和各种各样的第三方库时，为了避免标识符的命名发生冲突，C++引入了命名空间（Namespace），以更好地控制标识符的作用域。

11.2.1　标准命名空间

标准库中的所有标识符都属于同一个命名空间 std，因此，引用标准库中的名字时，需要指定所属命名空间 std。指定命名空间的方法有三种，分别见例 11-1～例 11-3。

【例 11-1】 使用 using namespace std 语句引入全部标识符。

```
#include <iostream>
using namespace std;
int main()
{
    int age;
    cin >> age;
    cout << "Age is " << age << endl;
    return 0;
}
```

【例 11-2】 为每个标识符添加前缀 std::。

```
#include <iostream>
int main()
{
```

```
    int age;
    std::cin >> age;
    std::cout << "Age is " << age << std::endl;
    return 0;
}
```

【例 11-3】 使用 using std::xxx 语句引入单个标识符。

```
#include <iostream>
using std::cin;
using std::cout;
using std::endl;
int main()
{
    int age;
    cin >> age;
    cout << "Age is " << age << endl;
    return 0;
}
```

第一种方法最便捷，但在大型项目中可能会导致命名冲突，适用于初学者练习时的小规模程序。第二种方法最烦琐，适用于只使用了极少数量标准库标识符的情况。第三种方法取两者之长，既避免了命名冲突，又保持了一定的便捷性，适合应用于中到大型的项目开发中。

11.2.2 自定义命名空间

自定义命名空间的格式如下。

```
namespace 命名空间名 {
    //命名空间内的实体声明或定义
    //可以是变量、类型、函数、模板等
}
```

使用 namespace 关键字，后跟想要定义的命名空间名称。花括号内是命名空间的作用域，所有在这个作用域内声明的实体都属于这个命名空间。

【例 11-4】 自定义命名空间。

```
#include <iostream>
using namespace std;
//命名空间定义
namespace MyCompany
{
    void function()
    {
        //函数实现
        cout << "MyCompany::function" << endl;
    }
    class MyClass
    {
        public:
```

```
            void method()
            {
                //方法实现
                cout << "MyCompany::MyClass::method" << endl;
            }
        };
    }
    int main()
    {
        //使用命名空间中的函数和类
        MyCompany::function();
        MyCompany::MyClass myObject;
        myObject.method();
        return 0;
    }
```

运行结果：

```
MyCompany::function
MyCompany::MyClass::method
```

例 11-4 定义了一个名为 MyCompany 的自定义命名空间，在 MyCompany 命名空间内定义了一个名为 function 的函数，一个名为 MyClass 的类，该类有一个名为 method 的成员函数。在主函数中，首先通过 MyCompany::function 调用了命名空间中的函数，然后创建了 MyCompany::MyClass 类的一个实例 myObject，并调用了它的 method 成员函数。

11.3　字符串 string 类

在第 7 章中，讨论了 C++如何通过字符数组来表示 C 风格的字符串，以确保与 C 语言的兼容性。除此之外，C++的标准库还提供了一个 string 类，它包含一系列成员函数，旨在简化字符串的操作。string 类封装了内存管理，并提供了一组方法来执行如字符串连接、子串提取、查找和替换等常见操作。作为一种抽象数据类型，string 类体现了面向对象编程的封装特性，相较于字符数组，它更为安全、便捷，是 C++中处理字符串的首选方法。

要使用 string 类，需要包含头文件<string>，并配合命名空间 std，例如：

```
#include <string>
using namespace std;
```

11.3.1　创建对象

【例 11-5】 创建 string 对象的方法。

```
string s1;                          //定义一个空的 string 对象
string s2("Hello World!");          //定义字符串并初始化
string s3(s2);                      //定义字符串并用另一个字符串初始化
string s4 = "Hello, World!";        //定义字符串并初始化
```

第 1 行代码定义了一个 string 类型的对象 s1，但没有提供初始值。s1 将被默认初始化为空字符串，即它不包含任何字符。

第 2 行代码定义了一个 string 类型的对象 s2，并提供字符串字面量 "Hello World!" 进行初始化。初始值通过对象后紧跟的圆括号传入，类型为 C 风格字符串。s2 现在包含文本 "Hello World!"。

第 3 行代码定义了一个 string 类型的对象 s3，并使用另一个 string 对象 s2 来初始化。初始值通过对象后紧跟的圆括号传入，类型为 string 字符串。s3 将包含与 s2 相同的字符串内容，即 "Hello World!"。

第 4 行代码定义了一个 string 类型的对象 s4，并用 C 风格字符串字面量进行赋值，完成对 s4 的初始化，可以实现与第 2 行同样的效果。

11.3.2 输入/输出

string 对象可以同基本类型变量一样，使用 cin>>进行控制台输入，使用 cout<<进行控制台输出。当进行输入时，系统会以空格、回车、换行作为读取结束的标志，因此通过提取运算符一次只能输入一个单词。

【例 11-6】 从控制台输入一个单词到 string 对象中。

```
#include <iostream>
#include <string>
using namespace std;
int main()
{
    string s1;
    cin >> s1;
    cout << "The input word is: " << s1 << endl;
    return 0;
}
```

运行结果：

```
Hello World↵
The input word is: Hello
```

从运行结果可以看出，虽然用户在控制台输入两个单词，但是只有第一个单词被保存到对象 s1 之中。

如果要输入包含多个单词的一行内容，可以使用 getline 函数。

【例 11-7】 从控制台输入一行字符串到 string 对象中。

```
#include <iostream>
#include <string>
using namespace std;
int main()
{
    string s1;
    getline(cin, s1);
    cout << "The input line is: " << s1 << endl;
    return 0;
}
```

运行结果：

```
Hello World↵
The input line is: Hello World
```

getline 函数用于从第一个参数 cin（标准输入流）读取一行文本，直到遇到换行符（通常是输入结束后按 Enter 键），并将读取的字符串存储到 s1 中。

11.3.3　常用操作

表 11-2 列出了 string 的常用操作。

表 11-2　string 的常用操作

操　　作	功　　能	示　　例
=	赋值	s1=s2;
+	连接	s1=s2+s3;
>，<，==，!=	比较	if(s1==s2);
size()，length()	返回字符串长度	s.size();
empty()	返回是否为空	s.empty();
[]	访问下标为 i 的字符	s[i];
substr()	获取子字符串	s.substr(0,5); //返回 s 中从下标 0 开始的长度为 5 的子串
find()	查找子字符串在主字符串中的位置	s.find("World");　//返回"World"在 s 中首次出现的位置， //未找到时返回−1

replace()	替换字符串中的某些字符	s.replace(0,3,"World"); //把 s 中下标从 0 开始的 3 个字符
		//替换为 World

【例 11-8】 字符串常用操作示例。

```
#include <iostream>
#include <string>
using namespace std;
int main()
{
    //定义并初始化
    string str1 = "Hello, World!";
    //赋值操作符
    string str2 = "Test string";
    str2 = str1; //使用赋值操作符进行字符串复制
    cout << "赋值后字符串: " << str2 << endl;
    //连接操作符
    string concatenated = str1 + " " + str2;
    cout << "连接后字符串: " << concatenated << endl;
    //比较操作符
    cout << "两个字符串相同? " << (str1 == str2 ? "Yes" : "No") << endl;
    cout << "str1 > str2 ? " << (str1 > str2 ? "Yes" : "No") << endl;
    //size()和 length()返回字符串长度
    cout << "str1 的长度: " << str1.size() << endl; //或者 str.length()
    //empty()检查字符串是否为空
    cout << "str1 是空的? " << (str1.empty() ? "Yes" : "No") << endl;
    //使用[]访问字符串中的字符
    cout << "str1 的第一个字符: " << str1[0] << endl;
```

```
    //substr()提取子字符串
    string sub = str1.substr(7, 5); //从索引 7 开始提取 5 个字符
    cout << "提取子串: " << sub << endl;
    //find()查找子字符串的位置
    size_t pos = str1.find("World");
    cout << "World在str1中的位置: " << pos << endl;
    //replace()替换子字符串
    string replaced = str1.replace(7, 5, "C++");
    cout << "用C++替换World后的字符串 : " << replaced << endl;
    return 0;
}
```

运行结果:

```
赋值后字符串: Hello, World!
连接后字符串: Hello, World! Hello, World!
两个字符串相同? Yes
str1 > str2 ? No
str1的长度: 13
str1是空的? No
str1的第一个字符: H
提取子串: World
World在str1中的位置: 7
用C++替换World后的字符串 : Hello, C++!
```

11.4 动态数组 vector 类

vector 是 C++标准库中的一个类模板，属于顺序容器的范畴，它代表了一个能够动态调整大小（即长度）的数组。像数组那样，一个 vector 可以包含一组同类型的对象。不同的是，vector 封装了内存管理的细节,可以自动调整大小以容纳更多元素，极大地简化了用户操作。

类模板涉及如何定义和如何使用，将在第 16 章中详细探讨如何定义自己的类模板。幸运的是，在使用类模板时，只需要掌握如何设置模板参数即可。例如，vector<int> 表示一个完整的类型，它代表了一个存储 int 类型元素的 vector。在类模板名称后的尖括号中指定类型参数，这告诉 vector 应该保存的对象类型是什么。

要使用 vector，必须包含头文件<vector>，并配合命名空间 std 的使用，例如:

```
#include <vector>
using namespace std;
```

11.4.1 创建对象

【例 11-9】 创建 vector 对象的方法。

```
vector<string> vec1;      //定义一个空的vector对象，存储string类型对象
vector<int> vec2(10);     //定义包含10个整型元素的vector对象，默认均为0
vector<int> vec3(10, 1); //定义包含10个整型元素的vector对象，均为1
```

第 1 行代码定义了一个 vector<string>类型的对象 vec1，其中元素类型为 string。此时 vec1 是空的，即元素数量为 0。

第 2 行代码创建了一个名为 vec2 的 vector 容器，它包含 10 个 int 类型的元素。由于没有提供初始化值，所以这些元素将被默认初始化，对于内置类型 int 来说，一般是 0。

第 3 行代码创建了一个名为 vec3 的 vector 容器，它包含 10 个 int 类型的元素。所有这些元素都被初始化为 1。这是通过在创建时指定元素数量和要设置的初始化值来实现的。

11.4.2　常用操作

表 11-3 列出了 vector 的常用操作。

表 11-3　vector 的常用操作

操　作	功　能	示　例
=	赋值	v1=v2;
==	是否相同	if(v1==v2);
size()	返回 vector 长度	v.size();
empty()	返回是否为空	v.empty();
[]	访问下标为 i 的元素	v[i];
push_back()	在末尾添加一个元素	v.push_back(5); //在 v 末尾添加元素 5
pop_back()	在末尾删除一个元素	v.pop_back();//在 v 末尾删除一个元素

【例 11-10】 vector 常用操作示例。

```
#include <iostream>
#include <vector>
using namespace std;
int main()
{
    //使用赋值操作符
    vector<int> vecA;
    vector<int> vecB = {1, 2, 3};
    vecA = vecB; //将 vecB 赋值给 vecA
    cout << "vecA 包含元素: ";
    for (int num : vecA) {
        cout << num << " ";
    }
    cout << endl;
    //使用比较操作符
    cout << "vecA == vecB: " << (vecA == vecB ? "true" : "false") << endl;
    //size()和 empty()
    cout << "vecA 是 " << (vecA.empty() ? "空" : "非空") << " 并且包含 " <<
vecA.size() << " 个元素." << endl;
    //使用[]访问元素
    if (!vecA.empty()) {
        cout << "vecA 的第一个元素是: " << vecA[0] << endl;
    }
    //push_back()添加元素到 vector
```

```
    vecA.push_back(4);
    cout << "添加后，vecA 包含元素：";
    for (int num : vecA) {
        cout << num << " ";
    }
    cout << endl;
    //pop_back()移除 vector 的最后一个元素
    vecA.pop_back();
    cout << "删除后，vecA 包含元素：";
    for (int num : vecA) {
        cout << num << " ";
    }
    cout << endl;
    return 0;
}
```

运行结果：

```
vecA 包含元素：1 2 3
vecA == vecB: true
vecA 是 非空 并且包含 3 个元素.
vecA 的第一个元素是：1
添加后，vecA 包含元素：1 2 3 4
删除后，vecA 包含元素：1 2 3
```

11.5 基于范围的 for 循环

在例 11-10 中，使用了一种基于范围的 for 循环语法，它允许开发者遍历容器（如数组、向量、列表等）中的所有元素，而不需要使用传统的索引方法。这种循环结构在 C++11 及以后的版本中被引入，以简化对容器元素的遍历。

基于范围的 for 循环的基本形式如下。

```
for (declaration : expression) {
    //循环体
}
```

其中的 declaration 和 expression 的含义如下。

declaration：这是循环变量的声明，每次迭代时，这个变量都会被赋予表达式中的容器的当前元素的值。

expression：这是一个容器表达式，其值必须是可以被遍历的，例如，数组、string、vector、列表等。

在例 11-10 中对 vector 对象的三次遍历输出，均使用了基于范围的 for 循环，代码更加简洁且直观。在例 11-10 中只是读容器元素的值，如果要修改容器元素的值，该如何实现？

【例 11-11】 使用基于范围的 for 循环修改容器元素的值。

```
#include <iostream>
#include <vector>
```

```
#include <string>
using namespace std;

int main()
{
    //整型数组
    int arr[] = {1, 2, 3, 4, 5};
    for (int& value : arr) {
       value *= 2; //将每个元素乘以 2
    }
    cout << "Modified array: ";
    for (int value : arr) {
       cout << value << " ";
    }
    cout << endl;

    //字符串
    string str = "Hello, World!";
    for (char& c : str) {
       c = toupper(c); //将每个字符转换为大写
    }
    cout << "Modified string: " << str << endl;

    //向量
    vector<int> vec = {10, 20, 30, 40, 50};
    for (int& num : vec) {
       num += 100; //将每个元素增加 100
    }
    cout << "Modified vector: ";
    for (int num : vec) {
       cout << num << " ";
    }
    cout << endl;

    return 0;
}
```

运行结果：

```
Modified array: 2 4 6 8 10
Modified string: HELLO, WORLD!
Modified vector: 110 120 130 140 150
```

以上程序分别定义了一个整型数组 arr、一个字符串 str 和一个整型向量 vec。然后使用基于范围的 for 循环对它们进行修改：对于整型数组，将每个元素乘以 2；对于字符串，将每个字符转换为大写；对于向量，将每个元素增加 100。最后，程序输出修改后的数组、字符串和向量的内容。

因为在 for 循环中声明的循环变量是引用类型，所以可以对容器的元素内容进行修改。

请注意，toupper 是一个标准库函数，用于将一个小写字母转换为对应的大写字母。如果参数是一个小写字母，toupper 函数会返回对应的大写字母的 ASCII 值。如果参数是大写字母或者不是字母，toupper 函数将返回参数本身。

11.6 小结

11.6.1 思维导图

本章思维导图如图 11-2 所示。

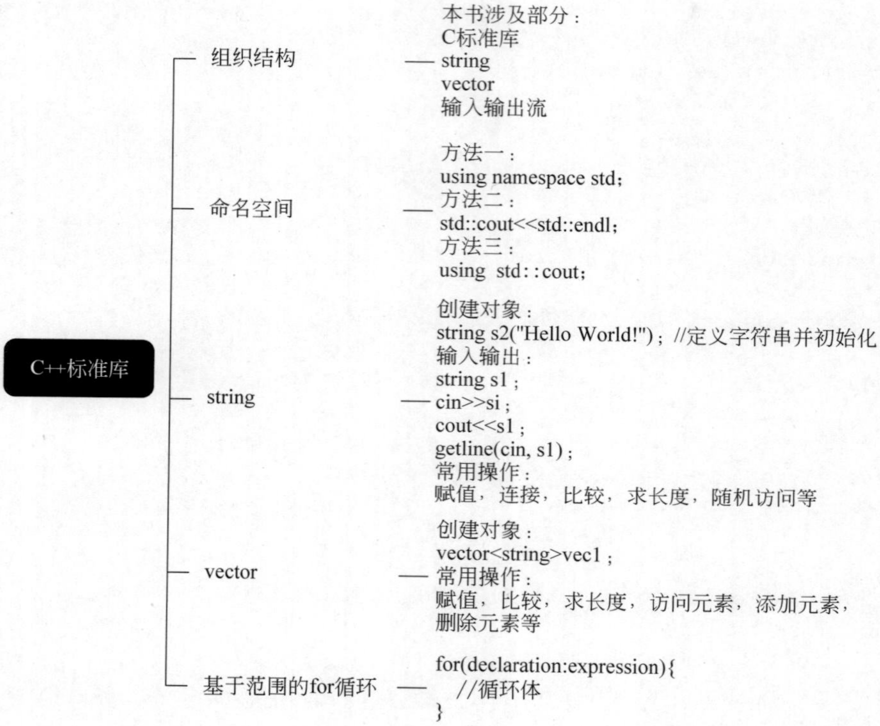

图 11-2 本章思维导图

11.6.2 思维模式

本章涉及的主要思维模式如表 11-4 所示。

表 11-4 本章主要思维模式

模 式	说 明
库是高效编程的基础	库是一组预先编写的代码集合，它们能够被不同的程序复用，以完成各种通用功能。标准库之外，还有专门用于图形处理、网络通信、机器学习等领域的库。充分利用这些库是现代软件开发中不可或缺的一环，它们使得开发者能够借助前人的经验和智慧，构建出更加强大、稳定的软件系统

11.6.3 逻辑结构

本章介绍标准库提供的类 string 和 vector，以体验自定义类型给使用者带来的便利。

首先介绍标准库的组织结构，以对其有一个整体认识。

然后引入字符串 string 类和动态数组 vector 类模板，演示对象的创建方法及常用操作的使用方法。

最后，介绍从 C++11 开始引入的基于范围的 for 循环，以简化对容器元素的遍历操作。

练习

一、单项选择题

1. 在 C++标准库中，使用计算一个数平方根的 sqrt()函数，需要包含头文件（　　）。

A. <cstring>　　B. <cmath>　　C. <cstdlib>　　D. <string>

2. 在 C++中，使用命名空间的主要目的是（　　）。

A. 提高代码的执行效率　　B. 增加代码的复杂性以便于理解

C. 避免不同库中的标识符命名冲突　　D. 限制变量和函数的作用域大小

3. 在 C++程序中，以下不正确地使用 std 命名空间内标识符的方法是（　　）。

A. std::cout << "Hello, World!" << std::endl;

B. using std::cout; using std::endl; cout << "Hello, World!" << endl;

C. using std; cout << "Hello, World!" << endl;

D. using namespace std; cout << "Hello, World!" << endl;

4. 考虑以下 C++代码片段，string str = "Hello";将 str 改为 "Hello123"的是（　　）。

A. str += 123;　　B. str.find("123");　　C. str + "123";　　D. str = str + "123";

5. 考虑以下 C++代码片段，std::vector<int> v = {1, 2, 3, 4, 5};可以用来添加一个元素到向量的末尾的是（　　）。

A. v.add(6);　　B. v.push(6);　　C. v.push_back(6);　　D. v.append(6);

二、填空题

1. 在 C++中，所有标准库的功能都包含在一个特殊的命名空间中，名称是 ________。

2. C++标准库中用来进行字符串操作的类是_______，用来表示动态数组的类模板是_______。

三、程序设计题

1. 给定由大写、小写字母和空格组成的字符串，返回最后一个单词的长度。如果不存在最后一个单词，返回 0。“单词”是指不包含空格符号的字符串。例如，s = “hello World”，那么返回的结果是 5。

样例输入：Today is a nice day

样例输出：3

2. 输入一个字符串，统计并输出其中单词的数量。单词被定义为由空格分隔的连续非空格字符序列。考虑边界情况，如空字符串、只有空格字符的字符串、连续多个空格作为分隔等。

第 12 章

构造函数

为了避免对象处于不确定状态，开发者希望在对象创建时，其所有数据成员都能被赋予合适的初始值。由于类的私有或保护成员通常不能像结构体那样直接通过初始化列表进行赋值，C++ 提供了构造函数来解决这一问题。构造函数在对象创建时自动执行，负责完成对象的初始化工作。与构造函数相对，析构函数则在对象生命周期结束时自动调用，负责执行必要的清理操作。通过构造函数和析构函数的有序调用，时间上明确界定了对象的生命周期。对象的其他非静态成员函数的调用，通常都发生在这个生命周期之内。

通过本章的学习，读者将了解构造函数和析构函数的概念，掌握构造函数和析构函数的使用，掌握构造函数初始化列表的用法，掌握拷贝构造函数的用法。

课程思政

善始善终：C++对象的生命周期管理机制，提醒我们要着眼全局，做好长远规划，培养在职业道路上始终如一的专业精神和责任感。

12.1 构造函数

构造函数（Constructor）是特殊的成员函数，只要创建对象，都会自动调用构造函数。构造函数的功能是初始化对象数据成员，即确保对象的每个数据成员都具有合适的初始值。

【例 12-1】 string 构造函数调用示例。

```
string s1;                     //定义一个空的 string 对象
string s2("Hello World!");   //定义字符串并初始化
```

第一行调用 string 的无参构造函数，创建对象 s1，无参构造函数设置 s1 内容为空。

第二行调用 string 的带参数构造函数，接收一个字符指针（C 风格字符串）作为参数，创建对象 s2，s2 的内容为参数传进来的字符串"Hello World!"。

12.1.1 无参构造函数

构造函数在形式上的特别之处是：构造函数的名字与类名相同，并且无返回值。最简单的构造函数是无参构造函数。

【例 12-2】 无参构造函数。

```
#include <iostream>
using namespace std;
```

```
//日期类定义
class Date
{
   public:
      Date();               //无参构造函数
      void print();         //输出对象表示的日期
   private:
      int year;
      int month;
      int day;
};
//构造函数
Date::Date()
{
   year = 2024;
   month = 10;
   day = 1;
}
//输出日期
void Date::print()
{
   cout << year << "-" << month << "-" << day;
}
int main()
{
   Date today;              //创建对象，自动调用无参构造函数
   today.print();
   return 0;
}
```

运行结果：

```
2024-10-1
```

以上示例为类 Date 定义了无参构造函数 Date::Date()，该函数的名字与类名相同，无返回类型（也不能是 void 类型）。在构造函数的函数体中，对 3 个数据成员依次设定为确定的值。在主函数中，第 28 行定义了 Date 的对象，系统会自动调用自定义的无参构造函数，所以程序的输出结果与构造函数的设置一致。

12.1.2　重载构造函数

和普通函数一样，构造函数也支持重载，允许一个类拥有多个构造函数，每个构造函数根据不同的参数列表来初始化对象。创建对象时，系统根据对象名后的实参自动匹配相应的重载版本。这种灵活性使得同一个类的对象可以根据不同的初始化需求来创建。

如果没有为类定义任何构造函数，编译器会自动添加一个默认构造函数。默认构造函数为无参构造函数，且函数体为空。如果类中自定义了一个或多个构造函数，编译器则不再生成默认构造函数。

构造函数还可以包含默认参数，从而允许调用者在调用时省略一些参数，使用默认值。

【例 12-3】 重载构造函数。

```
#include <iostream>
using namespace std;
//日期类定义
class Date
{
   public:
      Date();                              //无参构造函数
      Date(int y, int m, int d);           //3 个参数构造函数
      Date(int y, int m = 10);             //带默认值构造函数
      void print();                        //输出对象表示的日期
   private:
      int year;
      int month;
      int day;
};
//无参构造函数
Date::Date()
{
   year = 2024;
   month = 10;
   day = 1;
}
//3 个参数构造函数
Date::Date(int y, int m, int d)
{
   year = y;
   month = m;
   day = d;
}
//带默认值构造函数
Date::Date(int y, int m)
{
   year = y;
   month = m;
   day = 10;
}
//输出日期
void Date::print()
{
   cout << year << "-" << month << "-" << day << endl;
}
int main()
{
   Date day1;                   //调用无参构造函数
   day1.print();
   Date day2(1949, 10, 1);  //调用 3 参数构造函数
   day2.print();
   Date day3(2024);            //调用带默认值构造函数
   day3.print();
   return 0;
```

```
}
```

运行结果：

```
2024-10-1
1949-10-1
2024-10-10
```

在主函数中，首先创建 day1 对象，调用无参构造函数，其中设置固定日期为 2024-10-1，并打印出来。然后创建 day2 对象，调用带 3 个参数的构造函数，用户可传入 3 个实参，设置日期为 1949-10-1，并打印出来。最后创建 day3 对象，使用带默认参数值的构造函数（只传入年份，月份使用默认值 10），日期使用函数体中设置的 10，最终为 2024-10-10，并打印出来。

对于 Date 类来说，带 3 个参数的构造函数给用户创建对象带来高度的灵活性，允许精确地指定年、月、日，比较实用。

12.1.3　this 指针

在类的（非静态）成员函数中，编译器自动提供一个名为 this 的隐式形参，类型为所属类的指针，指向调用该函数的当前对象。用户不能重复定义 this 指针，一般情况下也不必显式使用 this 指针，但是在需要时可以直接使用 this 指针。当成员函数需要返回当前类类型的引用时，必须用到 this 指针，这种情况将在第 14 章中遇到。当函数形参与类成员重名时，也需要用到 this 指针区分参数与类成员，如例 12-4 所示。

【例 12-4】 在构造函数中使用 this 指针。

```
#include <iostream>
using namespace std;
//日期类定义
class Date
{
   public:
      Date();                                  //无参构造函数
      Date(int year, int month, int day);      //3 个参数构造函数
      void print();                            //输出对象表示的日期
   private:
      int year;
      int month;
      int day;
};
//无参构造函数
Date::Date()
{
   year = 2024;
   month = 10;
   day = 1;
}
//3 个参数构造函数
//形参与成员同名，使用 this 指针区分
Date::Date(int year, int month, int day)
```

```
{
    this->year = year;
    this->month = month;
    this->day = day;
}
//输出日期
void Date::print()
{
    cout << year << "-" << month << "-" << day << endl;
}
int main()
{
    Date day1;                  //调用无参构造函数
    day1.print();
    Date day2(1949, 10, 1);  //调用 3 个参数的构造函数
    day2.print();
    return 0;
}
```

运行结果：

```
2024-10-1
1949-10-1
```

该示例与上一个示例相似，不同之处在于去掉了带默认值的构造函数。在带参数的构造函数中，由于函数形参（year、month、day）与类的数据成员同名，因此使用了 this 指针来区分两者。在无参构造函数中，表达式 year = 2024 等价于 this->year = 2024，即对数据成员的访问隐式添加了 this 指针，一般不需要显式添加。

12.2 析构函数

析构函数（Destructor）也是特殊的成员函数，当对象生命周期结束时，会自动调用析构函数。析构函数的功能是释放数据成员所拥有的资源，如堆内存。

析构函数形式的特点是：析构函数的名字由类名前面加上符号~构成，无返回值，并且无参数，如 Date::~Date()。因此，每个类的析构函数只能有一个。

12.2.1 调用顺序

对于在栈区或全局区创建的对象，对象的构造函数按照它们被定义的顺序调用；与构造函数相反，对象的析构函数按照它们定义的逆序调用。对于在堆区创建的对象，执行 new 时调用构造函数，执行 delete 时调用析构函数。

【例 12-5】 对象构造函数和析构函数的调用次序。

```
#include <iostream>
using namespace std;
//日期类定义
class Date
{
```

```
    public:
        Date(int y, int m, int d); //3 个参数构造函数
        ~Date(); //析构函数
        void print(); //输出对象表示的日期
    private:
        int year;
        int month;
        int day;
};
//3 个参数构造函数
Date::Date(int y, int m, int d)
{
    year = y;
    month = m;
    day = d;
    cout << "Constructor: ";
    print();
}
//析构函数
Date::~Date()
{
    cout << "Destructor: ";
    print();
}
//输出对象表示的日期
void Date::print()
{
    cout << year << "-" << month << "-" << day << endl;
}
Date day1(2024, 10, 1);                  //全局对象
int main()
{
    cout << "Enter the main function" << endl;
    Date day2(2024, 10, 2);              //局部对象 1
    Date *day3 = new Date(2024, 10, 3);  //分配堆对象
    delete day3;                         //释放堆对象
    Date day4(2024, 10, 4);              //局部对象 2
    cout << "Exit the main function" << endl;
    return 0;
}
```

运行结果：

```
Constructor: 2024-10-1
Enter the main function
Constructor: 2024-10-2
Constructor: 2024-10-3
Destructor: 2024-10-3
Constructor: 2024-10-4
Exit the main function
Destructor: 2024-10-4
```

```
Destructor: 2024-10-2
Destructor: 2024-10-1
```

程序开始，全局对象 day1 被创建，调用其构造函数，在构造函数中打印日期。进入主函数，局部对象 day2 被创建，调用其构造函数，并打印日期。在堆上使用 new 分配内存，并创建对象 day3，调用其构造函数，并打印日期。紧接着，使用 delete 操作符释放 day3 指向的对象，调用其析构函数，并打印日期。局部对象 day4 被创建，调用其构造函数，并打印日期。主函数结束时，局部对象 day4 和 day2 的析构函数依次被调用，并打印日期和析构信息。程序结束时，全局对象 day1 的析构函数被调用，并打印日期和析构信息。

> 思考题
>
> 主函数一定是程序执行的第一个函数吗？

12.2.2 自定义析构函数

对于许多类来说，即使它们拥有自定义的构造函数，也不一定需要定义自定义的析构函数。实际上，只有当存在特定的清理工作需要在对象生命周期结束前完成时，才有必要引入析构函数。一个典型的例子是，当对象的数据成员分配了堆内存资源，需要在析构函数中释放这些资源以避免内存泄漏。

【例 12-6】 自定义析构函数。

```
#include <iostream>
#include <cstring>
using namespace std;
//简化字符串类
class MyString
{
   public:
      //使用C风格的字符串进行初始化，默认为空字符串
      MyString(const char *str = NULL);
      ~MyString(); //析构函数，释放动态分配的内存
      int size();  //返回字符串的长度
   private:
      char *data;  //用于存储字符串的动态内存
};
//使用C风格的字符串进行初始化，默认为空字符串
MyString::MyString(const char *str)
{
   if (str) {
      data = new char[strlen(str) + 1];
      strcpy(data, str);
   } else {
      data = new char[1];
      *data = '\0'; //初始化为空字符串
   }
}
//析构函数，释放动态分配的内存
MyString::~MyString()
```

```
{
    delete[] data;
}
//返回字符串的长度
int MyString::size()
{
    return strlen(data);
}
int main()
{
    MyString str("Hello, World!");
    cout << "The size of the string is: " << str.size() << endl;
    return 0;
}
```

运行结果：

```
The size of the string is: 13
```

本例模仿第 11 章介绍的标准库 string 类的功能和接口，定义了一个简单的字符串类 MyString。目前提供了构造函数、析构函数和返回字符串长度 3 个成员函数，详细解释如下。

（1）构造函数。接收一个 const char*类型的参数，如果提供了字符串，它将复制这个字符串到动态分配的内存中。如果没有提供字符串（即 NULL），它将分配一个足够存储空字符串（'\0'）的内存。

（2）析构函数。当 MyString 对象的生命周期结束时，析构函数被调用，释放 data 指针指向的堆内存。

（3）size 函数。返回字符串的长度，使用 C 标准库中的 strlen 函数来计算。

（4）main 函数。演示如何创建 MyString 对象，并输出其长度。

12.3　构造函数初始化列表

与普通函数相比，除了函数名称和返回类型的要求，构造函数还有一个特别之处：构造函数可以包含一个构造函数初始化列表。

构造函数初始化列表以一个冒号开始，接着是一个以逗号分隔的数据成员列表，每个数据成员后面跟一个放在圆括号中的初始化式。例如，Date 类的 3 个参数构造函数可以重构如下。

```
//3 个参数构造函数
Date::Date(int y, int m, int d): year(y), month(m), day(d)
{
}
```

12.3.1　必要性

构造函数初始化列表允许开发者在构造函数的函数体执行之前初始化成员变量。这在初始化某些类型的成员时是必要的，如没有默认构造函数的对象成员、常量成员或引用成员。

【例 12-7】 必须使用构造初始化列表的情况示例。

```
#include <iostream>
using namespace std;
//日期类定义，自定义了构造函数，则系统原有的默认构造函数（即无参构造函数）不再生效
class Date
{
    public:
        Date(int y, int m, int d);    //3 个参数构造函数
        void print();                 //输出对象表示的日期
    private:
        int year;
        int month;
        int day;
};
//3 个参数构造函数
Date::Date(int y, int m, int d): year(y), month(m), day(d)
{
}
//输出日期
void Date::print()
{
    cout << year << "-" << month << "-" << day << endl;
}
class MyClass
{
    public:
        MyClass(int y, int m, int d, double c, string &s);
    private:
        Date day;                   //Data 类具有形参的构造函数
        const double constValue; //常量成员
        string &strRef;             //引用成员
};
//构造函数初始化列表
MyClass::MyClass(int y, int m, int d, double c, string &s):
    day(y, m, d), constValue(c), strRef(s)
{
    //构造函数体可以包含其他逻辑
    day.print();
    cout << constValue << endl;
    cout << strRef << endl;
}
int main()
{
    string myString = "Hello, World!";
    MyClass myObject(2024, 10, 1, 3.14159, myString);
    return 0;
}
```

运行结果：

```
2024-10-1
3.14159
Hello, World!
```

本例定义了 Date 类，只提供一个有 3 个参数的构造函数，故意去掉了默认构造函数。在 MyClass 类中，包含一个 Date 类的成员 day，要顺利初始化 day 成员（不使用拷贝构造函数或赋值运算符），需要用到构造函数初始化列表。MyClass 另外的常量成员和引用成员，都是只能初始化一次，不能再赋值，也只能在构造函数初始化列表中完成，不能放在构造函数的函数体中。

12.3.2 对象构造顺序

在 C++中，对象的成员可以是其他对象，这种多级嵌套的对象结构是面向对象编程中的常见情况。由于构造函数和析构函数是自动调用的，为了理解其调用时机，下面给出决定对象构造和析构顺序的基本原则。

（1）先构造成员，后构造自身。当一个对象被创建时，其成员变量的构造函数首先被调用，之后才是对象本身的构造函数的函数体执行。这一原则将递归应用。这确保了成员变量在使用前已经被正确初始化。如果必要，可以使用构造函数初始化列表。

（2）多个成员以声明顺序构造。如果类中有多个成员变量，它们的构造顺序与它们在类声明中的顺序一致。如果使用了构造函数初始化列表，列表中的成员顺序与对象构造顺序无关。

（3）析构顺序与构造顺序相反。对象的析构函数在对象生命周期结束时被调用，其执行顺序与构造函数的调用顺序相反。

【例 12-8】 对象构造顺序示例。

```
#include <iostream>
#include <cstring>
using namespace std;
//简化字符串类
class MyString
{
    public:
        //使用 C 风格的字符串进行初始化，默认为空字符串
        MyString(const char *str = NULL);
        ~MyString(); //析构函数，释放动态分配的内存
    private:
        char *data;   //用于存储字符串的动态内存
};
//使用 C 风格的字符串进行初始化，默认为空字符串
MyString::MyString(const char *str)
{
    if (str) {
        data = new char[strlen(str) + 1];
        strcpy(data, str);
    } else {
```

```
        data = new char[1];
        *data = '\0';     //初始化为空字符串
    }
    cout << "MyString Constructor: " << data << endl;
}
//析构函数，释放动态分配的内存
MyString::~MyString()
{
    cout << "MyString Destructor: " << data << endl;
    delete[] data;
}
class Student
{
    public:
        Student(const char *i, const char *n, int a);
        ~Student();
    private:
        MyString id;
        MyString name;
        int age;
};
Student::Student(const char *i, const char *n, int a):
    name(n), id(i), age(a)
{
    cout << "Student Constructor: " << age << endl;
}
Student::~Student()
{
    cout << "Student Destructor: " << age << endl;
}
int main()
{
    Student s("04242001", "李伟", 18);
    return 0;
}
```

运行结果：

```
MyString Constructor: 04242001
MyString Constructor: 李伟
Student Constructor: 18
Student Destructor: 18
MyString Destructor: 李伟
MyString Destructor: 04242001
```

MyString 类是一个简化的字符串类，用于封装 C 风格的字符串。在 MyString 构造函数和析构函数中分别输出当前对象信息，以便观察调用次序。

Student 类用于表示学生，成员包括学号、姓名和年龄，学号和姓名都是 MyString 类型。在主函数中定义了一个 Student 对象，从输出结果可以判断，先调用了 Student 类成员学号和姓名的构造函数，然后调用了 Student 类的构造函数的函数体。虽然 Student 类构造函数初始化列表中把姓名放在最前，但不影响成员学号和姓名的构造次序。最后，析构函数以构造函数相反的顺序被调用。

12.4　拷贝构造函数

拷贝构造函数是一种特殊的构造函数，它只有一个形参，该形参是对本类型对象的引用（常用 const 修饰）。拷贝构造函数被自动调用的主要场景有：用一个同类型的对象给另一个对象初始化，对象作为函数参数时，对象作为函数返回值时。

12.4.1　默认拷贝构造函数

如果未定义拷贝构造函数，编译器会生成一个默认拷贝构造函数。默认拷贝构造函数的行为是逐个成员复制，将新对象初始化为原对象的副本。这种方式称为浅拷贝，浅拷贝在大多数情况下是足够的。但是，当对象成员拥有堆内存资源时，浅拷贝只能复制指针，并未复制指针指向的堆内存，会导致两个对象共享相同的资源而出现异常。

【例 12-9】 浅拷贝的问题。

```
#include <iostream>
#include <cstring>
using namespace std;
//简化字符串类
class MyString
{
   public:
      //使用 C 风格的字符串进行初始化，默认为空字符串
      MyString(const char *str = NULL);
      ~MyString();       //析构函数，释放动态分配的内存
      int size();        //返回字符串的长度
   private:
      char *data;        //用于存储字符串的动态内存
};
//使用 C 风格的字符串进行初始化，默认为空字符串
MyString::MyString(const char *str)
{
   if (str) {
      data = new char[strlen(str) + 1];
      strcpy(data, str);
   } else {
      data = new char[1];
      *data = '\0';      //初始化为空字符串
   }
   cout << "MyString Constructor: " << data << endl;
}
//析构函数，释放动态分配的内存
MyString::~MyString()
{
   cout << "MyString Destructor: " << data << endl;
   delete[] data;
}
```

```
//返回字符串的长度
int MyString::size()
{
   return strlen(data);
}
int main()
{
   MyString str("Hello, World!");
   cout << "The size of the string is: " << str.size() << endl;
   {
      //调用拷贝构造函数，用一个同类型对象给另一个对象初始化
      MyString str2(str);
   }
   cout << "The size of the string is: " << str.size() << endl;
   return 0;
}
```

运行结果（每次运行时，第 4 行和第 5 行的内容可能会有变化）：

```
MyString Constructor: Hello, World!
The size of the string is: 13
MyString Destructor: Hello, World!
The size of the string is: 5
MyString Destructor: 0
```

本例中的 MyString 类未提供拷贝构造函数，将使用编译器提供的默认拷贝构造函数。在 main 函数中，首先创建了一个 MyString 对象 str，并使用字符串 "Hello, World!" 初始化。然后输出 str 的大小，此时的输出是正常的。接下来，进入一个局部作用域，使用已存在的对象 str 调用默认拷贝构造函数创建了一个新的 MyString 对象 str2。这将导致 str2 和 str 共享相同的内存。局部作用域结束时，str2 的析构函数被调用，释放了它所指向的内存。但因为 str2 和 str 共享内存，这会导致 str 在尝试访问已释放的内存时出现未定义行为。最后，再次输出 str 的大小。由于 str2 的析构已经释放了内存，这里实际访问的是未定义的内存，当调用 str 的 size 函数或析构 str 对象时，出现了异常输出。

12.4.2 自定义拷贝构造函数

当默认拷贝构造函数不能胜任时，可以自定义拷贝构造函数实现深拷贝。例如，当对象成员拥有堆内存时，可以通过自定义拷贝构造函数确保每个对象都拥有自己的资源副本，从而使两者相互独立。

一般情况下，当一个类需要自定义析构函数时，往往也需要自定义拷贝构造函数。

【例 12-10】 自定义拷贝构造函数。

```
#include <iostream>
#include <cstring>
using namespace std;
//简化字符串类
class MyString
{
   public:
```

```
        //使用 C 风格的字符串进行初始化，默认为空字符串
        MyString(const char *str = NULL);
        //自定义拷贝构造函数
        MyString(const MyString &str);
        ~MyString(); //析构函数，释放动态分配的内存
        int size();  //返回字符串的长度
    private:
        char *data;  //用于存储字符串的动态内存
};
//使用 C 风格的字符串进行初始化，默认为空字符串
MyString::MyString(const char *str)
{
    if (str) {
        data = new char[strlen(str) + 1];
        strcpy(data, str);
    } else {
        data = new char[1];
        *data = '\0'; //初始化为空字符串
    }
    cout << "MyString Constructor: " << data << endl;
}
//自定义拷贝构造函数
MyString::MyString(const MyString &str)
{
    data = new char[strlen(str.data) + 1];
    strcpy(data, str.data);
    cout << "MyString Copy Constructor: " << data << endl;
}
//析构函数，释放动态分配的内存
MyString::~MyString()
{
    cout << "MyString Destructor: " << data << endl;
    delete[] data;
}
//返回字符串的长度
int MyString::size()
{
    return strlen(data);
}
int main()
{
    MyString str("Hello, World!");
    cout << "The size of the string is: " << str.size() << endl;
    {
        //调用拷贝构造函数，用一个同类型对象给另一个对象初始化
        MyString str2(str);
    }
    cout << "The size of the string is: " << str.size() << endl;
    return 0;
}
```

运行结果：

```
MyString Constructor: Hello, World!
The size of the string is: 13
MyString Copy Constructor: Hello, World!
MyString Destructor: Hello, World!
The size of the string is: 13
MyString Destructor: Hello, World!
```

在例 12-9 的基础上，本例为 MyString 类提供了自定义拷贝构造函数，实现深拷贝。在 main 函数中，首先创建了一个 MyString 对象 str，并使用字符串“Hello, World!”初始化。然后输出 str 的大小，此时的输出是正常的。接下来，进入一个局部作用域，使用已存在的对象 str 调用自定义拷贝构造函数创建了一个新的 MyString 对象 str2。str2 和 str 指向不同的堆内存单元，但存储着相同的字符串内容。局部作用域结束时，str2 的析构函数被调用，释放了它所指向的内存。因为 str2 和 str 相互独立，并不影响 str 指向的内存。最后，再次输出 str 的大小，仍然可以得到正确的输出结果。

12.5 综合应用

在第 9 章综合应用“图书管理系统”基础上，通过类的封装、标准库工具类 string 和 vector 的使用、多文件结构的采用，重构图书管理系统。

12.5.1 图书管理系统 V2 分析

【例 12-11】 设计简单的图书管理系统，实现图书添加、显示图书列表、图书排序、图书查找、图书借阅和图书归还功能，并提供系统交互菜单。

系统分析：

（1）主菜单的实现。主菜单的多次交互需要使用循环，这里选择 do-while 循环结构，方便根据用户输入判断是否继续循环。根据用户的选择，执行相应的操作，如添加图书、显示图书列表、排序图书、借阅图书或归还图书。菜单选择使用 switch-case 分支结构，以支持多路分支。

（2）图书的表示。创建 Book 类表示图书，数据成员包括图书名称、作者、ISBN、价格和状态。成员函数包含构造函数、输出函数、各数据成员的 get 和 set 方法。

（3）系统的表示。创建 Library 类表示图书管理系统。数据成员主要是图书的数组，使用 vector 表示。成员函数包括构造函数、添加图书、显示图书列表、图书排序、借阅图书、归还图书等。

（4）退出机制和异常处理。用户输入特定数字时退出程序，如数字 0。如果用户输入了无效的选择（即不为 0～5），程序会提示用户重新选择。

12.5.2 图书管理系统 V2 实现

项目包含 5 个文件，如图 12-1 所示。

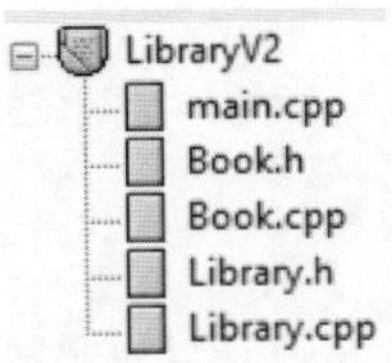

图 12-1　项目结构图

main.cpp：

```
#include <iostream>
#include "Book.h"
#include "Library.h"
using namespace std;
//主函数
int main()
{
    Library library;
    int choice;
    do {
        //显示主菜单
        cout << "================================\n";
        cout << "1. 添加图书信息\n";
        cout << "2. 显示所有图书列表\n";
        cout << "3. 图书排序\n";
        cout << "4. 借阅图书\n";
        cout << "5. 归还图书\n";
        cout << "0. 退出系统\n";
        cout << "================================\n";
        cout << "请选择操作: ";
        string isbn;
        cin >> choice;
        switch (choice) {
            case 1: {
                //输入图书信息，创建对象，添加到数组，并显示列表
                cout << "请依次输入图书名称、作者、ISBN、价格和状态: \n";
                string title, author, isbn;
                double price;
                bool status;
                cin >> title;
                cin >> author;
                cin >> isbn;
                cin >> price;
                cin >> status;
                Book book(title, author, isbn, price, status);
                library.addBook(book);
                library.showBooks();
                break;
            }
            case 2:         //显示所有图书列表
                library.showBooks();
```

```
            break;
        case 3:        //根据 ISBN 对图书进行排序，并显示排序后的列表
            library.sortByISBN();
            library.showBooks();
            break;
        case 4:        //提示用户输入要借阅的图书 ISBN，然后进行借阅
            cout << "请输入要借图书 ISBN: ";
            cin >> isbn;
            library.borrowBook(isbn);
            break;
        case 5:        //提示用户输入要归还的图书 ISBN，然后进行归还
            cout << "请输入要还图书 ISBN: ";
            cin >> isbn;
            library.returnBook(isbn);
            break;
        case 0:        //如果用户选择退出系统，则输出退出消息并结束程序
            cout << "系统已退出。" << endl;
            return 0;
        default:       //如果用户输入了无效的选择，则提示用户重新选择
            cout << "输入有误，请重新选择操作\n";
        }
    } while (choice != 0);   //如果用户没有选择退出系统，则继续循环
    return 0;
}
```

Book.h:

```
#ifndef BOOK_H
#define BOOK_H
#include <string>
using namespace std;
class Book
{
    public:
        //构造函数
        Book(string title, string author, string isbn, double price, bool
status);
        void print();              //输出图书信息
        string getISBN();          //返回图书 ISBN
        bool getStatus();          //返回图书状态
        void setStatus(bool s);    //修改图书状态
    private:
        string title;              //图书的标题
        string author;             //图书的作者
        string isbn;               //图书的 ISBN
        double price;              //图书的价格
        bool status;          //图书的状态，true 表示在库中，false 表示已被借出
};
#endif
```

Book.cpp:

```
#include <iostream>
#include <iomanip>
#include "Book.h"
//构造函数
Book::Book(string title, string author, string isbn, double price, bool
status):
    title(title), author(author), isbn(isbn), price(price), status(status)
{
}
//输出图书信息
void Book::print()
{
    cout << setw(20) << title;
    cout << setw(10) << author;
    cout << setw(15) << isbn;
    cout << setw(10) << price;
    cout << setw(5) << status;
    cout << endl;
}
//返回图书 ISBN
string Book::getISBN()
{
    return isbn;
}
//返回图书状态
bool Book::getStatus()
{
    return status;
}
//修改图书状态
void Book::setStatus(bool s)
{
    status = s;
}
```

Library.h：

```
#ifndef LIBRARY_H
#define LIBRARY_H
#include <vector>
#include "Book.h"
class Library
{
    public:
        Library();
        void addBook(const Book &book);       //添加图书
        void showBooks();                     //显示图书列表
        void sortByISBN();                    //根据 ISBN 进行排序
        //根据 ISBN 查找图书
        bool findBookByISBN(const string isbn, int &index);
        bool borrowBook(const string isbn);   //借阅图书
        bool returnBook(const string isbn);   //归还图书
```

```
    private:
        vector<Book> books; //图书数组
};
#endif
```

Library.cpp:

```
#include "Library.h"
#include <iostream>
#include <iomanip>
using namespace std;
Library::Library()
{
    //默认添加两本图书信息
    Book book1("人工智能通识教程", "王万良", "9787302560470", 49.8, true);
    addBook(book1);
    Book book2("操作系统", "罗宇", "9787121365805", 52, true);
    addBook(book2);
}
void Library::addBook(const Book &book)
{
    books.push_back(book);
}
//显示图书列表
void Library::showBooks()
{
    cout << "全部图书列表:" << endl;
    //输出标题行
    cout << setw(20) << "书名";
    cout << setw(10) << "作者";
    cout << setw(15) << "ISBN";
    cout << setw(10) << "价格";
    cout << setw(5) << "状态";
    cout << endl;
    for (size_t i = 0; i < books.size(); i++) {
        books[i].print();
    }
}
//根据 ISBN 进行排序
void Library::sortByISBN()
{
    //外层循环控制排序的轮数，这里使用的是冒泡排序算法
    for (size_t pass = 1; pass < books.size(); pass++) {
        //内层循环进行实际的比较和交换操作
        for (size_t i = 0; i < books.size() - pass; i++) {
            //如果当前图书的 ISBN 大于下本书的 ISBN，则交换
            if (books[i].getISBN() > books[i + 1].getISBN()) {
                //交换 books[i]和 books[i+1]
                Book temp = books[i];
                books[i] = books[i + 1];
                books[i + 1] = temp;
            }
```

```
        }
    }
}
//根据 ISBN 查找图书
bool Library::findBookByISBN(const string isbn, int &index)
{
    //遍历图书数组，查找匹配的 ISBN
    for (size_t i = 0; i < books.size(); i++) {
        //如果找到了匹配的 ISBN，记录图书下标，并返回 true
        if (books[i].getISBN() == isbn) {
            index = i;
            return true;
        }
    }
    //如果遍历完数组都没有找到匹配的 ISBN，则返回 false
    return false;
}
//借阅图书
bool Library::borrowBook(const string isbn)
{
    //声明一个索引变量
    int index;
    //调用 findBookByISBN 函数查找 ISBN 对应的图书，并记录索引
    if (findBookByISBN(isbn, index)) {
        if (books[index].getStatus()) {         //如果图书在库中
            books[index].setStatus(false);      //借出图书
            cout << "借阅成功！" << isbn << endl;
            return true;
        } else { //如果图书已借出
            cout << "图书已借出。" << endl;
        }
    } else { //如果图书不存在
        cout << "图书不存在。" << endl;
    }
    //返回 false 表示图书已借出或图书不存在
    return false;
}
//归还图书
bool Library::returnBook(const string isbn)
{
    int index;
    //调用 findBookByISBN 函数查找 ISBN 对应的图书，并记录索引
    if (findBookByISBN(isbn, index)) {
        if (!books[index].getStatus()) {        //如果图书已借出
            books[index].setStatus(true);       //归还图书
            cout << "归还成功！" << isbn << endl;
            return true;
        } else {
            cout << "图书未借出。" << endl;
        }
    } else { //如果图书不存在
```

```
        cout << "图书不存在。" << endl;
    }
    //返回 false 表示图书未借出或图书不存在
    return false;
}
```

12.5.3 图书管理系统 V2 运行

以下为根据用户选择进行交互的某次运行结果。

```
================================
1. 添加图书信息
2. 显示所有图书列表
3. 图书排序
4. 借阅图书
5. 归还图书
0. 退出系统
================================
请选择操作：2
全部图书列表：
          书名      作者              ISBN      价格  状态
    人工智能通识教程    王万良  9787302560470      49.8     1
            操作系统      罗宇  9787121365805        52     1
================================
1. 添加图书信息
2. 显示所有图书列表
3. 图书排序
4. 借阅图书
5. 归还图书
0. 退出系统
================================
请选择操作：3
全部图书列表：
          书名      作者              ISBN      价格  状态
            操作系统      罗宇  9787121365805      52      1
    人工智能通识教程    王万良  9787302560470      49.8    1
================================
1. 添加图书信息
2. 显示所有图书列表
3. 图书排序
4. 借阅图书
5. 归还图书
0. 退出系统
================================
请选择操作：4
请输入要借图书 ISBN：9787121365805
借阅成功！9787121365805
================================
1. 添加图书信息
2. 显示所有图书列表
3. 图书排序
```

```
4．借阅图书
5．归还图书
0．退出系统
=================================
请选择操作：5
请输入要还图书 ISBN：9787121365805
归还成功！9787121365805
=================================
1．添加图书信息
2．显示所有图书列表
3．图书排序
4．借阅图书
5．归还图书
0．退出系统
=================================
请选择操作：0
系统已退出。
```

12.6　小结

12.6.1　思维导图

本章思维导图如图 12-2 所示。

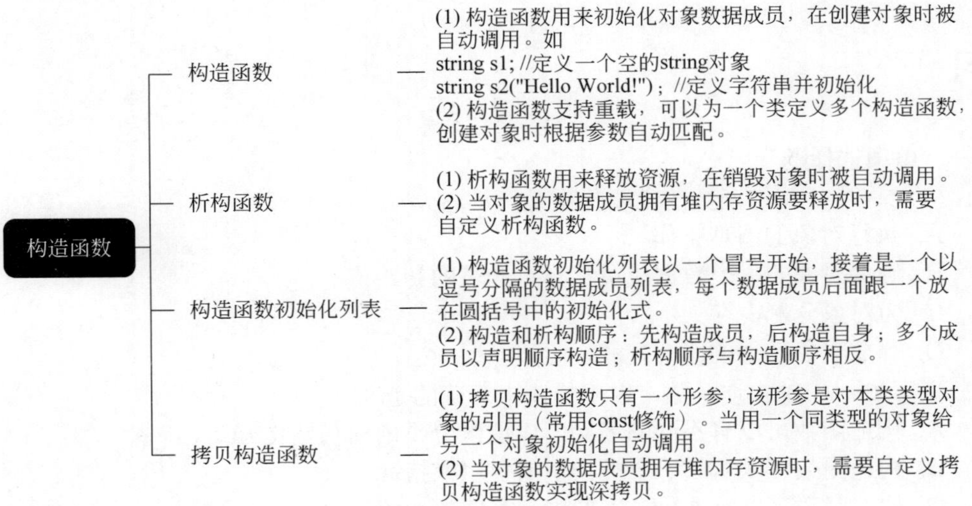

图 12-2　本章思维导图

12.6.2　思维模式

本章涉及的主要思维模式如表 12-1 所示。

表 12-1 本章主要思维模式

模　　式	说　　明
对象生命周期	初始化对于基本数据类型、数组、指针、引用以及结构体变量至关重要，对象的初始化也同样如此。因此，构造函数被专门设计来处理对象创建时的初始化任务。相应地，析构函数则负责在对象销毁时执行清理工作。这两个函数都自动被调用，共同界定了对象的生命周期
资源管理	当对象涉及系统资源管理，如像堆内存这样的资源时，自定义拷贝构造函数变得尤为重要。通过实现深拷贝，可以避免浅拷贝可能引发的问题，确保每个对象都拥有独立的资源副本。同样，自定义析构函数也是必不可少的，它确保在对象生命周期结束时能够释放分配的系统资源，从而防止资源浪费

12.6.3 逻辑结构

本章聚焦对象的初始化和销毁问题，引入了构造函数和析构函数的概念，并着重讨论了它们的调用顺序。

首先，介绍了构造函数的定义，包括无参数构造函数和重载构造函数，并解释了 this 指针在其中的作用。接着，讨论了析构函数的定义、调用顺序，并指出了在哪些情况下需要自定义析构函数。

其次，深入探讨了构造函数的初始化列表，这一机制确保了成员构造函数与对象构造函数调用次序的问题。

最后，介绍了一种特殊的构造函数——拷贝构造函数，并结合实际案例展示了本章所学知识点的综合应用。

练习

一、单项选择题

1. 在 C++中，构造函数的主要作用是（　　）。
   A. 执行对象的清理工作
   B. 确保对象的每个数据成员都具有合适的初始值
   C. 为对象分配内存
   D. 释放对象使用的所有资源
2. 关于 C++中的构造函数，以下描述中正确的是（　　）。
   A. 构造函数可以有不同的名字，以便区分不同的初始化方式
   B. 构造函数可以返回一个类类型的引用或指针
   C. 构造函数可以有参数，以便进行不同的初始化
   D. 构造函数不是类的成员函数
3. 在 C++中关于构造函数的说法，以下描述中正确的是（　　）。
   A. 构造函数不支持重载，每个类只能有一个构造函数
   B. 如果类中定义了自定义构造函数，编译器仍然会生成一个默认构造函数
   C. 构造函数可以被重载，允许存在多个构造函数以适应不同的初始化需求
   D. 默认构造函数只有一个参数
4. 关于 C++中的析构函数，以下描述中正确的是（　　）。

A. 析构函数可以有返回值
B. 析构函数可以重载，允许有多个析构函数
C. 析构函数名由类名前面加上符号~构成，无返回值，并且无参数
D. 析构函数的主要功能是分配内存资源

5. 在 C++中，对于栈上和全局对象的生命周期管理，以下描述中正确的是（　　）。
A. 构造函数和析构函数都是按照对象被定义的顺序调用
B. 构造函数按照对象被定义的顺序调用，析构函数按照它们被定义的逆序调用
C. 构造函数和析构函数都是按照它们被定义的逆序调用
D. 构造函数的调用不可能先于主函数的调用

6. 在 C++中，构造函数初始化列表的作用是（　　）。
A. 用于在构造函数体中调用其他成员函数
B. 用于在构造函数体执行前初始化成员变量
C. 用于在构造函数之后初始化静态成员变量
D. 用于在析构函数中清理资源

7. 在 C++中，可以不通过构造函数初始化列表进行初始化的成员有（　　）。
A. 没有默认构造函数的对象成员　　B. 常量成员
C. 引用成员　　D. 普通的基本类型成员

8. 在 C++中，拷贝构造函数的主要调用场景包括以下（　　）。
A. 类对象的动态内存分配　　B. 类对象的堆上创建
C. 类对象作为函数参数或返回值　　D. 类对象的静态成员初始化

9. 在 C++中，如果一个类没有显式定义拷贝构造函数，以下描述中正确的是（　　）。
A. 编译器不会为该类生成拷贝构造函数
B. 编译器生成的默认拷贝构造函数会执行深拷贝
C. 编译器生成的默认拷贝构造函数执行的是浅拷贝，可能在复制包含动态分配内存的成员时导致问题
D. 拷贝构造函数的默认行为是复制对象的所有成员，但不包括指针成员

10. 在 C++中，考虑一个包含多个成员变量的类，这些成员变量的构造和析构顺序是如何决定的？（　　）
A. 成员变量的构造和析构顺序是随机的
B. 成员变量先于对象本身构造，析构顺序与构造顺序相同
C. 成员变量的构造顺序与它们在类声明中的顺序一致，析构顺序与构造顺序相反
D. 构造顺序与成员变量在类构造函数初始化列表中的顺序有关

二、填空题

1. 在 C++中，当创建一个类的对象时，首先会自动调用该对象的________来初始化对象的状态。当对象的生命周期结束时，会自动调用该对象的________来执行清理工作。

2. 对于类中的常量成员和引用成员，不能在构造函数的函数体中赋值，必须使用________进行初始化。

3. 如果开发者没有为 C++类定义自定义的拷贝构造函数，编译器将自动生成一个默认拷贝构造函数，该函数会逐个成员地复制已有对象的成员来初始化新对象，这种方式称为________。

三、程序设计题

1. 根据下面给出的日期类 Date 的定义和注释，实现各个成员函数，并在主函数中调用每个成员函数。

```
class Date
{
    public:
        Date(int y, int m, int d);    //三个参数的构造函数
        Date(const Date& d);          //拷贝构造函数
        void print();                 //输出 YYYY-MM-DD
        //获取年、月、日
        int getYear();
        int getMonth();
        int getDay();
        //设置年、月、日
        void setYear(int y);
        void setMonth(int y);
        void setDay(int y);
    private:
        int year;
        int month;
        int day;
}
```

2. 创建一个类 Point 用来表示平面上的一个点，包含数据成员 x 和 y 表示坐标，类型为 double，并包含以下成员函数。

```
Point();                        //无参构造函数，成员均初始化为 0
Point(double a, double b);      //两个参数的构造函数，成员初始化为参数值
void print( );                  //输出成员值
double xOffset( ) ;             //返回 x 的值
double yOffset( );              //返回 y 的值
double distance( );             //返回坐标到原点的距离
```

在主函数中调用每个成员函数，测试结果是否正确。

3. 创建一个类 Student 表示学生，包含以下数据成员：标准库 string 类型的 id 和 name，例 12-3 定义的 Date 类型的 birthday。包含以下成员函数。

```
Student(string i, string n, int y, int m, int d); //构造函数，并输出函数名
~Student();          //析构函数，输出函数名
void print();        //输出每个成员的值，也要调用 birthday 的输出函数
```

在主函数中创建两个不同的对象，并调用 print 进行输出，观察各个对象构造函数与析构函数的调用顺序。

4. 在例 12-10 的基础上，添加一个成员函数 MyString substr(int pos, int len);用来返回子串，子串从位置 pos 开始，长度为 len。在主函数中测试该成员函数。

5. 在例 12-11 的基础上，添加一个功能：根据价格对图书进行排序，并在主函数中添加相应的交互菜单。

6. 在例 12-11 的基础上，添加一个功能：与添加图书相对应，根据用户指定的 ISBN 从系统中删除一个图书，并在主函数中添加相应的交互菜单。

第 13 章 静态成员与友元

在 C++编程中，如果需要让一个类的所有对象共享同一个数据，定义全局变量是一种可能的解决方案，但这种做法会破坏数据的封装性。更优的做法是将需要共享的数据定义为类的静态数据成员。静态数据成员允许类的所有实例共享同一份数据，数据的访问和修改都可以通过类的成员函数进行控制，从而保持类的封装性。

为了优化性能，有时需要让特定函数直接访问类的私有数据成员，而不是通过公共成员函数，从而减少函数调用的开销。友元函数正是实现这一需求的有效手段。此外，友元也是实现运算符重载（见第 14 章）的常用方式，如提取运算符和插入运算符的重载。

通过本章的学习，读者将理解静态成员的概念，掌握静态成员的定义和使用，理解友元的概念，掌握友元的定义和使用。

课程思政

信任与责任：友元对私有成员的访问需要建立在信任的基础上。这种信任关系要求双方都要负责任地使用这种权限。

13.1 静态成员

静态成员是通过关键字“static”声明的类成员，它们属于类本身，而非类的某个特定对象。这意味着静态成员是独立于对象存在的。静态成员包括静态数据成员和静态成员函数。

13.1.1 静态数据成员

在 C++中，用同一个类定义多个对象时，每个对象拥有各自的普通数据成员，而所有对象共享一份静态数据成员。因此，可以用静态数据成员实现同一类型多个对象间的数据共享。

静态数据成员不属于任何对象，它不因对象的建立而分配内存，也不因对象的析构而释放内存，它是类定义的一部分。静态数据成员与全局变量一样，具有静态生命期，开始于程序运行，结束于程序终止。

静态数据成员的声明与普通数据成员相似，但前面要加上关键字“static”。

```
static 数据类型 静态数据成员名;
```

静态数据成员的初始化与普通数据成员不同，静态数据成员初始化的格式如下。

数据类型 类名::静态数据成员名 = 初始值;

静态数据成员必须在类内声明，类外初始化。静态成员变量在初始化时不能再加 static，但必须要有数据类型。初始化时可以赋初值，也可以不赋初值；如果不赋初值，那么会被默认初始化为 0。

在类的外部访问公有静态数据成员时，有以下三种格式。

类名::静态数据成员
对象名.静态数据成员
指针名->静态数据成员

第一种直接使用类名访问静态数据成员，第二种通过对象名访问静态数据成员，第三种通过指针名访问静态数据成员。在后两种方法中，只用到对象或指针的类型信息。

下面的例子为学生类定义了一个静态数据成员，用来表示学生人数。

【例 13-1】 用静态数据成员表示学生人数。

```
#include <iostream>
using namespace std;
class Student
{
    public:
        static int count;           //静态数据成员，统计学生总数
    private:
        int studentID;              //普通数据成员，表示学生学号
    public:
        Student()
        {
            count++;                //每创建一个对象，学生个数加 1
            studentID = count;      //给当前学生学号赋值
        }
        ~Student()
        {
            count--;                //每销毁一个对象，学生个数减 1
        }
        void print()
        {
            cout << "Student ID:" << studentID << endl;
            cout << "Student count = " << count << endl;
        }
};
int Student::count = 0;             //在类定义外初始化静态数据成员 count
int main()
{
    //通过类名访问静态数据成员
    cout << "Student count = " << Student::count << endl;
    cout << "----------------\n";
    Student student1;               //创建第一个学生对象
    student1.print();
```

```
    //创建一个新的作用域
    {
        cout << "-----------------\n";
        Student student2;          //创建第二个学生对象
        student1.print();
        student2.print();
    } //student2 对象在此销毁
    cout << "-----------------\n";
    Student student3;              //创建第三个学生对象
    student1.print();
    student3.print();
    cout << "-----------------\n";
    //通过对象名访问静态数据成员
    cout << "Student count = " << student3.count << endl;
    return 0;
}
```

运行结果：

```
Student count = 0
-----------------
Student ID:1
Student count = 1
-----------------
Student ID:1
Student count = 2
Student ID:2
Student count = 2
-----------------
Student ID:1
Student count = 2
Student ID:2
Student count = 2
-----------------
Student count = 2
```

对以上示例的说明如下。

（1）定义了一个学生类 Student，其中声明了公有的静态数据成员 count，用于统计学生的人数。在类定义外初始化静态数据成员 count 为 0。

（2）每创建一个学生对象，在构造函数中对 count 加 1；每销毁一个对象，在析构函数中对 count 减 1。所有的学生类对象都共享同一个 count。

（3）在创建第一个对象前，使用 Student::count 访问静态数据成员，输出当前值 0。

（4）创建第一个对象后，使用 print 成员函数输出 count 的值为 1。

（5）在新作用域创建第二个对象后，count 的值变为 2；在第二个对象销毁后，count 的值又变回 1。

（6）创建第三个对象，输出 count 的值为 2，因为此时原来的第二个对象已销毁，目前只有两个对象。

（7）最后通过对象名 student3 访问静态数据成员 count，输出当前值为 2。

13.1.2 静态成员函数

在 C++类设计中，数据成员通常被声明为私有或保护属性，以封装数据并隐藏实现细节。为了访问这些数据，开发者通过公有成员函数提供访问接口。这一原则同样适用于静态数据成员。因此，可以将静态数据成员设为私有，并提供公有的静态成员函数来访问它们。这样做既保护了数据，又允许外部代码通过函数接口来安全地访问静态数据成员。

静态成员函数与普通成员函数的区别在于：普通成员函数具有隐式 this 指针，可以访问类中的任意成员；而静态成员函数不具有 this 指针，只能访问静态成员（包括静态数据成员和静态成员函数）。

表 13-1 对静态成员函数和普通成员函数进行了比较。

表 13-1　静态成员函数与普通成员函数对比

对 比 项 目	静态成员函数	普通成员函数
所有对象共享	√	√
this 指针访问	×	√
访问普通数据/成员函数	×	√
访问静态数据/成员函数	√	√
通过类名调用	√	×
通过对象名调用	√	√

静态成员函数的声明与普通成员函数基本相同，区别在于静态成员函数前需要添加关键字“static”。

static 函数类型 静态成员函数名(参数表);

静态成员函数可以定义在类内或类外，在类外定义时不能再加“static”，格式如下。

函数类型 类名::静态成员函数名(参数表) { … }

在类的外部访问公有静态成员函数时，有以下三种格式。

类名::静态成员函数名(参数表)
对象名.静态成员函数名(参数表)
指针名->静态成员函数名(参数表)

下面的例子通过静态成员函数来获得学生的总人数。

【例 13-2】 用静态成员函数访问静态数据成员。

```
#include <iostream>
using namespace std;
class Student
{
   public:
      static int getCount()      //静态成员函数
      {
         return count;
      }
```

```
    private:
        static int count;          //静态数据成员，统计学生总数
        int studentID;             //普通数据成员，表示学生学号
    public:
        Student()
        {
            count++;               //每创建一个对象，学生个数加 1
            studentID = count;     //给当前学生学号赋值
        }
        ~Student()
        {
            count--;               //每销毁一个对象，学生个数减 1
        }
        void print()
        {
            cout << "Student ID:" << studentID << endl;
            cout << "Student count = " << count << endl;
        }
};
int Student::count = 0;            //在类定义外初始化静态数据成员 count
int main()
{
    //通过类名访问静态成员函数
    cout << "Student count = " << Student::getCount() << endl;
    cout << "-----------------\n";
    Student student1;              //创建第一个学生对象
    student1.print();
    //创建一个新的作用域
    {
        cout << "-----------------\n";
        Student student2;          //创建第二个学生对象
        student1.print();
        student2.print();
    } //student2 对象在此销毁
    cout << "-----------------\n";
    Student student3;              //创建第三个学生对象
    student1.print();
    student3.print();
    cout << "-----------------\n";
    //通过对象名访问静态成员函数
    cout << "Student count = " << student3.getCount() << endl;
    return 0;
}
```

运行结果：

```
Student count = 0
-----------------
Student ID:1
Student count = 1
-----------------
Student ID:1
```

```
Student count = 2
Student ID:2
Student count = 2
-----------------
Student ID:1
Student count = 2
Student ID:2
Student count = 2
-----------------
Student count = 2
```

上面程序定义了一个学生类 Student，类中定义了私有的静态数据成员 count，用于存储学生人数；公有的静态成员函数 getCount()，用于访问静态数据成员 count 获取学生人数。在 main()函数中，通过类 Student 调用静态成员函数 getCount()，也通过 Student 类的对象调用该函数。

13.2 友元

友元机制赋予了特定函数或类（即友元）对当前类私有和保护成员的访问权限，这种权限的授予是通过在类定义中使用关键字"friend"声明友元来实现的。友元不属于当前类的成员，因此，友元声明不受类内部私有、保护和公有访问控制的影响。

尽管友元提供了性能优化和对运算符重载支持等便利，但它破坏了类的封装性。因此，在设计类时，应仅在必要时使用友元。

13.2.1 友元函数

友元函数不是类的成员函数，但它可以访问类的所有成员，包括私有和保护成员。在 C++中，友元函数可以是普通函数，也可以是另一个类的成员函数。

1. 普通函数作为友元函数

友元函数在类内声明，在类外进行定义。声明的格式如下。

friend 函数类型 友元函数名(参数表);

友元并非类成员，在类外进行定义时，不需要添加类名和作用域运算符。同时，友元没有 this 指针，必须通过参数传递对象，然后通过对象访问成员。

【例 13-3】 定义类 Student 的友元函数 print，print 是一个普通函数，用来输出学生信息。

```
#include <iostream>
#include <string>
using namespace std;
class Student
{
   private:
      int studentID;          //数据成员，表示学生学号
      string studentName;     //数据成员，表示学生姓名
   public:
```

```
        Student(int id, string name);     //构造函数
        friend void print(Student s);     //将函数print()声明为友元函数
};
Student::Student(int id, string name)
{
    studentID = id;
    studentName = name;
}
//普通函数，作为Student类的友元函数
void print(Student s)
{
    cout << "Student ID:" << s.studentID << endl;
    cout << "Student Name: " << s.studentName << endl;
}
int main()
{
    Student student(1, "李华");
    print(student); //调用友元函数
    return 0;
}
```

运行结果：

```
Student ID:1
Student Name: 李华
```

print 函数是一个全局范围内的非成员函数，它不属于任何类，它的作用是输出学生的信息。studentID 和 studentName 是 Student 类的 private 成员，正常不能在类外通过对象访问。但将 print 函数声明为 Student 类的友元函数后，在 print 函数中就可以访问这些 private 成员。

2. 其他类的成员函数作为友元函数

也可以将另一个类的成员函数声明为友元函数，只需要添加其对应的类名和作用域运算符，格式如下。

friend 函数类型 类名::友元函数名(参数表);

函数定义按照其作为另一类成员函数的正常定义即可。

【例 13-4】 定义一个成绩单类 Transcript，学生类中的成员函数 show()可以访问成绩单类 Transcript 中的私有成员 math 和 computer，输出某学生的成绩。

```
#include <iostream>
#include <string>
using namespace std;
class Transcript;   //提前声明成绩单类Transcript
class Student
{
    private:
        int studentID;          //数据成员，表示学生学号
        string studentName;     //数据成员，表示学生姓名
    public:
```

```
        Student(int id, string name); //构造函数
        void show(Transcript &trans);
};
//定义成绩单类
class Transcript
{
    private:
        float math;
        float computer;
    public:
        Transcript(float m, float c);
        //将 Student 类中的成员函数 show()声明为友元函数
        friend void Student::show(Transcript &trans);
};
Student::Student(int id, string name)
{
    studentID = id;
    studentName = name;
}
//实现友元函数
void Student::show(Transcript &trans)
{
    cout << "学生姓名: " << studentName << endl;
    cout << "--------------------\n";
    cout << "数学成绩: " << trans.math << endl;
    cout << "计算机成绩: " << trans.computer << endl;
}
Transcript::Transcript(float m, float c)
{
    math = m;
    computer = c;
}
int main()
{
    Student student1(1, "李华");
    Transcript trans1(90, 87);
    student1.show(trans1);//调用友元函数
    return 0;
}
```

运行结果：

```
学生姓名：李华
--------------------
数学成绩：90
计算机成绩：87
```

本例定义了两个类 Student 和 Transcript，在 Transcript 类中将 Student 类的成员函数 show( )声明为 Transcript 类的友元函数，这样，show( )就可以访问 Transcript 类的私有数据成员了。

程序在最开始对 Transcript 类进行了提前声明，是因为 Transcript 类和 Student 类相互引用对方，形成了循环依赖。提前声明是 C++中管理依赖关系的一种方式，它允许在类或

函数完全定义之前引用它们。

另外，一个函数可以被多个类声明为友元函数，这样就可以访问多个类中的 private 成员。

13.2.2　友元类

不仅可以将另一个类的个别成员函数声明为友元，还可以将整个类声明为友元，这就是友元类。友元类中的所有成员函数都是当前类的友元函数。

定义友元类的格式如下。

friend class 友元类名;

其中，“friend”和“class”是关键字，友元类名必须是程序中的一个已定义的类。

【例 13-5】 将 Student 类声明为 Transcript 类的友元类。

```
#include <iostream>
#include <string>
using namespace std;
class Transcript;              //提前声明成绩单类 Transcript
class Student
{
   private:
      int studentID;           //数据成员，表示学生学号
      string studentName;      //数据成员，表示学生姓名
   public:
      Student(int id, string name); //构造函数
      void show(Transcript &trans);
};
//定义成绩单类
class Transcript
{
   private:
      float math;
      float computer;
   public:
      Transcript(float m, float c);
      //将 Student 类声明为 Transcript 类的友元类
      friend class Student;
};
Student::Student(int id, string name)
{
   studentID = id;
   studentName = name;
}
//实现友元函数
void Student::show(Transcript &trans)
{
   cout << "学生姓名: " << studentName << endl;
   cout << "--------------------\n";
   cout << "数学成绩: " << trans.math << endl;
```

```
    cout << "计算机成绩: " << trans.computer << endl;
}
Transcript::Transcript(float m, float c)
{
    math = m;
    computer = c;
}
int main()
{
    Student student1(1, "李华");
    Transcript trans1(90, 87);
    student1.show(trans1);//调用友元函数
    return 0;
}
```

运行结果：

```
学生姓名：李华
---------------------
数学成绩：90
计算机成绩：87
```

相对于例 13-4，本例只修改了第 23 行，将友元成员函数 Student::show()声明修改为友元类 Student 的声明，由此，友元类中的所有成员函数均成为友元函数。

使用友元类时需要注意以下事项。

（1）友元关系不能被继承。如果类 B 是另一个类 A 的友元类，类 C 是类 A 的子类，并不代表类 B 是类 C 的友元类。

（2）友元关系不具有交换性。如果声明了类 B 是类 A 的友元类，不等于类 A 是类 B 的友元类，要看在类中是否有相应的声明。

（3）友元关系不具有传递性。如果类 B 是类 A 的友元类，类 C 是 B 的友元类，并不意味着类 C 是类 A 的友元类，同样要看类中是否有相应的声明。

13.3 小结

13.3.1 思维导图

本章思维导图如图 13-1 所示。

13.3.2 思维模式

本章涉及的主要思维模式如表 13-2 所示。

表 13-2 本章主要思维模式

模　式	说　明
单例模式	单例模式是一种常用的软件设计模式，其核心思想是确保一个类只有一个实例，并提供一个全局访问点来获取这个实例。在单例模式中，通常使用静态数据成员来存储唯一的实例，并使用静态成员函数来获取这个实例

续表

模　　式	说　　明
工厂模式	（简单）工厂模式也是一种常用的软件设计模式，常用于创建单一产品实例。在工厂模式中，静态成员函数用于创建和返回对象实例，从而将对象的创建和使用解耦，降低系统的复杂度，并提高代码的可维护性和扩展性

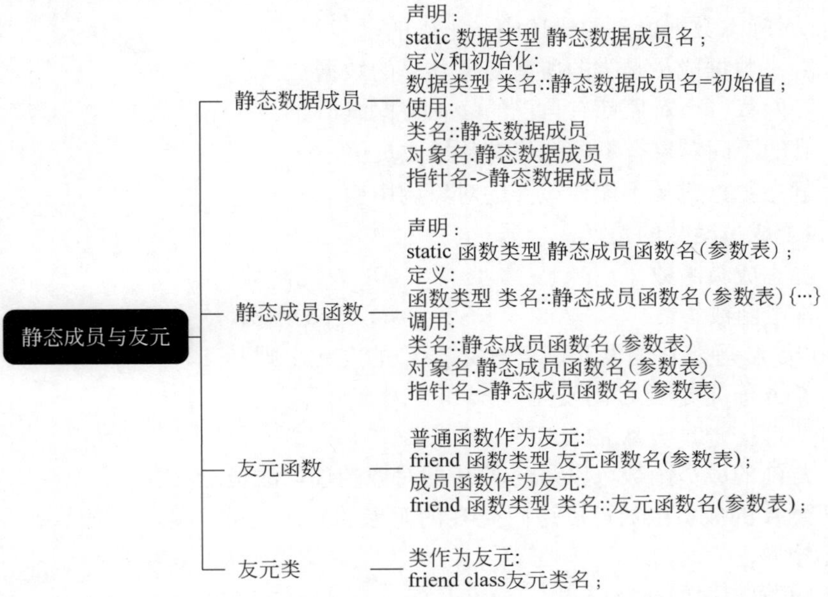

图 13-1　本章思维导图

13.3.3　逻辑结构

本章介绍了两种特殊的类成员：静态成员和友元，分别用于代替全局变量和提高运行效率。

首先介绍类的静态成员。静态数据成员可代替全局变量，并在该类的所有对象之间共享；而静态成员函数可代替全局函数，并可封装对静态数据成员的访问。

然后介绍友元。友元机制包括友元函数和友元类两种形式，它们被赋予了访问当前类私有或保护成员的权限。这种方法避免了通过成员函数访问的函数调用开销，进而提升了程序的运行效率。

练习

一、单项选择题

1. 关于静态成员的描述中，（　　）是错误的。

A. 静态成员可分为静态数据成员和静态成员函数

B. 静态数据成员定义后，必须在类内进行初始化

C. 静态数据成员初始化不使用其构造函数

D. 静态成员函数中不能直接引用非静态成员

2. 关于友元的描述中，（　　）是错误的。

A. 友元函数是成员函数，它被定义在类内

B. 友元函数可直接访问类中的私有成员

C. 友元函数破坏封装性，使用时应尽量少用

D. 友元类中的所有成员函数都是友元函数

3. 下面对静态数据成员的描述中，正确的是（　　）。

A. 静态数据成员是类的所有对象共享的数据

B. 类的每一个对象都有自己的静态数据成员

C. 类的不同对象有不同的静态数据成员值

D. 静态数据成员不能通过类的对象调用

4. 不属于成员函数的是（　　）。

A. 静态成员函数　　B. 友元函数

C. 构造函数　　D. 析构函数

5. 已知类 A 是类 B 的友元，类 B 是类 C 的友元，则（　　）。

A. 类 A 一定是类 C 的友元

B. 类 C 一定是类 A 的友元

C. 类 C 的成员函数可以访问类 B 的对象的任何成员

D. 类 A 的成员函数可以访问类 B 的对象的任何成员

二、填空题

1. 写出下面程序的执行结果。

```
#include <iostream>
using namespace std;
class Test {
public:
   Test()   { n+=2; }
   ~Test()  { n-=3;}
   static int getNum() { return n;}
private:
   static int n;
};
int Test::n=1;
int main( ){
   Test* p = new Test;
   delete p;
   cout<<"n="<<Test::getNum( )<<endl;
   return 0;
}
```

程序的执行结果：________________。

2. 写出下面程序的执行结果。

```
#include <iostream>
using namespace std;
class Test{
```

```
    private:
        static int val;
        int a;
    public:
        static int func( );
        void sfunc(Test &r);
};
int Test::val=200;
int Test::func( ){
    return val++;
}
void Test::sfunc(Test &r){
    r.a=125;
    cout<<"Result3="<<r.a<<endl;
}
int main( ){
    cout<<"Result1="<<Test::func( )<<endl;
    Test a;
    cout<<"Result2="<<a.func()<<endl;
    a.sfunc(a);
    return 0;
}
```

程序的执行结果：________________。

三、程序设计题

1. 设计一个银行账户类 BankAccount，每个账户都有一个唯一的账号和账户持有者的名字。然后，添加一个静态数据成员，用来跟踪系统中的账户总数；一个静态成员函数，用来获取系统中的账户总数。在主函数中创建多个账户，并输出账户数量和每个账户的信息。

2. 设计一个员工类 Employee，Employee 类包含员工编号、姓名和工资，提供一个构造函数进行初始化。另外，提供一个友元函数 printEmployee，用来打印员工的详细信息。在主函数中测试每个成员函数。

第 14 章
运算符重载

在第 3 章中介绍了连接基本类型变量的运算符，使用这些运算符能够编写丰富的表达式。通过运算符重载，可以重新定义这些运算符的含义，使它们也可以用于自定义类型的对象。这样，对自定义类型对象的操作也可以用直观的表达式表示，从而提高程序的可读性和可维护性。

通过本章的学习，读者将理解运算符重载的概念，掌握运算符重载的规则，掌握使用成员函数实现运算符重载，掌握使用友元函数实现运算符重载。

课程思政

求实精神：同一运算符应用于不同类型对象时，能够触发不同的行为。启示我们在面对问题和挑战时，要坚持具体问题具体分析，恪守实事求是的原则。

14.1 何为运算符重载

在 C++中，运算符重载（Operator Overloading）是一种允许开发者重新定义运算符行为的方法，以便使用这些运算符来操作用户自定义类型的对象。通过运算符重载，开发者能够以一种更接近内置类型的方式，对自定义类型进行操作，从而提高代码的可读性和表达力。

运算符重载体现了多态性，即同一个运算符可针对不同类型的运算对象完成不同的操作。本质上，运算符重载也是一种特殊的函数重载，其中，函数名称为关键字“operator”加上运算符，函数参数为运算符的操作数。

【例 14-1】 使用重载运算符。

```
#include <iostream>
#include <string>
using namespace std;
int main()
{
    //运算符+用于基本类型
    int a = 1;
    int b = 2;
    int c = a + b;
    cout<< "a 与 b 的和： " << c <<endl;
    //重载运算符+，用于 string 类型
```

```
    string str1 = "Hello, ";
    string str2 = "World!";
    string concatenated1 = str1 + str2;
    cout<< "连接后字符串 1: " << concatenated1 <<endl;
    //以函数形式调用重载运算符
    string concatenated2 = operator+(str1, str2);
    cout<< "连接后字符串 2: " << concatenated2 <<endl;
}
```

运行结果：

```
a 与 b 的和: 3
连接后字符串 1: Hello, World!
连接后字符串 2: Hello, World!
```

C++为基本类型定义了运算符+，用于求和。标准库中的 string 类利用友元函数重载了运算符+，用于连接两个字符串，返回包含两者的新字符串。

当像第 14 行那样使用 str1 + str2 时，编译器根据对象类型自动识别这是一个字符串连接操作，并调用相应的 operator+函数来完成这个操作。这里的 operator+是隐式调用的，不需要显式地写出函数名，只需要像使用普通运算符一样即可，如第 9 行。

当然，作为 string 类的友元函数，operator+也可以显式调用，如第 17 行。此时，函数名称为 operator+，函数参数为运算符的两个操作数，即字符串对象 str1 和 str2。

隐式调用是运算符重载中最为常见的调用方法，它允许开发者以一种自然而直观的方式使用运算符，仿佛它们是语言的原生部分。而显式调用则揭示了运算符重载的本质——它实际上是函数重载的一种特殊形式。尽管调用方式不同，但两者在实现效果上是等效的，都能达到预期的运算行为。

14.2　运算符重载的规则

相比普通的函数重载，运算符重载还需要遵循以下规则。

（1）重载运算符限制在 C++语言中已有的运算符范围内，不能创建新的运算符。

C++中的大多数运算符都可以重载，除了表 14-1 中列出的运算符。

表 14-1　不能重载的运算符

运算符名称	符　号	运算符名称	符　号
三目运算符	?:	作用域运算符	::
成员操作符	.	求字节数运算符	sizeof
成员指针操作符	.*		

（2）重载之后的运算符不能改变运算符的优先级和结合性，也不能改变运算符操作数的个数。

（3）运算符重载是针对新类型数据的实际需要对原有运算符进行的适当改造，重载的运算符应该在逻辑上与原有运算符的含义保持一致，避免引起歧义。例如，重载+运算符通常表示两个对象的加法或连接。另外，运算符重载应该基于实际需要，针对新类型数据的特性进行适当的改造。这意味着，只有当自定义类型的操作逻辑与已有运算符的含义相匹配时，才应该进行重载。例如，对于一个复数类，重载+、–、*和/运算符是有意义的，因为这些操作在复数上也有明确的定义。

运算符重载在 C++中可以通过两种方式实现：一种是将运算符重载定义为类的成员函数，另一种是将运算符重载定义为类的友元函数。这两种方法各有其适用场景和优势，使得开发者可以根据具体需求灵活选择实现方式。

14.3 成员函数实现重载

利用成员函数实现运算符重载，函数声明和定义格式与普通成员函数一致，具体如下。

```
返回值类型  operator  运算符(形参列表);

返回值类型  类名::operator  运算符(形参列表)
{
    ...
}
```

当通过成员函数重载双目（二元）运算符时，通常只需要定义一个参数，这个参数代表右操作数。而左操作数隐式地由调用该成员函数的对象（即 this 指针所指向的对象）表示。

对于单目运算符的重载，通常不需要定义额外的参数，因为操作数由 this 指针表示，即运算符作用于调用它的对象本身。

【例 14-2】 使用成员函数为复数类 Complex 重载双目运算符+。

```
#include <iostream>
using namespace std;
class Complex
{
   private:
      double real, imag;
   public:
      Complex(double r = 0, double i = 0); //构造函数
      void display( );                      //显示复数
      Complex operator+(Complex &c2);       //运算符重载函数作为成员函数
};
Complex::Complex(double r, double i)
{
   real = r;
   imag = i;
}
Complex Complex::operator+(Complex &c2)
{
   Complex c;
   c.real = real + c2.real;
```

```
    c.imag = imag + c2.imag;
    return c;
}
void Complex::display( )
{
    cout<< "(" << real << "," <<imag<< "i)" <<endl;
}
int main()
{
    Complex c1(1, 2), c2(3, 4);
    c1.display();
    c2.display();
    Complex c;
    c = c1 + c2; //实现复数 c1 和 c2 的相加
    c.display();
    return 0;
}
```

运行结果：

```
(1,2i)
(3,4i)
(4,6i)
```

在该例中，用成员函数为 Complex 类重载了双目运算符+。当执行“c = c1 + c2;”语句时，编译器检测到+号左边（+号具有左结合性，所以先检测左边）是一个 Complex 对象，就会调用成员函数 operator+()，也就是转换为下面的形式。

```
c = c1.operator+(c2);
```

c1 是要调用函数的对象，c2 是函数的实参。

14.4　友元函数实现重载

利用友元函数实现运算符重载，函数声明和定义格式与普通友元函数一致，具体如下。

```
friend 返回值类型 operator 运算符(形参列表);

返回值类型 operator 运算符(形参列表)
{
    ...
}
```

当用友元函数实现运算符重载时，不存在 this 指针，所以函数参数个数与操作数的个数一致，即双目运算符有两个参数，单目运算符有一个参数。

【例 14-3】 使用友元函数为复数类 Complex 重载双目运算符+。

```
#include <iostream>
using namespace std;
```

```
class Complex
{
    private:
        double real, imag;
    public:
        Complex(double r = 0, double i = 0); //构造函数
        void display( );                      //显示复数
        //运算符重载函数作为友元函数
        friend Complex operator+(Complex c1, Complex c2);
};
Complex::Complex(double r, double i)
{
    real = r;
    imag = i;
}
void Complex::display( )
{
    cout<< "(" << real << "," <<imag<< "i)" <<endl;
}
Complex operator+(Complex c1, Complex c2) //友元实现运算符重载
{
    return Complex(c2.real + c1.real, c2.imag + c1.imag);
}
int main()
{
    Complex c1(1, 2), c2(3, 4);
    c1.display();
    c2.display();
    Complex c;
    c = c1 + c2; //实现复数 c1 和 c2 的相加
    c.display();
    return 0;
}
```

运行结果：

```
(1,2i)
(3,4i)
(4,6i)
```

如上例所示，运算符重载函数不是 Complex 类的成员函数，但是却用到了 Complex 类的 private 成员变量，所以必须在 Complex 类中将该函数声明为友元函数。当执行 c = c1 + c2;语句时，编译器检测到+号两边都是 Complex 对象，就会转换为函数调用。

```
c = operator+(c1, c2);
```

operator+为函数名称，c1 和 c2 为函数参数。

14.5 常用运算符重载

在大多数情况下，开发者可以根据个人喜好和设计需求，自由选择使用成员函数或友

元函数来实现运算符重载。然而，对于一些特定的运算符，这种选择并不是完全自由的，因为它们只能通过特定的方式实现。例如，赋值运算符（=）通常必须作为成员函数来实现，以确保正确地处理对象的赋值操作。同样，提取运算符（>>）和插入运算符（<<）也往往需要作为友元函数来实现，以便它们能够访问类的私有成员，同时保持类的封装性。这些限制确保了运算符行为的正确性和一致性，同时也反映了 C++语言的设计原则。

14.5.1　赋值运算符

赋值运算符只能使用成员函数实现重载。

一般情况下，编译器为每一个自定义类生成一个默认的赋值运算符（重载赋值运算符），因此，在相同类型的对象之间可以直接相互赋值。但是，当类中包含指向内存或系统资源的成员时，执行浅拷贝的默认赋值运算符就会出问题，因此需要自定义赋值运算符，以实现深拷贝。

重载赋值运算符的函数声明和定义格式如下。

```
类型名& operator=(const 类型名 &obj);

类型名& 类型名::operator=(const 类型名 &obj)
{
    ...
    return *this;
}
```

返回类型：赋值运算符的返回类型是当前类型的引用，具体是通过“return *this;”返回当前对象的引用，这里必须用到 this 指针。这样可以支持链式赋值，如“a = b = c;”。

参数：参数是一个对当前类型的 const 引用，这样可以避免不必要的复制，同时支持 const 对象作为实参。

在第 12 章中提到，当一个类需要自定义析构函数时，往往也需要自定义拷贝构造函数，如例 12-10 所示。作为补充，此时也需要自定义赋值运算符。

【例 14-4】 在例 12-10 的基础上，为类 MyString 重载赋值运算符。

```
#include <iostream>
#include <cstring>
using namespace std;
//简化字符串类
class MyString
{
   public:
      //使用 C 风格的字符串进行初始化，默认为空字符串
      MyString(const char *str = NULL);
      //自定义拷贝构造函数
      MyString(const MyString &str);
      ~MyString(); //析构函数，释放动态分配的内存
      int size();  //返回字符串的长度
      //赋值运算符
```

```
        MyString& operator=(const MyString &str);
    private:
        char *data;   //用于存储字符串的动态内存
};
//使用C风格的字符串进行初始化，默认为空字符串
MyString::MyString(const char *str)
{
    if (str) {
        data = new char[strlen(str) + 1];
        strcpy(data, str);
    } else {
        data = new char[1];
        *data = '\0'; //初始化为空字符串
    }
    cout<< "MyString Constructor: " << data <<endl;
}
//自定义拷贝构造函数
MyString::MyString(const MyString &str)
{
    data = new char[strlen(str.data) + 1];
    strcpy(data, str.data);
    cout<< "MyString Copy Constructor: " << data <<endl;
}
//析构函数，释放动态分配的内存
MyString::~MyString()
{
    cout<< "MyString Destructor: " << data <<endl;
    delete[] data;
}
//返回字符串的长度
int MyString::size()
{
    return strlen(data);
}
//赋值运算符
MyString &MyString::operator=(const MyString &str)
{
    if (this == &str) {
        //检查自赋值
        return *this;
    }
    //释放原有内存
    delete[] data;
    //分配新内存并复制内容
    data = new char[strlen(str.data) + 1];
    strcpy(data, str.data);
    cout<< "MyString Assignment Operator: " << data <<endl;
    return *this;
}
int main()
{
```

```
    MyString str("Hello, World!");
    cout<< "The size of the string is: " <<str.size() <<endl;
    {
        MyString str2;
        //调用赋值运算符
        str2 = str;
    }
    cout<< "The size of the string is: " <<str.size() <<endl;
    return 0;
}
```

运行结果：

```
MyString Constructor: Hello, World!
The size of the string is: 13
MyString Constructor:
MyString Assignment Operator: Hello, World!
MyString Destructor: Hello, World!
The size of the string is: 13
MyString Destructor: Hello, World!
```

在赋值运算符重载函数中，执行赋值之前，首先检查是否是自赋值，即当前对象是否与参数对象相同。如果是，则直接返回当前对象的引用，避免不必要的操作。如果当前对象已经有动态分配的内存，需要先释放这部分内存，然后再分配新的内存并复制参数对象的内容。最后返回当前对象的引用。

在主函数中，使用指定参数调用构造函数创建 str 对象，在新的作用域中使用默认参数创建对象 str2，结果，str2 对象的内容为空。接下来，调用赋值运算符将 str 的内容赋值给 str2，此时，两个对象中的内容一致。从运行结果的第 4 行和第 5 行可以看出。

14.5.2　提取和插入运算符

提取和插入运算符只能使用友元函数实现重载。

提取运算符（>>）用于从输入流（如 cin）中提取（读取）数据。对于自定义类型，如果不重载这个运算符，就无法直接使用>>从输入流中读取数据。重载提取运算符可以让自定义类的对象直接与 cin 等输入流一起使用。

插入运算符（<<）用于将数据插入（输出）到输出流（如 cout）中。与提取运算符类似，如果不重载这个运算符，就无法直接使用<<将自定义类型的对象输出到 cout 等输出流中。

重载提取运算符的函数声明和定义格式如下。

```
friend istream &operator>>(istream &is, 类型名 &obj);

istream &operator>>(istream &is, 类型名 &obj)
{
   ...
   return is;
}
```

返回输入流对象的引用，以支持链式输入，如“cin>>a>>b;”。第一个参数为输入流对象的引用，第二个参数为目标对象的引用，目标对象的内容在函数中会被修改。

重载插入运算符的函数声明和定义格式如下。

```
friend ostream &operator<<(ostream &os, const 类型名 &obj);

ostream &operator<<(ostream &os, const 类型名 &obj)
{
    ...
    return os;
}
```

返回输出流对象的引用，以支持链式输出，如“cout<<a<<b;”。第一个参数为输出流对象的引用，第二个参数为目标对象的引用，对象内容在函数中不会被修改，所以用 const 限定。

【例 14-5】 在例 14-4 的基础上，为类 MyString 重载提取运算符和插入运算符。

```
#include <iostream>
#include <cstring>
using namespace std;
//简化字符串类
class MyString
{
   public:
      //使用 C 风格的字符串进行初始化，默认为空字符串
      MyString(const char *str = NULL);
      //自定义拷贝构造函数
      MyString(const MyString &str);
      ~MyString(); //析构函数，释放动态分配的内存
      int size();  //返回字符串的长度
      //赋值运算符
      MyString &operator=(const MyString &str);
      //提取运算符
      friend istream &operator>>(istream &is, MyString &str);
      //插入运算符
      friend ostream &operator<<(ostream &os, const MyString &str);
   private:
      char *data;  //用于存储字符串的动态内存
};
//使用 C 风格的字符串进行初始化，默认为空字符串
MyString::MyString(const char *str)
{
   if (str) {
      data = new char[strlen(str) + 1];
      strcpy(data, str);
   } else {
      data = new char[1];
      *data = '\0'; //初始化为空字符串
```

```
    }
    cout<< "MyString Constructor: " << data <<endl;
}
//自定义拷贝构造函数
MyString::MyString(constMy String &str)
{
    data = new char[strlen(str.data) + 1];
    strcpy(data, str.data);
    cout<< "MyString Copy Constructor: " << data <<endl;
}
//析构函数，释放动态分配的内存
MyString::~MyString()
{
    cout<< "MyString Destructor: " << data <<endl;
    delete[] data;
}
//返回字符串的长度
int MyString::size()
{
    return strlen(data);
}
//赋值运算符
MyString &MyString::operator=(const MyString &str)
{
    if (this == &str) {
        //检查自赋值
        return *this;
    }
    //释放原有内存
    delete[] data;
    //分配新内存并复制内容
    data = new char[strlen(str.data) + 1];
    strcpy(data, str.data);
    cout<< "MyString Assignment Operator: " << data <<endl;
    return *this;
}
//提取运算符
istream &operator>>(istream &is, MyString &str)
{
    delete[] str.data;              //释放原有内存
    str.data = new char[100];       //分配新内存
    //使用 istream 的 getline 成员函数读取一行数据
    is.getline(str.data, 100);
    cout<< "MyString Input Operator: " <<str.data<<endl;
    return is;
}
//插入运算符
ostream &operator<<(ostream &os, const MyString &str)
{
    os<<str.data<<endl;
    cout<< "MyString Output Operator: " <<str.data<<endl;
```

```
    return os;
}
int main()
{
    MyString inputStr;
    cout<< "Enter a string: ";
    cin>>inputStr;                                //调用提取运算符
    cout<< "You entered: " <<inputStr;   //调用插入运算符
    return 0;
}
```

运行结果：

```
MyString Constructor:
Enter a string: Hello World
MyString Input Operator: Hello World
You entered: Hello World
MyString Output Operator: Hello World
MyString Destructor: Hello World
```

在提取运算符重载函数中，首先，释放 str.data 指向的内存，以避免内存泄漏。然后，为新的字符串分配内存空间，这里分配了 100 个字符的空间。接着，使用输入流对象的 getline 成员函数从输入流中读取一行数据。这个函数将读取的数据存储在 str.data 指向的内存中，最多读取 99 个字符，因为第 100 个位置用于存储字符串的结束标志。输出一行调试信息以对比输入是否成功。最后，函数返回输入流对象的引用，以允许链式调用。

在插入运算符重载函数中，使用插入运算符将 str.data 指向的字符串内容输出到输出流 os。endl 的作用是在输出流中插入一个换行符，并刷新输出流，确保所有待输出的数据都被写出。输出一行调试信息以对比输出是否成功。最后，函数返回输出流对象的引用，以允许链式调用。

在主函数中，创建一个空的对象 inputStr，使用重载的提取运算符>>从标准输入流 cin 读取字符串数据，并将其存储在 inputStr 对象中，这将调用提取运算符重载函数。使用重载的插入运算符<<将 inputStr 对象中存储的字符串数据输出到标准输出流 cout，这将调用插入运算符的重载函数。

14.6 小结

14.6.1 思维导图

本章思维导图如图 14-1 所示。

14.6.2 思维模式

本章涉及的主要思维模式如表 14-2 所示。

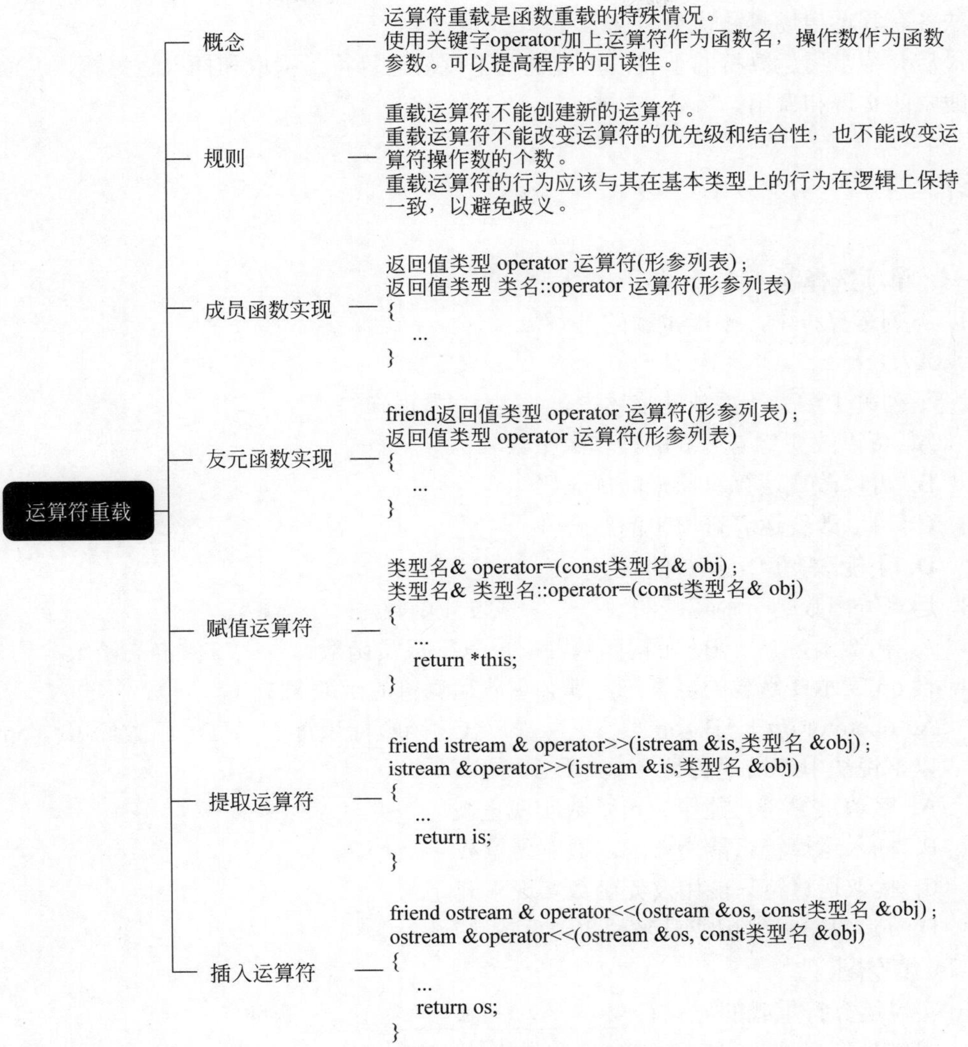

图 14-1　本章思维导图

表 14-2　本章主要思维模式

模　式	说　明
静态多态	多态指的是同一个操作作用于不同的对象时，可以有不同的解释和不同的行为。多态分为静态多态（编译时多态）和动态多态（运行时多态）。运算符重载作为函数重载的一种特殊形式，体现了静态多态，即在编译时根据参数类型和数量来决定使用哪个重载版本

14.6.3　逻辑结构

本章介绍了运算符重载，作为函数重载的特殊形式，可以提高代码的可读性和可维护性。

首先介绍运算符重载的概念和使用，演示运算符重载带来的便利。并说明运算符重载需要遵守的一般规则。

然后介绍运算符重载的两种实现方式：成员函数实现重载和友元函数实现重载。这两种方法各有其适用场景和优势。

最后介绍常用运算符的重载，重点说明了赋值运算符、提取和插入运算符，并演示其在实践中的实现和调用。

练习

一、单项选择题

1. 下列运算符中，不能重载的是（　　）。

A．&&　　B．!=　　C．.　　D．->

2. 下列关于运算符重载的描述中，（　　）是正确的。

A. 可以改变参与运算的操作数个数

B. 可以改变运算符原来的优先级

C. 可以改变运算符原来的结合性

D. 不能改变原运算符的语义

3. 运算符函数是一种特殊的（　　）或友元函数。

A. 构造函数　　B. 析构函数　　C. 成员函数　　D. 静态函数

4. 设 op 表示要重载的运算符，那么重载运算符的函数名是（　　）。

A. operator op　　B. op　　C. 函数标识符　　D. 函数标识符 op

5. 以下说法中，错误的是（　　）。

A. 赋值运算符只能用成员函数实现重载

B. 插入运算符只能用友元函数实现重载

C. 提取运算符只能用友元函数实现重载

D. +运算符只能用成员函数实现重载

二、填空题

1. 实现运算符重载的方式有___________和___________两种。

2. 用成员函数重载双目运算符时，函数参数有___________个；用友元函数重载双目运算符时，函数参数有___________个。

3. 当类中包含指向内存或系统资源的成员时，需要为类自定义析构函数、拷贝构造函数和___________。

三、程序设计题

1. 定义一个向量类 Vector，用运算符重载实现两个向量的加法、减法、点积（乘法*）。

2. 定义一个矩阵类 Matirx，用运算符重载实现两个矩阵的加法、乘法。

第 15 章 继承与多态

面向对象编程的基本特征是封装、继承和多态。第 10~14 章已经深入探讨了封装的概念，学习了使用类进行数据抽象和接口设计。本章将介绍另外两个基本特征：继承与多态，以进一步深化对面向对象编程的全面理解。

继承允许开发者创建与已有类相似但又不相同的新类。继承通过复用现有类的功能（包括属性和方法）来创建新类，开发者只需在新类中添加新的内容或覆盖原有内容。通过继承而相互关联的类构成了一个继承层次结构。作为代码复用的两种策略，组合提供了一种更为灵活和动态的复用机制，而继承则构建了一种更为严格和固定的类关系。

多态是继承的延伸。通过继承创建的一组相似类型，多态允许开发者忽略它们之间的区别进行编程。同一个操作作用于不同类型的对象时，可以有不同的解释和不同的执行结果，从而展现多态。通过多态机制，开发者可以编写出更通用、更灵活的代码，使得同一个接口可以被不同的子类以不同的方式实现。这样，开发者在编写程序时可以不必关心对象的具体类型，只需关注它们共有的接口，从而实现代码的进一步复用和类型解耦。

继承和多态是软件设计中的核心概念，它们在库（如第 17 章中将要介绍的标准库中的输入/输出流）和应用平台（如 Qt 框架）的实现中扮演着重要的角色。

通过本章的学习，读者将理解继承和多态的概念，掌握派生类的创建，掌握多态的实现方法，掌握虚函数和抽象类的使用。

课程思政

守正创新：子类继承了父类的属性和方法，还可以添加新的方法或覆盖原有方法，启示我们在传承文化时，既要尊重传统，也要创新发展，从而促进优秀传统文化的延续、演进与多元展现。

15.1 继承

继承（Inheritance）允许开发者创建与已有类相似但又不相同的新类。继承通过复用现有类的功能（包括属性和方法）来创建新类，开发者只需在新类中添加新的内容或覆盖原有内容。

15.1.1 继承的概念

在面向对象编程中，继承描述了“是一个(is-a)”关系。这种关系表明，一个类（子类）

是另一个类（父类）的特化或子类型。图 15-1 展示了一个继承层次结构，其中，汽车类和飞机类都继承自更通用的交通工具类。进一步地，油车类和电车类分别继承自汽车类。这种层次结构不仅清晰地表达了各类之间的关系，而且也展示了它们如何共享和扩展基本功能。

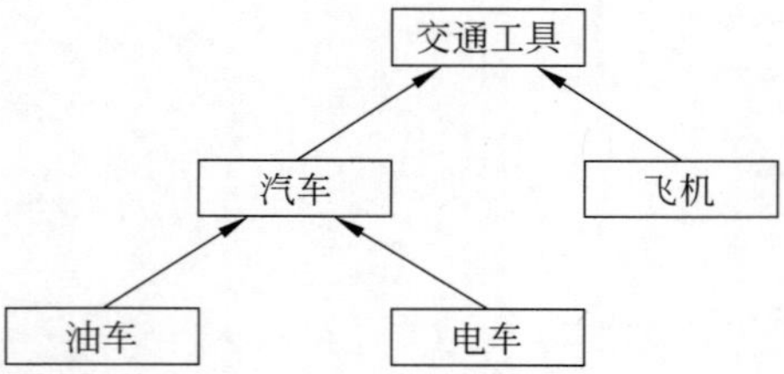

图 15-1 继承层次

通过继承，可以从已有的类派生出新类。被继承的已有类称为父类或基类，派生出的新类称为子类或派生类。子类继承了父类的属性和方法，并且可以添加或修改某些属性和方法以满足特定的需求。

基类与派生类的关系是相对的，一个类可以是另一个类的基类，同时它自身也可能是另一个更高层次类的派生类。继承创建了一个类的层次结构，其中每个类都可以有一个或多个父类（除了最顶层的类），并且可以有零个或多个子类。

C++中的继承分为单继承和多继承两种主要形式，如图 15-2 所示。单继承指的是一个派生类仅继承自一个直接基类，这种方式简化了继承结构，避免了多继承可能带来的复杂性。相对地，多继承允许一个派生类从多个直接基类中继承特性，虽然提供了更大的灵活性，但也引入二义性问题、菱形继承等额外的问题。因此，本书仅讨论单继承形式。

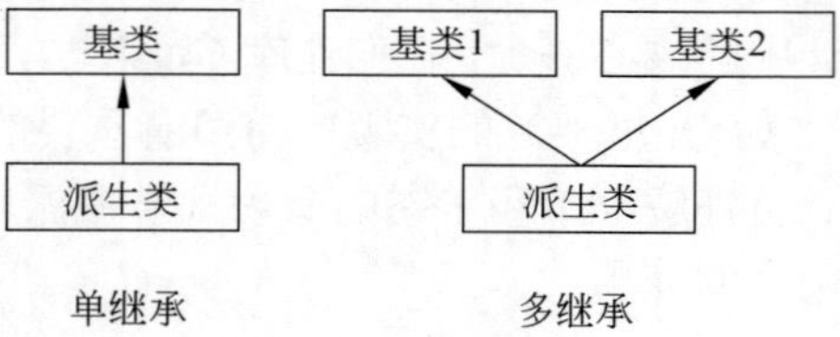

图 15-2 继承形式

继承促进了代码复用。通过继承，可以在现有类的基础上创建新类，而不需要重写所有代码。同时，继承允许扩展现有类的功能，以适应不断演进的应用需求，显著提升了程序设计的灵活性和适应性。

两个类之间可以使用继承来刻画关系，应满足以下两个条件。

- 有共同的属性或方法。
- 有细微的差别。

C++中定义派生类的格式如下。

```
class 派生类名 : 继承方式 基类名
{
    派生类自己的成员;
};
```

例 15-1 演示了一个派生类的定义。

【例 15-1】 首先定义一个学生类，然后在定义研究生类时继承学生类。

```
#include <iostream>
#include <string>
using namespace std;
//基类：学生
class Student
{
   protected:
      string name; //学生姓名
   public:
      //构造函数
      Student(string n = "") : name(n) {}
      //显示学生信息的函数
      void DisplayInfo()
      {
         cout<< "Name: " << name <<endl;
      }
};
//派生类：研究生
class GraduateStudent : public Student
{
   protected:
      string researchArea; //研究方向
   public:
      //构造函数
      GraduateStudent(string ra) : researchArea(ra) {}

      //显示研究生信息的函数
      void DisplayInfo()
      {
         Student::DisplayInfo(); //调用基类的 displayInfo 函数
         cout<< "Research Area: " <<researchArea<<endl;
      }
};

int main()
{
   //创建学生对象
   Student student("Alice");
   student.DisplayInfo();

   //创建研究生对象
   GraduateStudent gradStudent("Computer Science");
   gradStudent.DisplayInfo();

   return 0;
}
```

运行结果：

```
Name: Alice
Name:
Research Area: Computer Science
```

在例 15-1 中：

- Student 类包含一个数据成员 name，表示学生的姓名；包含一个成员函数 DisplayInfo，用于输出数据成员。
- GraduateStudent 类继承自 Student 类，并添加了一个数据成员 researchArea，表示研究生的研究方向。重新定义了 DisplayInfo 函数，用于输出数据成员。其中，调用了基类的同名函数，负责输出基类中包含的成员。为了区分不同类中的同名函数，调用时使用了基类类名和作用域运算符来限定 DisplayInfo 函数。并添加了对新添加数据成员 researchArea 的输出。
- 在 main( )函数中，创建了一个 Student 类的对象和一个 GraduateStudent 类的对象，并分别调用它们的 DisplayInfo 函数来显示信息。创建 GraduateStudent 类对象时，使用了基类构造函数中指定的默认值（空字符串），所以输出的学生姓名为空白。
- 研究生类对象内存布局如图 15-3 所示。

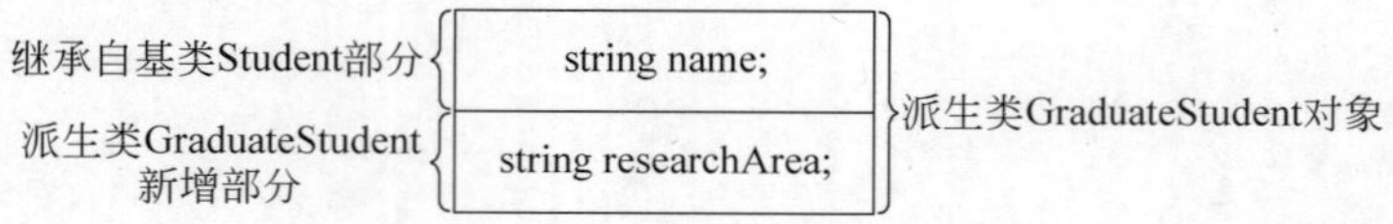

图 15-3　研究生类对象内存布局

15.1.2　继承方式

继承方式影响派生类对继承来的成员的访问权限。

在 C++中，有三种继承方式：公有继承（public）、保护继承（protected）和私有继承（private）。每种继承方式对成员访问权限的影响如下。

1. 公有继承

- 基类的公共成员在派生类中仍然是公共成员。
- 基类的保护成员在派生类中仍然是保护成员。
- 基类的私有成员在派生类中仍然是私有成员，但派生类不能直接访问它们。

2. 保护继承

- 基类的公共成员和保护成员在派生类中都成为保护成员。
- 基类的私有成员在派生类中仍然是私有成员，派生类不能直接访问它们。

3. 私有继承

- 基类的公共成员和保护成员在派生类中都成为私有成员。
- 基类的私有成员在派生类中仍然是私有成员，派生类不能直接访问它们。

在保护继承和私有继承中，基类的成员对于派生类外部是不可见的，这意味着它们不能被派生类的对象直接访问。

公有继承是最常见的继承方式，它保持了基类成员的访问权限不变，这意味着派生类的成员可以直接访问从基类继承来的公共成员和保护成员，就像它们是派生类自己的成员一样。

15.2　派生类

在 C++中，派生类继承了基类的数据成员和成员函数，除了构造函数、析构函数、拷贝构造函数、赋值运算符等。因此，如果需要，派生类必须自己定义构造函数、析构函数、拷贝构造函数、赋值运算符等。如果派生类没有提供这些特殊成员函数的定义，编译器会根据需要合成默认版本。

15.2.1　构造函数

在派生类对象的构造过程中，会先调用基类的构造函数来初始化基类部分的成员，然后才会调用派生类的构造函数来初始化派生类新增的成员。为了实现从派生类构造函数到基类构造函数的参数传递，必须使用构造函数初始化列表，这是第 12 章已介绍过的一个重要概念。

派生类构造函数初始化列表格式如下。

```
派生类类名::派生类类名(参数列表):基类类名(参数列表)
{
    派生类新增成员的初始化
}
```

针对例 15-1 中提到的派生类对象在初始化时基类部分未被合理初始化的问题，可以通过使用构造函数的初始化列表来解决，如例 15-2。

【例 15-2】 继承自学生类的研究生类，向基类构造函数传递参数。

```
#include <iostream>
#include <string>
using namespace std;
//基类：学生
class Student
{
    protected:
        string name; //学生姓名
    public:
        //构造函数
        Student(string n = "") : name(n)
        {
            cout<< "Student Constructor" <<endl;
        }
        //显示学生信息的函数
        void DisplayInfo()
        {
            cout<< "Name: " << name <<endl;
        }
};
//派生类：研究生
class GraduateStudent : public Student
{
```

```
    protected:
        string researchArea; //研究方向
    public:
        //构造函数，使用初始化列表初始化基类和派生类的成员
        GraduateStudent(string n, string ra) : Student(n), researchArea(ra)
        {
            cout<< "GraduateStudent Constructor" <<endl;
        }
        //显示研究生信息的函数
        void DisplayInfo()
        {
            Student::DisplayInfo(); //调用基类的displayInfo函数
            cout<< "Research Area: " <<researchArea<<endl;
        }
};

int main()
{
    //创建学生对象
    Student student("Alice");
    student.DisplayInfo();

    //创建研究生对象
    GraduateStudent gradStudent("Bob", "Computer Science");
    gradStudent.DisplayInfo();

    return 0;
}
```

运行结果：

```
Student Constructor
Name: Alice
Student Constructor
GraduateStudent Constructor
Name: Bob
Research Area: Computer Science
```

在例 15-2 中：

- 基类 Student 的构造函数使用了构造函数初始化列表来初始化 name 数据成员。
- 派生类 GraduateStudent 的构造函数同样使用了构造函数初始化列表，首先调用基类 Student 的构造函数来初始化继承的 name 成员，然后初始化派生类特有的 researchArea 成员。
- 在类 Student 和 GraduateStudent 的构造函数中各输出一行提示，以验证构造函数的调用顺序。

从程序的输出结果可以看出，派生类对象的基类部分已经得到了正确的初始化，这一点从输出中的第 5 行得到了证实。在创建派生类对象的过程中，首先被调用的是基类的构造函数，紧接着才是派生类的构造函数，这一点在输出的第 3 行和第 4 行中得到了体现。

15.2.2 析构函数

在 C++中，派生类对象的析构过程遵循与构造过程相反的顺序，即先调用派生类的析构函数，再调用基类的析构函数。例 15-3 在例 15-2 的基础上为基类和派生类添加了析构函数。

【例 15-3】 继承自学生类的研究生类，派生类对象的析构顺序。

```
#include <iostream>
#include <string>
using namespace std;
//基类：学生
class Student
{
    protected:
        string name; //学生姓名
    public:
        //构造函数
        Student(string n = "") : name(n)
        {
            cout<< "Student Constructor" <<endl;
        }
        //析构函数
        ~Student()
        {
            cout<< "Student Destructor" <<endl;
        }
        //显示学生信息的函数
        void DisplayInfo()
        {
            cout<< "Name: " << name <<endl;
        }
};
//派生类：研究生
class GraduateStudent : public Student
{
    protected:
        string researchArea; //研究方向
    public:
        //构造函数，使用初始化列表初始化基类和派生类的成员
        GraduateStudent(string n, string ra): Student(n), researchArea(ra)
        {
            cout<< "GraduateStudent Constructor" <<endl;
        }
        //析构函数
        ~GraduateStudent()
        {
            cout<< "GraduateStudent Destructor" <<endl;
        }
        //显示研究生信息的函数
        void DisplayInfo()
```

```
        {
            Student::DisplayInfo(); //调用基类的 displayInfo 函数
            cout<< "Research Area: " <<researchArea<<endl;
        }
};

int main()
{
    //创建研究生对象
    GraduateStudent gradStudent("Bob", "Computer Science");
    gradStudent.DisplayInfo();

    return 0;
}
```

运行结果：

```
Student Constructor
GraduateStudent Constructor
Name: Bob
Research Area: Computer Science
GraduateStudent Destructor
Student Destructor
```

在例 15-3 中，为类 Student 和 GraduateStudent 添加了析构函数，在析构函数中各输出一行提示，以验证析构函数的调用顺序。

从程序的输出结果可以看出，派生类对象析构时，先调用派生类的析构函数，再调用基类的构造函数，这一点在输出的第 5 行和第 6 行中得到了体现。

15.2.3 组合与继承

作为代码复用的两种策略，组合提供了一种更为灵活和动态的复用机制，而继承则构建了一种更为严格和固定的类关系。

1. 组合

- 组合是一种“包含”的关系，其中一个类（称为组合类）包含另一个类（称为成员类）的实例作为自己的成员变量。
- 组合强调“has-a”关系，即组合类的对象“有”一个或多个成员类的对象。

2. 继承

- 继承是一种“是一个”（is-a）的关系，其中的子类继承父类的属性和方法。

在实际编程中，选择组合还是继承通常取决于具体的设计需求和上下文。组合通常被认为是更安全的策略，因为它避免了继承可能引入的紧密耦合问题。然而，继承在实现多态性和代码复用方面更为直接和强大。在某些情况下，组合和继承可以结合使用，以实现更复杂的设计模式和系统架构。

当组合和继承在 C++类设计中结合使用时，对象的构造和析构过程遵循特定的顺序。以下是对 12.3.2 节所述的对象构造和析构顺序的扩展总结。

（1）调用基类构造函数，若某个基类仍是派生类，则这种调用基类构造函数的过程递归进行下去。

（2）调用各成员对象的构造函数，调用顺序按照它们在类中声明的顺序。

（3）执行派生类的构造函数体中的内容。

（4）析构顺序与构造顺序相反。对象的析构函数在对象生命周期结束时被调用，其执行顺序与构造函数的调用顺序相反。

【例 15-4】 同时包含组合与继承的派生类对象构造和析构顺序。

```
#include <iostream>
using namespace std;

//基类：Base
class Base
{
    public:
        //基类的构造函数，初始化数据成员 baseValue
        Base(int baseValue) : baseValue(baseValue)
        {
            cout<< "Base constructor" <<endl;
        }
        //基类的析构函数
        ~Base()
        {
            cout<< "Base destructor" <<endl;
        }
        //基类的 print 函数，输出数据成员 baseValue 的值
        void PrintBase()
        {
            cout<<baseValue<<endl;
        }
    private:
        int baseValue; //基类的私有数据成员 baseValue
};

//成员类：Member
class Member
{
    public:
        //成员类的构造函数，初始化数据成员 memberValue
        Member(int memberValue) : memberValue(memberValue)
        {
            cout<< "Member constructor" <<endl;
        }
        //成员类的析构函数
        ~Member()
        {
            cout<< "Member destructor" <<endl;
        }
        //成员类的 print 函数，输出数据成员 memberValue 的值
        void PrintMember()
        {
            cout<<memberValue<<endl;
```

```
        }
    private:
        int memberValue; //成员类的私有数据成员 memberValue
};

//派生类：Derive，继承自 Base 类，并且包含一个 Member 类的实例
class Derive : public Base
{
    public:
        //派生类的构造函数，使用成员初始化列表初始化 Base 类和 Member 类的成员
        Derive(int baseValue, int memberValue, int deriveValue) :
Base(baseValue),
            deriveValue(deriveValue), member(memberValue)
        {
            cout<< "Derive constructor" <<endl;
        }
        //派生类的析构函数
        ~Derive()
        {
            cout<< "Derive destructor" <<endl;
        }
        //派生类的 print 函数，依次调用 Base 类和 Member 类的 print 函数，并输出数据
        //成员 deriveValue 的值
        void PrintDerive()
        {
            Base::PrintBase();     //调用基类的 printBase 函数
            member.PrintMember(); //调用 Member 实例的 printMember 函数
            cout<<deriveValue<<endl;
        }
    private:
        int deriveValue;            //派生类的私有数据成员 deriveValue
        Member member;              //派生类中包含的 Member 类的实例
};

int main()
{
    //在 main 函数中创建 Derive 类的对象 d，并传递参数初始化
    Derive d(1, 2, 3);
    d.PrintDerive(); //调用 d 的 printDerive 函数，输出数据成员的值

    return 0;
}
```

运行结果：

```
Base constructor
Member constructor
Derive constructor
1
2
3
```

```
Derive destructor
Member destructor
Base destructor
```

在例 15-4 中：

- 基类 Base 拥有数据成员 baseValue，在构造函数和析构函数中输出调用提示，在 PrintBase 函数中输出成员值。
- 成员类 Member 拥有数据成员 memberValue，在构造函数和析构函数中输出调用提示，在 PrintMember 函数中输出成员值。
- 派生类 Derive 继承自基类 Base，添加数据成员 deriveValue 和 member，在构造函数和析构函数中输出调用提示。在 PrintDerive 函数中，调用 Base::PrintBase()输出基类数据成员值，调用 member.PrintMember()输出成员数据成员值，并直接输出成员值 deriveValue。
- 在主函数中，创建 Derive 类的对象 d，传递参数 1、2 和 3 分别初始化基类 Base、成员类 Member 和派生类 Derive 的数据成员。调用 d 的 PrintDerive 函数，输出所有成员变量的值。
- 程序输出结果验证了派生类对象生命周期中构造函数和析构函数的调用顺序。

15.3　多态

多态（Polymorphism）是继承的延伸。通过继承创建的一组相似类型，多态允许开发者忽略它们之间的区别进行编程。通过多态机制，开发者在编写程序时可以不必关心对象的具体类型，只需关注它们共有的接口，从而实现代码的进一步复用和类型解耦。

15.3.1　多态概念

多态是指当不同对象接收到相同的消息时能产生不同的动作。在 C++中，“对象”是指类的实例。“消息”是对对象的函数调用请示。当调用一个对象的成员函数时，可以理解成是在向该对象发送消息。“动作”是指对象在接收到消息后执行的具体行为，即成员函数的执行过程。不同类中可以包含同名成员函数，甚至同一个类中也可以有同名成员函数（函数重载），而对这些同名函数的调用可以绑定到不同类中的函数定义，从而表现为多态。

广义多态可分为静态多态和动态多态两种，而狭义多态特指动态多态。

静态多态，即编译时多态，是指在程序编译阶段即可确定函数调用和函数定义绑定关系的多态，通常是通过函数重载（函数名相同，参数列表不同）和运算符重载来实现的。

动态多态，即运行时多态，是指推迟到程序运行时才能确定函数调用和函数定义绑定关系的多态。在编译时，函数调用与函数定义暂时不绑定；在运行时，根据实际对象类型绑定函数调用与函数定义。与静态多态相比，动态多态需要在运行时进行额外的计算以完成绑定，这可能会引入一些性能开销。

动态多态的实现依赖于一个新的概念：虚函数。具体来说，实现动态多态需要以下三个条件。

（1）公有继承。继承允许开发者在基类中定义一个通用的接口，而具体的实现则在派生类中完成。

（2）基类的指针或引用。

（3）虚函数。

继承的概念已经在前面介绍，下面详细探讨实现动态多态的另外两个条件：基类的指针或引用（向上转型）和虚函数。

15.3.2 向上转型

向上转型（Upcasting）指的是将派生类的对象转换为基类对象的过程。这种转换是自动的，不需要开发者进行任何特殊的操作。因为派生类对象包含基类的所有成员，所以它们可以被看作基类对象的一种特殊形式。

向上转型的特点如下。

（1）安全性。向上转型是安全的，因为派生类对象兼容基类对象的接口，它们拥有基类的所有属性和方法。

（2）接口一致性。向上转型保证了接口的一致性，使得基类指针或引用可以指向任何派生类对象，而不必担心接口不匹配的问题。

（3）代码简洁性。向上转型使得代码更加简洁，开发者可以编写通用的代码来处理不同类型的对象，而不需要对每种派生类进行特殊处理。

向上转型的三种常见形式如下。

（1）用派生类对象初始化或赋值给基类对象。形式上是合法的，但无实际用处。

```
Base b;
Derived d;
b = d;
```

（2）用派生类对象地址初始化或赋值给基类指针。可用于实现多态。

```
Derived d;
Base* b = &d;
```

（3）用派生类对象初始化基类引用。可用于实现多态。

```
Derived d;
Base& b = d;
```

【例 15-5】 只有继承和向上转型条件下的编译时绑定。

```
#include <iostream>
using namespace std;

//定义基类 Base
class Base
{
   public:
       //基类中的 View() 方法
       void View()
       {
          cout<< "In Base!" <<endl;
       }
```

```
};

//定义派生类 Derived，继承自 Base 类
class Derived : public Base
{
    public:
        //派生类中的 View()方法，重写了基类的 View()方法
        void View()
        {
            cout<< "In Derived!" <<endl;
        }
};

//定义一个函数 func，接收一个 Base 类型的引用作为参数
void func(Base& b)
{
    b.View();           //调用传入对象的 View()方法
}

int main()
{
    Derived d1;         //创建派生类 Derived 的对象 d1
    Base b1 = d1;       //向上转型：将派生类对象 d1 赋值给基类对象 b1
    Base& b2 = d1;      //向上转型：将派生类对象 d1 的引用赋给基类引用 b2
    Base* b3 = &d1;     //向上转型：将派生类对象 d1 的地址赋给基类指针 b3

    b1.View();          //调用基类对象 b1 的 View()方法
    b2.View();          //调用基类引用 b2 的 View()方法
    b3->View();         //调用基类指针 b3 的 View()方法

    Base b;             //创建基类 Base 的对象 b
    func(b);            //调用 func 函数，传入基类对象 b
    Derived d;          //创建派生类 Derived 的对象 d
    func(d);            //调用 func 函数，传入派生类对象 d

    return 0;
}
```

运行结果：

```
In Base!
In Base!
In Base!
In Base!
In Base!
```

在例 15-5 中：

- 进行了向上转型。将派生类对象 d1 赋值给基类对象 b1，将派生类对象 d1 的引用赋给基类引用 b2，将派生类对象 d1 的地址赋给基类指针 b3。
- 调用 b1、b2 和 b3 的 View()方法。由于 b1 是基类对象，所以调用的是基类的 View()方法，输出“In Base!”。而 b2 和 b3 是基类引用和指针，并用派生类对象初始化，

但 View 是普通函数，只能在编译时绑定，所以调用的仍然是基类的 View()方法，输出“In Base!”。

- 创建一个 Base 类型的实例 b，并调用 func 函数，传入 b 作为参数。由于 func 接收的是基类引用，所以调用的是基类的 View()方法，输出“In Base!”。
- 创建一个 Derived 类型的实例 d，并调用 func 函数，传入 d 作为参数。因为 func 接收的是基类引用，这里进行向上转型。但 View 是普通函数，只能在编译时绑定，所以调用的仍然是基类的 View()方法，输出“In Base!”。
- 本例中虽然包含继承、基类的指针或引用，但由于缺少虚函数这一关键要素，它只能实现编译时绑定，而无法展现多态性。

15.3.3 虚函数

在基类中，可以通过在函数声明前加上 virtual 关键字来声明一个虚函数。

虚函数的声明格式如下。

```
virtual <数据类型> 函数名 (参数列表);
```

显然，虚函数与普通函数的主要区别在于声明时使用了 virtual 关键字。因为不允许在定义时重复使用 virtual 关键字，所以虚函数的定义与普通函数相同。

当基类中声明了一个虚函数，任何该基类的派生类都可以重写这个函数。所谓重写（Override），是指派生类提供与基类中具有相同函数原型（返回类型、名称和参数列表）的函数的行为。该函数的所有重写版本均支持动态绑定。

在例 15-5 的基础上，例 15-6 加入虚函数，实现了动态多态。

【例 15-6】 继承+基类指针或引用+虚函数条件下的动态多态。

```
#include <iostream>
using namespace std;

//定义基类 Base
class Base
{
    public:
        //基类中的 View()方法
        virtual void View()
        {
            cout<< "In Base!" <<endl;
        }
};

//定义派生类 Derived，继承自 Base 类
class Derived : public Base
{
    public:
        //派生类中的 View()方法，重写了基类的 View()方法
        void View()
        {
            cout<< "In Derived!" <<endl;
```

```
        }
};

//定义一个函数 func，接收一个 Base 类型的引用作为参数
void func(Base& b)
{
    b.View();           //调用传入对象的 View()方法
}

int main()
{
    Derived d1;         //创建派生类 Derived 的对象 d1
    Base b1 = d1;       //向上转型：将派生类对象 d1 赋值给基类对象 b1
    Base& b2 = d1;      //向上转型：将派生类对象 d1 的引用赋给基类引用 b2
    Base* b3 = &d1;     //向上转型：将派生类对象 d1 的地址赋给基类指针 b3

    b1.View();          //调用基类对象 b1 的 View()方法
    b2.View();          //调用基类引用 b2 的 View()方法
    b3->View();         //调用基类指针 b3 的 View()方法

    Base b;             //创建基类 Base 的对象 b
    func(b);            //调用 func 函数，传入基类对象 b
    Derived d;          //创建派生类 Derived 的对象 d
    func(d);            //调用 func 函数，传入派生类对象 d

    return 0;
}
```

运行结果：

```
In Base!
In Derived!
In Derived!
In Base!
In Derived!
```

在例 15-6 中：

- 在基类 Base 中定义了虚函数 View，在派生类中重写了该虚函数。重写时不需要再使用关键字 virtual 声明，因为虚函数的性质会被派生类继承下来。
- 将 d1 向上转型为 Base 类型的对象 b1、引用 b2 和指针 b3。
- 调用 b1 的 View()方法。虽然 View 是虚函数，由于 b1 是基类对象，而不是基类指针或引用，因此只能是编译时绑定基类的函数，输出“In Base!”。
- 调用 b2 和 b3 的 View()方法。b2 是基类引用，b3 是基类指针，View 是虚函数，因此会进行动态绑定。运行时根据它们指向对象的实际类型（此处是派生类）绑定到对应的方法，输出“In Derived!”。
- 函数 func 的形参是基类引用，在其中调用了虚函数，三个条件均满足，因此会进行动态绑定。所以 func(b)会调用 Base 类的 View()方法，输出“In Base!”；而 func(d)会调用 Derived 类的 View()方法，输出“In Derived!”。

关于虚函数的使用，以下几点值得特别注意。

（1）静态成员函数不可以被声明为虚函数。静态成员函数属于类本身而非类的实例，因此它们不涉及对象的多态性。由于虚函数的多态行为依赖于对象的具体类型，这使得静态成员函数与虚函数机制不兼容。

（2）内联函数不应声明为虚函数。内联函数旨在通过在编译时将函数体直接嵌入调用点来提高执行效率。然而，虚函数的动态绑定特性需要在运行时确定调用哪个函数，这与内联函数的设计初衷相违背。

（3）构造函数不应被声明为虚函数。构造函数的职责是初始化新创建的对象，且在对象创建过程中被调用。直到构造函数完成调用之后，虚函数机制才处于可用状态。

（4）析构函数通常声明为虚函数。当类被设计为多态基类时，析构函数通常应该被声明为虚函数。这样做可以确保当通过基类指针删除派生类对象时，能够正确地调用派生类的析构函数，从而避免资源泄漏。

【例 15-7】 非虚析构函数的问题。

```
#include <iostream>
using namespace std;

//定义基类 Base
class Base
{
   public:
       //基类构造函数
       Base()
       {
          cout<< "Base constructor called" <<endl;
       }

       //析构函数
       ~Base()
       {
          cout<< "Base destructor called" <<endl;
       }
};

//定义派生类 Derived，继承自 Base 类
class Derived : public Base
{
   public:
       //派生类构造函数
       Derived()
       {
          cout<< "Derived constructor called" <<endl;
       }

       //派生类析构函数
       ~Derived()
       {
```

```
            cout<< "Derived destructor called" <<endl;
        }
};

int main()
{
    Base* b = new Derived(); //创建基类指针，指向派生类对象
    cout<< "Deleted using base class pointer" <<endl;
    delete b; //通过基类指针删除对象

    return 0;
}
```

运行结果：

```
Base constructor called
Derived constructor called
Deleted using base class pointer
Base destructor called
```

主函数定义了一个基类指针，并使用 new 关键字动态创建了一个派生类的对象，初始化给该指针。这一过程首先触发了基类的构造函数，随后是派生类的构造函数的调用。接着，程序输出了一条提示信息“Deleted using base class pointer”。然后，在通过基类指针使用 delete 释放对象时，由于基类的析构函数没有被声明为虚函数，结果只触发了基类的析构函数的执行，而派生类的析构函数并未被调用。在这种情况下，派生类中分配的资源可能不会被正确释放，导致资源泄漏。

【例 15-8】 基类中声明虚析构函数。

```
#include <iostream>
using namespace std;

//定义基类 Base
class Base
{
    public:
        //基类构造函数
        Base()
        {
            cout<< "Base constructor called" <<endl;
        }

        //虚析构函数
        virtual ~Base()
        {
            cout<< "Base destructor called" <<endl;
        }
};

//定义派生类 Derived，继承自 Base 类
class Derived : public Base
{
```

```
    public:
        //派生类构造函数
        Derived()
        {
            cout<< "Derived constructor called" <<endl;
        }

        //派生类析构函数
        ~Derived()
        {
            cout<< "Derived destructor called" <<endl;
        }
};

int main()
{
    Base* b = new Derived(); //创建基类指针，指向派生类对象
    cout<< "Deleted using base class pointer" <<endl;
    delete b; //通过基类指针删除对象

    return 0;
}
```

运行结果：

```
Base constructor called
Derived constructor called
Deleted using base class pointer
Derived destructor called
Base destructor called
```

例 15-8 在例 15-7 的基础上对代码进行了一处修改，将基类的析构函数声明为虚函数。这一关键改动确保了所有派生类的析构函数也自动成为虚函数。通过观察输出结果，可以清晰地看到，当通过基类指针删除派生类对象时，不仅基类的析构函数被正确调用，派生类的析构函数也得到了合理的执行。这样的设计保证了资源管理的完整性，避免了因析构函数未被调用而导致的潜在资源泄漏问题。

15.4 抽象类

15.4.1 纯虚函数

纯虚函数是一种特殊的虚函数，它没有具体实现。即只有函数声明，没有相应的函数定义。纯虚函数的声明方式是在虚函数声明的末尾加上“= 0”。

纯虚函数的声明格式为

virtual <数据类型> 函数名 (参数列表)=0;

纯虚函数常用于在基类中仅定义接口，而无须提供具体的实现细节。通过将函数声明为纯虚函数，基类强制要求任何派生类都必须包含或实现这些函数。

15.4.2　抽象类的使用

抽象类（Abstract Class）是指不能直接实例化的类。一个抽象类至少包含一个纯虚函数。含有纯虚函数的类为抽象类，反之，称为具体类（Concrete Class）。

抽象类的作用如下。

（1）作为基类。抽象类不能创建对象，通常用作基类，为派生类提供一个共同的起点。

（2）定义接口。抽象类中的纯虚函数可以用来定义一个接口规范，所有具体的派生类都必须实现这些纯虚函数。

（3）实现多态。抽象类支持多态性，允许基类指针或引用指向派生类对象，并调用派生类中的具体实现。

【例 15-9】 抽象类的使用。

```
#include <iostream>
#include <cmath> //包含 M_PI 的宏定义
using namespace std;
//抽象类 Shape
class Shape
{
   public:
      //纯虚函数，计算面积
      virtual double Area()  = 0;

      //虚析构函数，确保派生类析构函数被调用
      virtual ~Shape() {}
};
//派生类 Circle
class Circle : public Shape
{
   private:
      double Radius;

   public:
      Circle(double r) : Radius(r) {}

      //重写 Area 函数
      double Area()
      {
         return M_PI * Radius * Radius;
      }
};

//派生类 Rectangle
class Rectangle : public Shape
{
   private:
      double Width;
      double Height;

   public:
```

```
        Rectangle(double w, double h) : Width(w), Height(h) {}

        //重写 Area 函数
        double Area()
        {
            return Width * Height;
        }
};

//主函数
int main()
{
    //由于 Shape 是抽象类，不能直接创建 Shape 类型的对象
    //Shape shape; //错误：不能实例化抽象类

    //创建 Circle 和 Rectangle 对象
    Circle circle(5.0);
    Rectangle rectangle(4.0, 6.0);

    //通过基类指针调用派生类的函数
    Shape* shape = &circle;
    cout<< "Circle area: " << shape->Area() <<endl;
    shape = &rectangle;
    cout<< "Rectangle area: " << shape->Area() <<endl;

    return 0;
}
```

运行结果：

```
Circle area: 78.5398
Rectangle area: 24
```

在例 15-9 中：

- 基类 Shape 是一个抽象类，它包含一个纯虚函数 Area 和一个虚析构函数。
- Circle 和 Rectangle 是两个派生类，它们分别实现了基类 Shape 中声明的纯虚函数接口。
- 在主函数中，创建了 Circle 和 Rectangle 类型的对象，并通过基类 Shape 的指针来调用这些对象的成员函数，展示了多态性。
- 由于 Shape 是抽象类，不能直接创建它的实例，否则会引起编译错误。
- M_PI 是<cmath>头文件中包含的一个宏定义，是圆周率 π（Pi）的一个近似值，精确到小数点后若干位，与编译器和平台相关。

15.5 小结

15.5.1 思维导图

本章思维导图如图 15-4 所示。

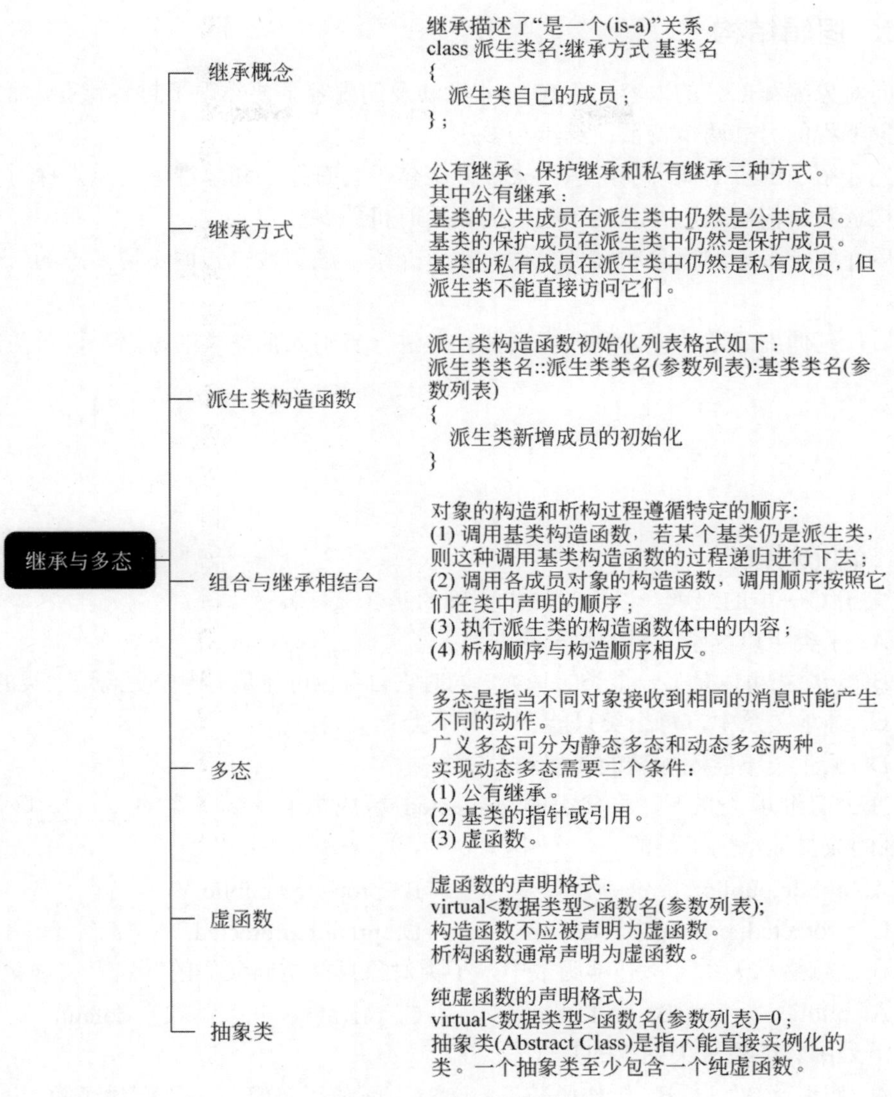

图 15-4　本章思维导图

15.5.2　思维模式

本章涉及的主要思维模式如表 15-1 所示。

表 15-1　本章主要思维模式

模　式	说　　明
继承	继承是面向对象编程的基本特征之一，它允许开发者创建与已有类相似但又不相同的新类。与组合相似，继承也可以看作一种代码复用方法。通过复用现有类的功能来创建新类，开发者只需在新类中添加新的内容或覆盖原有内容。与组合体现的“has-a”关系不同，继承描述了“is-a”关系，从而可以对现实世界的这一类关系进行建模
多态	多态是面向对象编程的基本特征之一，是继承的延伸。通过继承创建的一组相似类型，多态允许开发者忽略它们之间的区别进行编程。通过多态机制，开发者在编写程序时可以不必关心对象的具体类型，只需关注它们共有的接口，从而实现代码的进一步复用和类型解耦。多态可理解为当不同对象接收到相同的消息时能产生不同的动作

15.5.3 逻辑结构

面向对象编程部分的内容，第 10～14 章涉及的内容主要体现了封装特征，而本章介绍面向对象编程的另外两个特征：继承与多态。

首先介绍了继承的概念和继承方式，并聚焦于公有继承和单继承。重点探讨了派生类对象的构造和析构问题，并总结了它们的调用时机。

然后介绍了多态的概念和实现条件，重点介绍了虚函数。强调实现多态的三个条件缺一不可。

最后，延伸虚函数的概念到纯虚函数，并进一步引入抽象类的概念，以及与之对应的具体类。

练习

一、单项选择题

1. 关于 C++中的继承，以下说法中正确的是（　　）。
   A. 子类可以继承父类的每一个成员
   B. 一个类可以是另一个类的基类，同时它自身也可能是另一个更高层次类的派生类
   C. 继承关系中，每个类只能有一个子类
   D. 派生类不能添加新的属性和方法

2. 在公有继承关系下，将父类的 protected 区成员继承到子类的_______区，父类的 public 区的成员继承到子类的_______区。（　　）
   A. public,public　　B. protected,public
   C. protected, private　　D. private,protected

3. 在公有继承关系下，外部函数中，子类对象只能访问父类的（　　）成员。
   A. public　　B. protected　　C. private　　D. default

4. 下列函数能被子类继承的是（　　）。
   A. 构造函数　　B. 析构函数　　C. 赋值运算符　　D. 虚函数

5. 在 C++中，关于派生类构造函数和基类构造函数的调用顺序及参数传递，以下说法中正确的是（　　）。
   A. 派生类的构造函数会先于基类的构造函数执行
   B. 基类的构造函数在派生类构造函数之前执行，并且必须使用构造函数初始化列表来传递参数
   C. 基类的构造函数和派生类的构造函数同时执行
   D. 派生类可以直接在函数体内调用基类的构造函数

6. 在 C++中，关于对象的构造和析构顺序，以下说法中正确的是（　　）。
   A. 派生类的构造函数体执行完毕后，才会调用基类的构造函数
   B. 成员对象的构造函数调用顺序与它们在类中声明的顺序相反
   C. 派生类的构造函数体在所有基类和成员对象的构造函数调用之后执行

D. 析构顺序与构造顺序相反，基类的析构函数先于派生类的析构函数执行

7. 关于 C++中的多态性，以下说法中正确的是（ ）。

A. 静态多态只能在运行时确定函数调用和函数定义的绑定关系

B. 动态多态是通过函数重载和运算符重载来实现的

C. 动态多态需要在运行时进行额外的计算以完成函数调用和函数定义的绑定，可能会引入性能开销

D. 静态多态和动态多态在编译时都可以完全确定函数调用和函数定义的绑定关系

8. 在 C++中实现动态多态需要满足哪些条件？选出以下正确的选项。（ ）

A. 私有继承和基类的指针或引用

B. 公有继承、基类的指针或引用和普通函数

C. 公有继承、基类的指针或引用和虚函数

D. 保护继承、基类的指针或引用和内联函数

9. 虚函数与普通函数的区别就是声明时多了一个关键字（ ）。

A. virtual　　B. abstract　　C. concrete　　D. pure

10. 下列关于纯虚函数和抽象类的描述中错误的是（ ）。

A. 纯虚函数是一种特殊的虚函数，它没有具体的实现

B. 抽象类是指具有纯虚函数的类

C. 一个父类中声明了纯虚函数，其子类一定不再是抽象类

D. 抽象类只能作为父类使用，其纯虚函数的实现由子类给出

二、填空题

1. 若子类只继承自一个父类，则这种继承方式称为_______；若继承自多个类，则这种继承方式称为_______。

2. 继承方式分别为_______，_______，_______。

3. _______用来描述“has-a”关系，_______用来描述“is-a”关系。

4. 多态分为_______时多态，_______时多态。

5. 纯虚函数的声明格式为：_______ 函数类型函数名 (参数表)= _______；。

三、程序设计题

1. 定义一个学生类，数据成员有学号、姓名和年龄，成员函数为三个参数的构造函数、输出成员值的函数。从学生类派生一个研究生类，数据成员有研究方向、导师，成员函数为 5 个参数的构造函数、输出 5 个成员值的函数。在主函数中创建学生类和研究生类对象，并调用各自的输出函数。

2. 在 1 题的基础上，为两个构造函数添加输出提示。为基类和派生类添加各自的析构函数，并在析构函数中添加输出提示。根据程序的输出结果，分析每个构造函数和析构函数的调用顺序。

3. 创建一个名为 Pet 的抽象基类，其中包含一个纯虚函数 speak()，该函数没有具体的实现，用来表示宠物的叫声。基于 Pet 类，创建两个派生类 Cat 和 Dog。在这两个派生类中，重写 speak()函数，分别输出猫和狗的叫声。在主函数中，声明 Pet 类型的指针 p1 和 p2，分别指向创建的 Dog 类和 Cat 类的对象 dog1 和 cat1。通过指针 p1 调用 speak()函数，

通过指针 p2 调用 speak()函数。分析程序的输出。

4. 创建一个名为 Pet 的抽象基类，其中包含一个纯虚函数 speak()，该函数没有具体的实现，用来表示宠物的叫声。基于 Pet 类，创建两个派生类 Cat 和 Dog。在这两个派生类中，重写 speak()函数，分别输出猫和狗的叫声。在主函数中，声明 Pet 类型的引用 r1 和 r2，分别指向创建的 Dog 类和 Cat 类的对象 dog1 和 cat1。通过引用 r1 调用 speak()函数，通过引用 r2 调用 speak()函数。分析程序的输出。

PART

第4部分

C++泛型编程

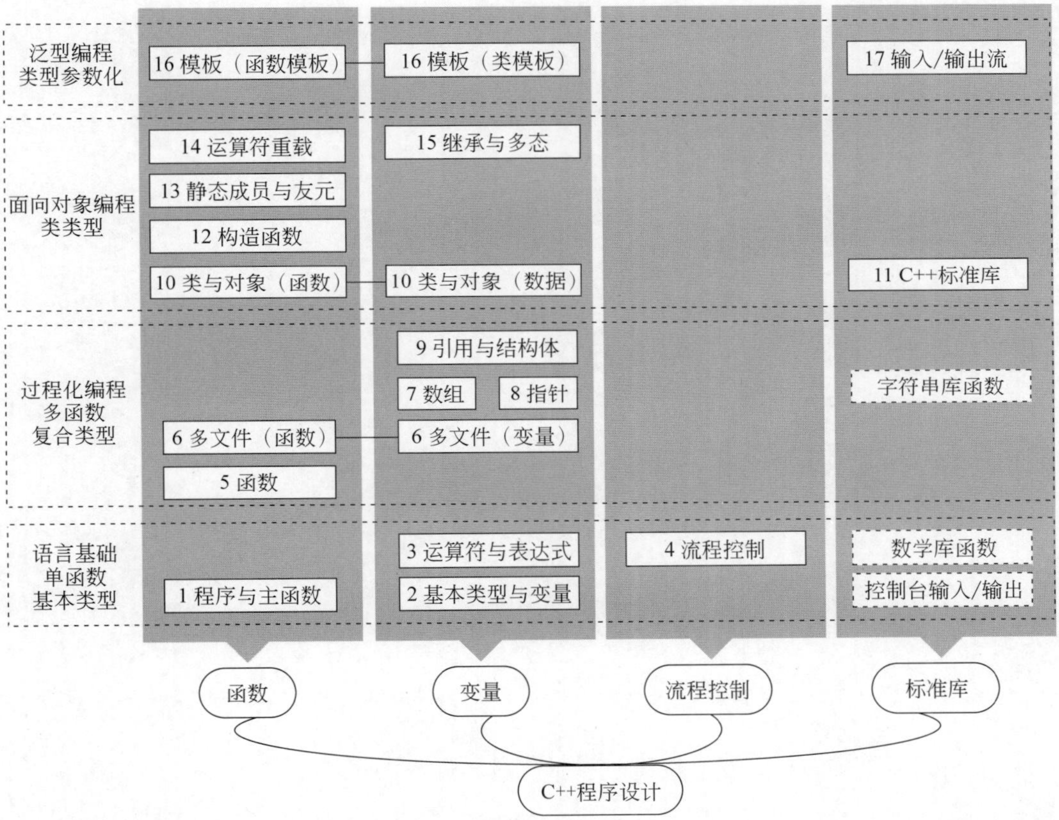

本部分引入模板以支持泛型编程，使得类型像函数参数一样可变化，并涉及对C++标准库输入/输出流的介绍。本部分的主要特点是类型参数化。

泛型编程是一种更抽象的编程范式，它强调使用类型参数来构建能够处理多种数据类型的算法和数据结构，从而进一步提高了代码的复用性。通过泛型编程，开发者可以编写一套算法或数据结构，然后用于多种数据类型，而无须为每种类型编写特定的代码。在C++中，使用模板来定义泛型函数和泛型类。模板是一种能够接收类型参数的蓝图，可以根据需求实例化为特定类型的函数和类。

本部分包含的章节如下。

第16章　模板

第17章　输入/输出流

第 16 章 模板

泛型编程就是以独立于任何特定类型的方式编写代码。在 C++中，模板是实现泛型编程的关键机制，它使得开发者能够编写出与数据类型无关的代码。

模板通过参数化类型来实现代码的泛化，这样，模板在编译时能够根据提供的类型参数自动生成特定类型的类和函数。模板本身并不是实际的代码实现，而是作为生成具体代码的蓝图。C++的模板机制将泛型编程的理念付诸实践，有效减少了代码的冗余，提高了代码的复用性和可维护性。

通过本章的学习，读者将理解模板的概念，掌握函数模板的定义和使用，掌握类模板的定义和使用，了解标准模板库的使用。

课程思政

社会主义核心价值观：作为本书中讨论的抽象级别最高的编程范式，泛型编程强调代码的通用性和包容性，这与社会主义核心价值观在社会中的地位和作用有着异曲同工之妙。社会主义核心价值观是中国社会的指导原则，体现了国家的价值目标（富强、民主、文明、和谐）、社会的价值取向（自由、平等、公正、法治）和公民的价值准则（爱国、敬业、诚信、友善）。

16.1 模板概述

16.1.1 模板的概念

所谓模板（Template），是一种使用类型参数来产生一系列函数或类的机制。

一个模板是一种能够接受类型参数的蓝图，可以根据需求实例化为特定类型的函数或类。因此，通过模板可以产生函数或类的集合，使它们操作不同的数据类型，从而避免为每一种数据类型产生一个单独的函数或类的需要。

16.1.2 模板的分类

模板可分为以下两种类型。

1. 函数模板

函数模板是一种可以生成特定数据类型版本的函数的模板。它允许开发者编写一个函数（模板），该函数可以处理任何类型的数据。

2. 类模板

类模板是一种可以生成特定数据类型版本的类的模板。它允许开发者定义一个类（模板），该类可以处理任何类型的数据。

16.1.3 模板的实例化

当定义了函数模板或类模板之后，这些模板可以在程序中根据不同的数据类型需求进行实例化。具体来说，在使用模板时，需要提供具体的类型参数，这些参数将指导编译器生成特定于这些类型的模板函数或模板类，如图 16-1 所示。

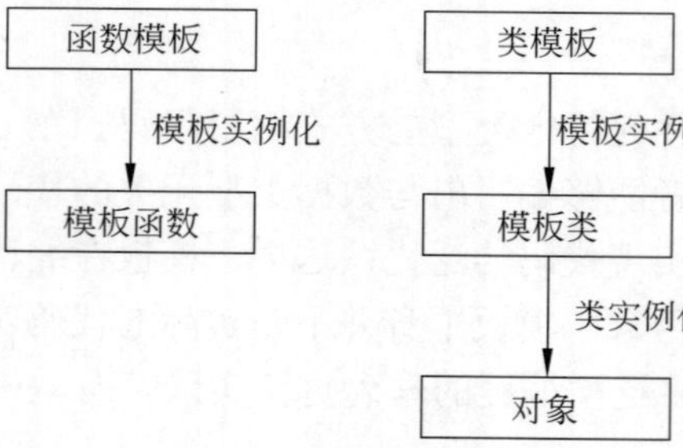

图 16-1 模板的实例化

16.2 函数模板

函数模板是一个独立于类型的函数蓝图，可产生函数的特定类型版本。

16.2.1 函数模板定义

函数模板的定义格式如下。

```
template <模板参数表>
返回值类型  函数名(函数形参表)
{
    函数体
}
```

函数模板的定义由两部分组成：模板声明和函数定义。模板声明的目的是引入函数中将要使用的类型参数。这个声明以 template 关键字开头，随后是包含在一对尖括号<>中的模板参数列表。模板参数列表可以包含一个或多个类型参数，这些类型参数通过 typename 或 class 关键字来声明，并且如果列表中有多个类型参数，它们之间用逗号分隔。函数定义与常规函数定义相似，不同之处在于它使用了模板声明中定义的类型参数。

例如，一个求最大值的函数模板定义如下。

```
template <typename T>
T Max(T a, T b)
{
   return (a > b) ? a : b;
```

```
}
```

在示例中：

第 1 行 template <typename T>：这是模板声明，它告诉编译器 Max 函数是一个模板，它有一个类型参数 T。typename 关键字用来声明 T 是一个类型参数。

第 2 行 T Max(T a, T b)：这是函数定义，它指定了函数的返回类型是 T，并且接收两个参数 a 和 b，它们的类型都是 T。

第 4 行 return (a > b) ? a : b;：这是函数体，它使用三元运算符来比较 a 和 b 的大小，并返回较大的值。

16.2.2 函数模板使用

当调用一个函数模板并为其提供具体的数据类型时，编译器会自动根据这些类型参数生成一个特定于该类型的函数实现。这个过程是自动的，意味着开发者无须手动编写针对每种数据类型的函数代码。生成的函数将专门处理指定的数据类型。因此，从使用的角度来看，函数模板的调用与普通函数的调用并无区别，这使得模板的使用很方便。

【例 16-1】 使用函数模板求两个数的最大值。

```
#include <iostream>
using namespace std;

//定义一个函数模板 Max
template<typename T>
T Max(T a, T b)
{
    return (a > b) ? a : b;
}

int main()
{
    //调用 Max 函数模板，传入两个 int 类型的参数
    cout<< "Max(3,5) is " << Max(3, 5) <<endl;
    //调用 Max 函数模板，传入两个 char 类型的参数
    cout<< "Max('3','5') is " << Max('3', '5') <<endl;
    //调用 Max 函数模板，传入两个 double 类型的参数
    cout<< "Max(3.14, 2.72) is " << Max(3.14, 2.72) <<endl;

    return 0;
}
```

运行结果：

```
Max(3,5) is 5
Max('3','5') is 5
Max(3.14, 2.72) is 3.14
```

在例 16-1 中，定义了函数模板 Max，并在主函数中使用以下三种方式进行了调用。

第 14 行中的 Max(3, 5)：调用 Max 函数模板，传入两个 int 类型的参数（3 和 5）。这里得到的是两个整数中的最大值。

第 16 行中的 Max('3', '5')：调用 Max 函数模板，传入两个 char 类型的参数（'3'和'5'）。这里比较的是字符的 ASCII 值，'5'的 ASCII 值大于'3'，所以输出的是'5'。

第 18 行中的 Max(3.14, 2.72)：调用 Max 函数模板，传入两个 double 类型的参数（3.14 和 2.72）。这里得到的是两个浮点数中的最大值。

每次调用 Max 函数模板时，编译器都会根据提供的参数类型自动实例化一个具体的函数实现。这意味着，以上三次函数调用，导致函数模板在编译时生成了以下三个函数原型对应的函数实现。

```
int Max(int a, int b);
char Max(char a, char b);
double Max(double a, double b);
```

函数模板 Max 与实例化后的模板函数的关系如图 16-2 所示。

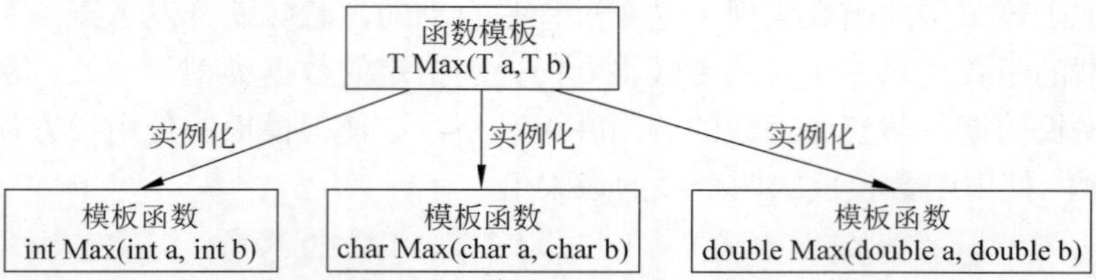

图 16-2 函数模板 Max 及其实例化

16.2.3 函数模板和函数重载

函数模板和函数重载都支持根据输入参数的不同来决定使用哪个函数，但它们的用途和工作方式有所不同。

1. 函数模板

- 基于不同的数据类型，完成相同的操作。
- 同一个模板可以用于多种数据类型，无须为每种类型编写单独的函数。
- 根据调用时提供的类型参数，编译器自动产生相应的目标代码。
- 模板错误通常涉及模板实例化，这可能导致编译器错误信息难以理解。函数模板调试困难，一般先写一个特殊版本的函数，运行正确后，再改成模板函数。

2. 函数重载

- 基于不同的数据类型（或参数个数不同）完成类似(可以不同)的操作。
- 需要为每种参数类型或参数列表编写单独的函数。
- 编译器根据调用时提供的参数来决定使用哪个函数。
- 函数重载的编译错误提示信息比较明确，调试也可以直接定位。

在实际编程中，可以根据需要选择使用函数模板或函数重载，或者将两者结合使用。如果函数模板和函数重载都与调用匹配，并且没有其他因素（如精确匹配）影响决策，编译器通常会优先选择非模板函数，因为它们不需要进行模板实例化。

【例 16-2】 使用模板函数与重载函数求两个数的最大值。

```
#include <iostream>
#include <string> //包含 string 头文件
using namespace std;
```

```
//函数模板，用于比较任意类型的值
template<class T>
T Max(T a, T b)
{
    cout<< "(执行模板函数)";
    return a > b ? a : b;
}

//重载函数，用于比较两个整数
int Max(int a, int b)
{
    cout<< "(执行重载函数)";
    return a > b ? a : b;
}

//重载函数，用于比较两个字符串
string Max(string a, string b)
{
    cout<< "(执行重载函数)";
    return a > b ? a : b;
}

int main()
{
    cout<< "Max(3,5) is " << Max(3, 5) <<endl;

    //使用 string 类型调用 Max 函数
    string s1 = "Hello";
    string s2 = "Gold";
    cout<< "Max(\"Hello\",\"Gold\") is " << Max(s1, s2) <<endl;

    return 0;
}
```

运行结果：

```
Max(3,5) is (执行重载函数)5
Max("Hello","Gold") is (执行重载函数)Hello
```

在例 16-2 中，函数模板和函数重载均提供了 Max 函数的实现，当在主函数中调用时，编译器根据函数实参类型选择合适的版本。

当调用 Max(3, 5)时，编译器看到两个参数都是 int 类型，因此选择了整数重载版本。这是因为整数重载版本提供了一个精确匹配，而模板版本需要类型推导，所以编译器优先选择了重载版本。

当调用 Max(s1, s2)时，编译器看到两个参数都是 string 类型，因此选择了字符串重载版本。同样，这是因为字符串重载版本提供了一个精确匹配，而模板版本需要类型推导。

16.3 类模板

类模板，也被称为泛型类或参数化类，是一种强大的C++特性，它使得开发者能够为类定义一个通用的蓝图或模子。在这个模子中，某些数据成员、成员函数的参数以及返回值可以被指定为任意数据类型。这些类型参数在类模板被实例化时会被具体的数据类型所替代，从而生成特定类型的类。

16.3.1 类模板定义

类模板的定义格式如下。

```
template <模板参数表>
class 类名
{
    类成员
};
```

类模板的定义由两部分组成：模板声明和类定义。模板声明的目的是引入类中将要使用的类型参数。这个声明以 template 关键字开头，随后是包含在一对尖括号< >中的模板参数列表。模板参数列表可以包含一个或多个类型参数，这些类型参数通过 typename 或 class 关键字来声明，并且如果列表中有多个类型参数，它们之间用逗号分隔。类定义与常规类定义相似，不同之处在于它使用了模板声明中定义的类型参数。

例如，一个包含两个模板参数的类模板声明如下。

```
//声明一个包含两个模板参数的类模板
template<typename T1, typename T2>
class Pair {
private:
    T1 first;  //第一个数据成员，类型为T1
    T2 second; //第二个数据成员，类型为T2
public:
    //类模板的构造函数，初始化两个数据成员
    Pair(T1 f, T2 s);
    //成员函数，输出存储的值
    void Print() const;
    //获取第一个值
    T1 GetFirst() const;
    //获取第二个值
    T2 GetSecond() const;
};
```

以上代码声明了一个名为 Pair 的类模板，它接收两个类型参数 T1 和 T2。

第 2 行 template <typename T1, typename T2>：声明了一个模板，其中，typename 关键字用于指定 T1 和 T2 是类型参数。

类名为 Pair，包含两个数据成员，其中，first 的类型为 T1，second 的类型为 T2。另外包含 4 个成员函数：构造函数、输出函数 Print、获取第一个值的函数 GetFirst、获取第二

个值的函数 GetSecond。

16.3.2　成员函数定义

类模板的成员函数可以在类模板内定义，也可以在类模板外定义。当在类模板外定义时，需要在成员函数定义前添加模板声明。

例如，类模板 Pair 的 4 个成员函数定义如下。

```
//类模板成员函数的定义
template<typename T1, typename T2>
Pair<T1, T2>::Pair(T1 f, T2 s) : first(f), second(s) {}

template<typename T1, typename T2>
void Pair<T1, T2>::Print() const
{
   cout<< "First: " << first << ", Second: " << second <<endl;
}

template<typename T1, typename T2>
T1 Pair<T1, T2>::GetFirst() const
{
   return first;
}

template<typename T1, typename T2>
T2 Pair<T1, T2>::GetSecond() const
{
   return second;
}
```

在以上示例中，每个成员函数定义都包含模板参数列表 template <typename T1, typename T2>，这是必需的，以确保编译器知道这些函数是 Pair 类模板的一部分。

16.3.3　类模板使用

当使用类模板来创建对象时，必须明确提供模板参数的具体类型。这需要在类名后附加一对尖括号< >，并在尖括号内指明每个模板参数的具体类型。如例 16-3 在主函数中创建了类模板 Pair 的两个对象。

【例 16-3】 类模板的使用。

```
#include <iostream>
#include <string>
using namespace std;

//声明一个包含两个模板参数的类模板
template<typename T1, typename T2>
class Pair
{
     private:
      T1 first;  //第一个数据成员，类型为 T1
```

```
        T2 second; //第二个数据成员，类型为 T2

    public:
        //类模板的构造函数，初始化两个数据成员
        Pair(T1 f, T2 s);

        //成员函数，输出存储的值
        void Print() const;

        //获取第一个值
        T1 GetFirst() const;

        //获取第二个值
        T2 GetSecond() const;
};

//类模板成员函数的定义
template<typename T1, typename T2>
Pair<T1, T2>::Pair(T1 f, T2 s) : first(f), second(s) {}

template<typename T1, typename T2>
void Pair<T1, T2>::Print() const
{
    cout<< "First: " << first << ", Second: " << second <<endl;
}

template<typename T1, typename T2>
T1 Pair<T1, T2>::GetFirst() const
{
    return first;
}

template<typename T1, typename T2>
T2 Pair<T1, T2>::GetSecond() const
{
    return second;
}

int main()
{
    //实例化 Pair 类模板，分别用于存储 int 和 double 类型的值
    Pair<int, double>intDoublePair(1, 2.5);
    intDoublePair.Print();

    //实例化 Pair 类模板，分别用于存储 string 和 char 类型的值
    Pair<string, char>stringCharPair("Hello", 'A');
    stringCharPair.Print();

    return 0;
}
```

运行结果：

```
First: 1, Second: 2.5
First: Hello, Second: A
```

例 16-3 在 main 函数中，创建了两个 Pair 类模板的实例：一个用于存储 int 和 double 类型的值类，另一个用于存储 string 和 char 类型的值类。同时，分别创建了模板类对应的对象，并分别调用了其构造函数和输出函数。

类模板 Pair 与实例化后的模板类、对象的关系如图 16-3 所示。

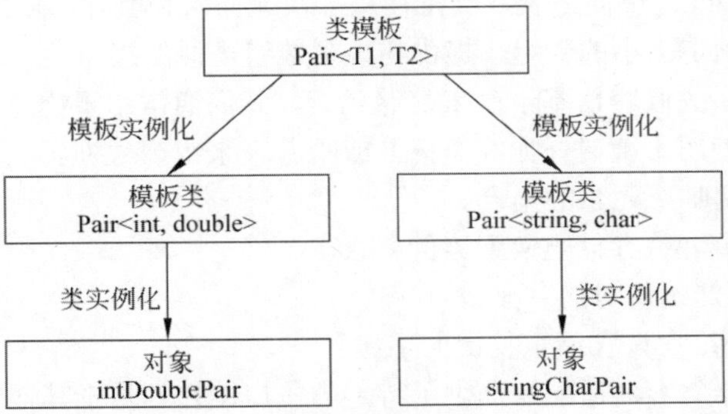

图 16-3　类模板 Pair 及其实例化

16.4　标准模板库

C++的标准模板库（Standard Template Library，STL）是 C++标准库的一个重要组成部分，这一点在第 11 章中已经有所介绍。标准模板库提供了一组通用的模板类和函数，用于容器、迭代器、算法和函数对象。标准模板库是模板编程的典型应用，它展示了模板的强大能力和灵活性。

标准模板库的架构主要划分为三个基本组件：容器、算法和迭代器。

- 容器扮演着通用数据结构的角色，它们的功能类似于现实生活中用于存放物品的容器，但在这里，它们用于存储和管理不同种类的数据对象。
- 算法构成了标准模板库的数据处理核心，它们是独立于具体数据对象的，通过函数模板实现，即泛型算法。
- 迭代器则作为访问容器中数据对象的接口，它们允许开发者通过一种统一的方式访问数据元素，从而成为连接容器与算法的桥梁，使得算法能够在任何容器上工作。

接下来简单介绍容器和算法。

16.4.1　容器

容器是用于存储和管理数据集合的类模板。

在第 11 章中，已经探讨了 string 类和 vector 类模板。vector 是一个典型的容器，用于存储和管理动态数组。而 string 类，尽管它通常被视为一个字符串类，也可以被看作一种特殊的容器，因为它内部维护了一个字符序列，并且提供了许多类似于容器的操作和功能。

C++标准模板库中的容器主要分为三大类别，每一类别都针对不同的使用场景和数据管理需求提供了特定的功能和性能特点。以下是这三类容器的简要介绍。

（1）序列容器。序列容器保持元素的插入顺序，允许通过索引访问元素。它们提供了类似于数组的功能，但比普通数组更加灵活，因为它们可以动态地调整大小。

- std::vector：动态数组，支持快速随机访问。
- std::deque：双端队列，支持在两端快速插入和删除。
- std::list：双向链表，支持在任何位置快速插入和删除。
- std::forward_list：单向链表，支持在头部快速插入和删除，以及在尾部快速插入。
- std::array：固定大小的数组，提供与内置数组类似的接口。

（2）关联容器。关联容器基于键来存储元素，它们通常用于快速查找、插入和删除操作。这些容器内部使用平衡树（如红黑树）或哈希表来组织数据。

- std::set：存储唯一元素的集合。
- std::multiset：允许存储重复元素的集合。
- std::map：存储键值对的字典。
- std::multimap：允许存储重复键的字典。

（3）容器适配器。容器适配器提供了特定的接口，它们基于其他容器实现，但限制了接口的使用，以满足特定的数据结构需求。

- std::stack：栈，遵循后进先出（LIFO）原则。
- std::queue：队列，遵循先进先出（FIFO）原则。
- std::priority_queue：优先队列，元素根据优先级出队。

第 11 章已经详细介绍了 vector 容器的基本操作，因此，在此不再赘述。

16.4.2 泛型算法

标准模板库提供的算法主要分布在三个核心头文件中：<algorithm>、<numeric>和<functional>。

<algorithm>头文件包含广泛的函数模板，它们实现了多种算法操作，如比较、交换、遍历、复制、修改、删除、合并、排序等。这些算法可以应用于任何容器，使得对数据集合的处理变得灵活而强大。

<numeric>头文件主要包含一些在序列上执行基础数学运算的函数模板，例如，计算序列的总和或乘积，以及执行加法和乘法操作。这些算法通常用于数值计算，可以高效地处理序列数据。

<functional>头文件定义了一系列的类模板，用于声明函数对象。函数对象是那些重载了函数调用操作符的类实例，它们使得 STL 算法能够接受自定义的操作，如比较、计算等，从而扩展了算法的功能。

接下来，通过两个例子演示交换和排序算法的使用。

1. swap 算法

该算法包含在<algorithm>头文件中，可以交换两个元素的值，函数原型为

```
template <class T>
```

```
void swap(T& x,T& y);
```

【例 16-4】　swap 算法的使用。

```
#include <iostream>
#include <algorithm> //提供了通用算法，包括 swap 函数
using namespace std;

int main()
{
    double num1 = 3.2, num2 = 6.4;
    cout<< "Numbers before swap: " << num1 << ", " << num2 <<endl;
    swap(num1, num2);
    cout<< "Numbers after swap: " << num1 << ", " << num2 <<endl;

    int num3 = 10, num4 = 20;
    cout<< "Numbers before swap: " << num3 << ", " << num4 <<endl;
    swap(num3, num4);
    cout<< "Numbers after swap: " << num3 << ", " << num4 <<endl;

    return 0;
}
```

运行结果：

```
Numbers before swap: 3.2, 6.4
Numbers after swap: 6.4, 3.2
Numbers before swap: 10, 20
Numbers after swap: 20, 10
```

例 16-4 中，第 9 行调用 swap 函数模板交换 double 类型变量 num1 和 num2 的值，此处实例化为形参为 double 类型的函数。第 14 行调用 swap 函数模板交换 int 类型变量 num3 和 num4 的值，此处实例化为形参为 int 类型的函数。

2. sort 算法

该算法也包含在<algorithm>头文件中，可以按照升序或者自定义的排序函数 pr()重排序列左闭右开区间[first，last)内的元素，函数原型为

按照升序进行排序：

```
template<class RanIt>
void sort(RanIt first,RanIt last);
```

按照自定义排序函数 pr()进行排序：

```
template<class RanIt,class Pred>
void sort(RanIt first,RanIt last,Pred pr);
```

【例 16-5】　sort 算法的使用。

```
#include <iostream>
#include <algorithm>     //包含 STL 算法的头文件
using namespace std;
```

```
//自定义比较函数，如果 a 大于 b 返回 true
bool pr(int a, int b)
{
    return a > b;
}

int main()
{
    int arr[] = {7, -10, 8, 25, 67, -39, 0};
    int size = sizeof(arr) / sizeof(arr[0]);

    cout<< "array before sort:\n";
    for (int i = 0; i < size; i++)
        cout<<arr[i] << ", ";
    cout<<endl;

    //使用 sort 函数对数组进行升序排序
    sort(arr, arr + size);
    cout<< "array after sort:\n";
    for (int i = 0; i < size; i++)
        cout<<arr[i] << ", ";
    cout<<endl; //输出换行符

    //使用 sort 函数和自定义比较函数对数组进行降序排序
    sort(arr, arr + size, pr);
    cout<< "array after sort:\n";
    for (int i = 0; i < size; i++)
        cout<<arr[i] << ", ";
    cout<<endl;

    return 0;
}
```

运行结果：

```
array before sort:
7, -10, 8, 25, 67, -39, 0,
array after sort:
-39, -10, 0, 7, 8, 25, 67,
array after sort:
67, 25, 8, 7, 0, -10, -39,
```

在例 16-5 中，sort 函数模板接收数组的起始和结束迭代器作为参数（左闭右开），以及一个可选的比较函数。如果不提供比较函数，则默认使用 operator<进行升序排序，如第 22 行所示。如果提供了比较函数，则使用自定义的比较函数，如第 29 行所示。比较函数在第 5 行中定义，接收两个整型参数返回布尔类型。true 表示第一个参数排在第二个参数之前，false 表示第一个参数不排在第二个参数之前，本例返回 a>b 表示大数在前。

16.5　小结

16.5.1　思维导图

本章思维导图如图 16-4 所示。

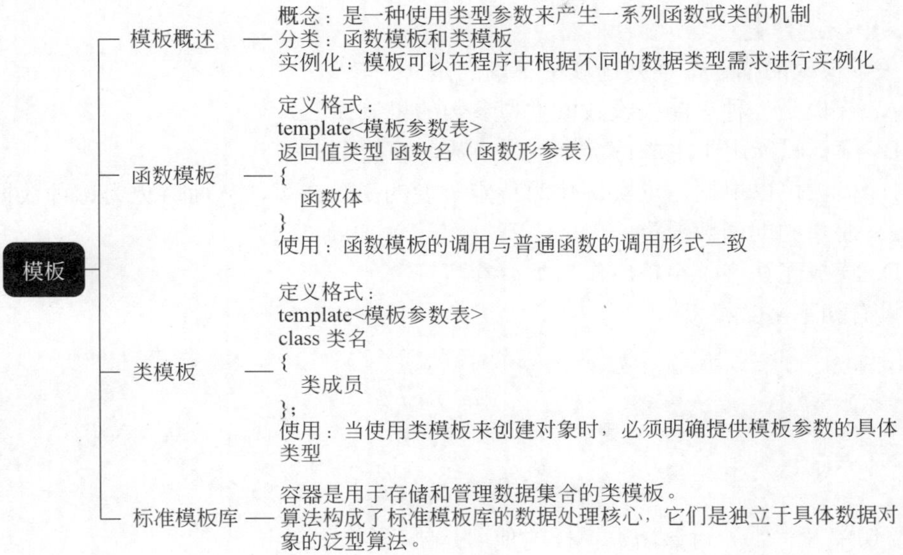

图 16-4　本章思维导图

16.5.2　思维模式

本章涉及的主要思维模式如表 16-1 所示。

表 16-1　本章主要思维模式

模式	说　明
泛型	泛型编程是一种编写代码的范式，它允许代码在不依赖于具体数据类型的情况下编写，从而实现代码的通用性和复用性。在使用泛型时，用户需要指定具体的类型或值，以便程序能够针对特定的数据类型进行操作。模板作为泛型编程的核心机制，使得开发者可以定义能够接收任意类型参数的类和函数。泛型编程与面向对象编程都体现了多态性的概念，但它们的实现机制不同：面向对象编程依赖于运行时多态，而泛型编程则依赖于编译时多态
容器	容器提供了一种灵活且高效的方式来存储和管理数据集合。它们能够以独立于任何特定类型的方式存储数据，是泛型编程思想的直接体现。容器的一个显著特点是它们支持自行扩展，不需要预先指定存储对象的数量。随着面向对象编程语言的发展，容器已成为几乎所有这类语言中的标配。在 C++中，容器通过类模板实现，使得标准模板库中的算法能够无缝应用于各种类型的容器，进一步增强了编程的便捷性和效率

16.5.3　逻辑结构

在 C++中，模板是实现泛型编程的主要工具。本章介绍模板的自定义和标准模板库的使用。

首先介绍了模板的概念和分类，并指出模板在使用时由编译器自动完成实例化。

然后重点讨论了函数模板的定义和使用，以及类模板的定义和使用。

最后，简单介绍了标准模板库的组织结构和使用方法，以便于读者进一步深入学习。

练习

一、单项选择题

1. 关于模板的描述，下列选项中正确的是（　　）。

   A. 模板是一种只能接收数值类型参数的机制

   B. 模板只能用于生成特定类型的函数，不能生成类

   C. 模板可以根据需求实例化为特定类型的函数或类，从而避免为每种数据类型编写单独的函数或类

   D. 模板无法接收字符串作为类型参数

2. 设有如下函数模板：

```
template<class T>
T Sub(Tx,T y)
{
   return (x)-(g);
}
```

则下列语句中（　　）对该函数模板的使用是错误的。

   A. Sub (10,2);　　　　B. Sub (5.0,6.7);

   C. Sub (15.2f,16.0f);　　　　D. Sub ("AB", "CD");

3. 设有函数模板定义如下：

```
template<typename T>
Multiply (T a, T b, T &c)
{
   c=a*b:
}
```

下列选项中正确的是（　　）。

   A. float x, y; float z; Multiply(x, y, z);

   B. int x; float y, z; Multiply(x, y. z);

   C. int x. y; float z; Multiply(x. y. 2);

   D. float x; int y, z; Multiply(x. y, z);

4. 下列模板声明中正确的是（　　）。

   A. template<class Tl, T2>　　　　B. template<typenameTl, typename T2)

   C. template<T1, T2>　　　　D. template<typename T1: typename T2>

5. 以下关于函数模板和函数重载的描述中，正确的是（　　）。

   A. 函数模板和函数重载都只能用于数值类型参数

   B. 函数模板允许编译器自动产生特定类型的代码，而函数重载则需要手动编写每种类型的函数

C. 函数模板的错误通常更容易调试，因为编译器提供明确的提示信息

D. 函数重载允许编译器根据参数类型自动选择函数，而函数模板则需要程序员明确指定模板参数

二、填空题

1. 模板类型分为_______和_______。

2. 声明模板的关键是_______。

3. 定义模板形参的关键字是_______或 class。

三、程序设计题

1. 编写一个函数模板，该模板的功能是接收两个参数并返回它们中的较小值。在主函数中，使用不同类型的数据对来调用这个函数模板，以验证其正确性。

2. 设计一个类模板，该模板包含一个类型为 T 的数组成员 array[N]以及一个成员函数 sort，sort 用于对数组进行排序。在主函数中，使用不同的数据类型来实例化类模板并创建对象，以验证其正确性。

第 17 章 输入/输出流

许多数据处理任务需要读取数据文件，处理这些数据，并将结果写入新的文件。在这种情况下，需要从文件而非控制台读写数据。C++标准库的输入/输出流组件为此提供了一组接口和类，以“流”的方式统一了操作接口，同时支持不同的设备，如控制台和文件等。

输入/输出流组件的设计集中体现了面向对象程序设计的特征，即封装、继承和多态。通过封装，组件隐藏了复杂的实现细节，提供了简洁的操作接口，极大地简化了数据输入/输出任务。通过继承和多态，组件支持不同类型的流对象（如控制台流和文件流）以统一的方式进行操作，实现了操作的一致性和功能的可扩展性。

通过本章的学习，读者将了解输入/输出流组件的组织结构，掌握控制台输入/输出的用法，掌握文件的读写方法，了解字符串流的用法。

课程思政

学以致用：输入/输出是计算机系统的重要组成部分，对学生而言，输入是程序设计基础理论和需要解决的问题，输出是问题的解决方案。在此期间，学生需要经过问题分析、思路形成、方案设计、对比优化等过程，不仅锻炼逻辑思维和问题解决能力，也是将理论知识转化为实践技能的重要途径。

17.1 组织结构

输入/输出流是 C++标准库中的重要组成部分，它是一个面向对象的组件，通过“流”的概念来实现输入和输出功能。流是一种抽象的概念，代表可以在其上执行输入/输出操作的设备，例如控制台、键盘或文件等。

输入/输出流的整体组织结构如图 17-1 所示，具体包含头文件的组织和类的组织两个层次。

17.1.1 头文件组织

输入/输出流的功能被划分到多个头文件中，用户可以根据需求包含相应的头文件。主要的头文件及功能说明如下。

（1）<iostream>包含标准输入/输出流对象 cin（标准输入流）、cout（标准输出流）、cerr（标准错误流）等，以及输入/输出流类 istream（输入流类）、ostream（输出流类）、iostream（输入/输出流类）。常用于控制台的输入/输出。

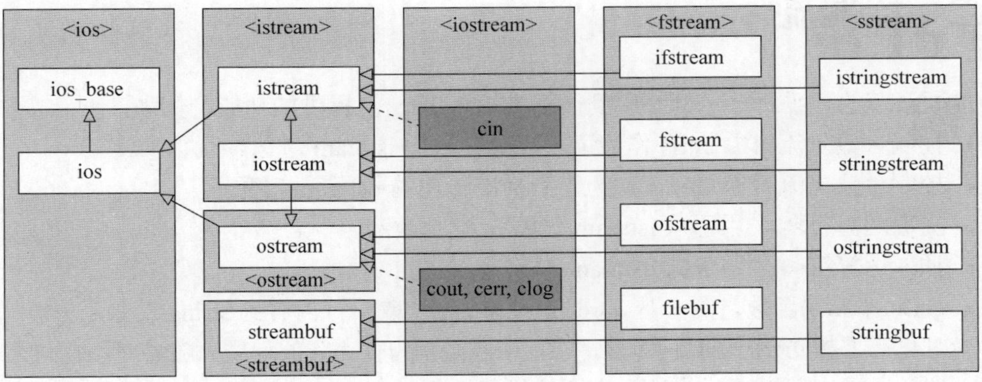

图 17-1　C++标准库输入/输出流的组织结构

（2）<fstream>包含文件输入/输出流类，如 ifstream（文件输入流）、ofstream（文件输出流）、fstream（文件输入/输出流）。用于处理文件的读写操作。

（3）<sstream>包含字符串流类，如 istringstream（字符串输入流）、ostringstream（字符串输出流）、stringstream（字符串输入/输出流）。用于处理字符串数据的输入/输出。

（4）<iomanip>包含一些用于设置输入/输出格式和状态的**控制符**，配合提取运算符>>和插入运算符<<一起使用。

（5）<ios>、<istream>、<ostream>、<streambuf>等通常不直接包含在用户程序中。它们描述了这个类层次结构中的基类，并自动包含在各个派生类的头文件中。

17.1.2　类的组织

输入/输出流涉及的主要类的继承层次结构如图 17-1 所示，其中每个类的功能如表 17-1 所示。

表 17-1　输入/输出流主要类功能

类　别	类　名	功　能
基类	ios	抽象基类
标准流	istream	输入流，从流中读取
	ostream	输出流，写到流中去
	iostream	输入/输出流，对流进行读写。继承自 istream 和 ostream
文件流	ifstream	从文件中读取，继承自 istream
	ofstream	写到文件中去，继承自 ostream
	fstream	读写文件，继承自 iostream
字符串流	istringstream	从 string 对象中读取，继承自 istream
	ostringstream	写到 string 对象中去，继承自 ostream
	stringstream	读写 string 对象，继承自 iostream

17.2 标准流

前面章节的几乎每个示例都用到了标准输入/输出流提供的功能，例如：

- 控制台输入流对象 cin，作为读入标准输入的 istream 对象。
- 控制台输出流对象 cout，作为写到标准输出的 ostream 对象。
- 提取运算符>>，用于从 istream 对象读入。
- 插入运算符<<，用于向 ostream 对象输出。
- getline(cin,s)函数，用于从 istream 对象 cin 读取一行内容到 string 对象 s 中。

当时只需要模仿例子学习“怎么做”，未涉及“为什么”的问题。随着对面向对象编程的深入理解，现在可以探讨为什么需要这样做。

17.2.1 标准输入

在头文件<iostream>中使用以下语句声明了 cin 对象，所以在使用 cin 时，需要包含头文件<iostream>。cin 的类型是输入流 istream，存储类型是外部存储类型 extern，说明该对象的定义不在当前文件。cin 是全局对象，所以包含头文件后可以在每个函数中直接使用。

```
extern istream cin;
```

cin 作为标准输入流对象，其所代表的设备由运行环境决定，而非程序本身。默认情况下，cin 代表键盘。用户可以通过命令行重定向命令修改为指定文件，或者使用管道命令修改为另一个命令的输出结果。

istream 支持使用提取运算符>>读入格式化数据，使用成员函数 read 读入非格式化数据。

- 提取运算符是一个重载运算符，系统为每个基本类型（另外还有 string 类型）提供了对应的重载版本，因此，可以直接读入基本类型的数据。当用于自定义类型时，需要通过为这些类型添加重载的提取运算符，实现对其数据的直接读取功能。
- read 是 istream 的成员函数，用于从输入流中读取指定数量字符（无格式的字符序列）到一个字符数组中，函数原型如下。

```
istream& read(char* s, streamsize n);
```

参数 s 是指向字符数组的指针，代表存储字符的目标缓冲区。参数 n 是要读取的字符数量。函数返回一个对输入流的引用，这允许链式调用其他成员函数。需要注意的是，read 不会自动添加字符串结束标志 '\0'。

17.2.2 标准输出

与对象 cin 相似，在头文件<iostream>中还声明了三个 ostream 对象，其中，cout 表示标准输出，cerr 表示标准错误输出，clog 表示标准日志输出。它们都是全局对象，使用时要包含其头文件<iostream>。

```
extern ostream cout;
extern ostream cerr;
extern ostream clog;
```

cout 作为标准输出流对象，其所代表的设备同样由运行环境决定，而非程序本身。默认情况下，cout、cerr 和 clog 均代表控制台。用户可以通过重定向或管道命令进行修改。

ostream 支持使用插入运算符<<输出格式化数据（有对应的数据类型），使用成员函数 write 输出非格式化数据（字节流数据）。

- 与提取运算符对应，插入运算符也是一个重载运算符，系统为每个基本类型（另外还有 string 类型）提供了对应的重载版本，因此，可以直接输出基本类型的数据。当用于自定义类型时，需要通过为这些类型添加重载的插入运算符，来实现对其数据的直接输出功能。
- write 是 ostream 的成员函数，用于向输出流中写入指定数量字符（无格式的字符序列），函数原型如下。

```
ostream& write(const char* s, streamsize n);
```

参数 s 是指向字符数组的指针，这个数组包含要写入输出流中的字符。参数 n 是要写入的字符数量。函数返回一个对输出流的引用，这允许链式调用其他成员函数。需要注意的是，此函数用于执行非格式化的字符输出，即直接将字符数据写入流中，不进行任何转换或处理。

【例 17-1】 格式化输入/输出与非格式化输入/输出。

```
#include <iostream>
using namespace std;
int main()
{
    cout<< "----------格式化输入/输出----------" <<endl;
    cout<< "输入年龄、分数和姓名：" <<endl;
    int age;
    float score;
    string name;
    cin>> age >> score >> name;
    cin.ignore(); //清空输入流的缓冲区，避免影响下次输入
    cout<< "输出年龄、分数和姓名：" <<endl;
    cout<< "age: " << age <<endl;
    cout<< "score: " << score <<endl;
    cout<< "name: " << name <<endl;
    cout<< "----------非格式化输入/输出----------" <<endl;
    char buffer[6];
    cout<< "输入字符序列：" <<endl;
    cin.read(buffer, 6);
    cout<< "输出字符序列：" <<endl;
    cout.write(buffer, 6);
    return 0;
}
```

运行结果：

```
----------格式化输入/输出----------
输入年龄、分数和姓名：
19 95.6 Tom
```

```
输出年龄、分数和姓名：
age: 19
score: 95.6
name: Tom
----------非格式化输入/输出----------
输入字符序列：
abc 12345
输出字符序列：
abc 12
```

使用标准输入/输出流对象的提取运算符和插入运算符实现格式化输入/输出，例子中演示了整型、浮点型和 string 类型变量的输入和输出过程。

使用成员函数 read 和 write 实现非格式化输入/输出，参数是字符指针和字符数量，内容可以包含任意字符，如“abc 12”共 6 个字符（c 与 1 之间有一个空格），但不会在字符串末尾添加结束标志'\0'。

第 10 行的第一组输入完成后，用户输入的换行符留在输入流中，这里使用 cin.ignore() 来忽略这个换行符，以便后续的输入操作不会立即读取到换行符，从而避免对后续 read 函数的影响。

17.3 文件流

头文件<fstream>中定义了三种支持文件输入/输出的类型：ifstream、ofstream 和 fstream，用户可以根据需求选择合适的类型。其中：

- ifstream，继承自 istream，提供读文件的功能。
- ofstream，继承自 ostream，提供写文件的功能。
- fstream，继承自 iostream，提供读写同一个文件的功能。

因为这些类型均继承自相应的 iostream 类型，所以 17.2 节介绍的标准输入和输出的功能在文件流对象上都是适用的，如提取运算符、插入运算符、成员函数 read 和 write。

这样，对文件操作的学习重点在于文件流类新添加的功能，如打开/关闭文件、文件状态检查、读写位置控制等。

17.3.1 打开文件

不同于 cin 和 cout，读写文件时，需要自定义对象，并绑定到目标文件。这一任务可以分两步完成：先调用无参构造函数创建对象，再调用 open 成员函数绑定文件。如下面的代码段：

```
ofstream outfile;
outfile.open("outfile.txt");
ifstream infile;
infile.open("infile.txt");
```

也可以使用带参数的构造函数一步完成，如下面的代码段：

```
ofstream outfile("outfile.txt");
ifstream infile("infile.txt");
```

其中的参数指定了文件名，这里使用了相对路径，默认与程序源文件处于同一文件夹。当然，也可以使用绝对路径指定其他文件夹下的文件。

还可以设置第二个参数，以指定文件的打开模式，可选的模式见表 17-2。默认情况下，与 ifstream 流对象关联的文件将以 in 模式打开，使文件可读；与 ofstream 关联的文件则以 out 模式打开，使文件可写。以 out 模式打开的文件会被清空，相当于同时指定了 trunc。对于用 ofstream 打开的文件，要保存文件中存在的数据，唯一方法是显式地指定 app 模式：out | app。out、trunc 和 app 模式只能用于指定与 ofstream 或 fstream 对象关联的文件；in 模式只能用于指定与 ifstream 或 fstream 对象关联的文件。所有的文件都可以用 ate 或 binary 模式打开。

表 17-2　文件模式

标　志	含　义	描　述
in	input	打开文件用于读取
out	output	打开文件用于写入
binary	binary	以二进制模式而非文本模式操作
ate	at end	文件打开后定位到文件末尾
app	append	追加模式。所有写入都追加到文件末尾
trunc	truncate	如果该文件已经存在，其内容将在打开文件之前被清空，即把文件长度设为 0

打开文件后，通常要检查是否打开成功，以决定是否继续后面的操作，如例 17-2。

【例 17-2】 打开文件并检查是否打开成功。

```
#include <fstream>
#include <iostream>
using namespace std;
int main()
{
    ifstream infile("infile.txt");
    //检查文件是否打开成功
    if (!infile) {
        cout<< "error: unable to open input file" <<endl;
        return -1;
    }
    //进行读写操作
    cout<< "read data from file stream" <<endl;
    //关闭文件
    infile.close();
    return 0;
}
```

运行结果（创建 infile.txt 之前）：

```
error: unable to open input file
```

运行结果（创建 infile.txt 之后）：

```
read data from file stream
```

因为源程序目录中不存在文件 infile.txt，所以打开失败，程序输出错误提示并退出。当在源程序目录中创建文件 infile.txt 后，文件可以正常打开。

在本例中，并没有执行实际的文件读写操作，而是通过一个输出语句来象征性地表示这一过程。一旦完成了文件的读写任务，通常会调用 close 成员函数来解除流对象与文件之间的绑定，并确保文件被妥善关闭，如第 15 行代码所示。

17.3.2 读写文件

与标准输入/输出流一致，读写文件可以使用提取运算符和插入运算符。

【例 17-3】 如果文件存在，直接读取文件内容；否则，用户从控制台输入数据并保存到文件中。

```
#include <fstream>
#include <iostream>
using namespace std;
int main()
{
    int age;
    float score;
    string name;
    ifstream infile("student.txt");
    if (infile) {      //文件打开成功，从文件中读取数据
        cout<< "从文件输入年龄、分数和姓名：" <<endl;
        infile>> age >> score >> name;
    } else {           //文件打开失败，用户从控制台输入数据，并保存到文件
        cout<< "从控制台输入年龄、分数和姓名：" <<endl;
        cin>> age >> score >> name;
        //保存到文件中
        ofstream outfile("student.txt");
        outfile<< age <<endl;
        outfile<< score <<endl;
        outfile<< name <<endl;
        outfile.close();
    }
    //关闭文件
    infile.close();
    cout<< "输出年龄、分数和姓名：" <<endl;
    cout<< "age: " << age <<endl;
    cout<< "score: " << score <<endl;
    cout<< "name: " << name <<endl;
    return 0;
}
```

运行结果（第一次）：

```
从控制台输入年龄、分数和姓名：
19 95.6 Tom
输出年龄、分数和姓名：
age: 19
score: 95.6
```

```
name: Tom
```

运行结果（第二次及以后）：

```
从文件输入年龄、分数和姓名：
输出年龄、分数和姓名：
age: 19
score: 95.6
name: Tom
```

17.3.3　读写位置控制

除了从头开始的顺序读写，文件流还提供了重新定位文件位置指针的成员函数，以支持随机访问。

（1）seekg(pos)或 seekg(off, base)：设置输入流对象中的读位置（seek get）。

（2）seekp(pos)或 seekp(off, base) ：设置输出流对象中的写位置（seek put）。

（3）tellg()：返回输入流对象的当前位置（tell get）。

（4）tellp()：返回输出流对象的当前位置（tell put）。

其中，参数 pos 表示相对于起始位置的绝对位置；参数 off 表示相对于指定 base 的偏移位置；参数 base 表示偏移的基准位置，有以下三个选项。

- beg：默认的，从流的开头开始定位。
- cur：从流的当前位置开始定位。
- end：从流的末尾开始定位。

例如：

```
infile.seekg(10);                //当前位置移动到第 10 个字符的位置
infile.seekg(10, ios::cur);      //从前位置向末尾移动 10 个字符
infile.seekg(-10, ios::end);     //从文件末尾向开头移动 10 个字符
```

【例 17-4】 读出例 17-3 输出的 student.txt 文件中的姓名。

```
#include <fstream>
#include <iostream>
using namespace std;
int main()
{
    string name;
    ifstream infile("student.txt");
    //检查文件是否打开成功
    if (!infile) {
        cout<< "error: unable to open input file" <<endl;
        return -1;
    }
    //移动文件位置指针到文件末尾
    infile.seekg(0, ios::end);
    //输出当前位置，代表文件的总大小，以字节为单位
    cout<< "file size: " <<infile.tellg() <<endl;
    //从文件末尾向前移动 5 个字符
    infile.seekg(-5, ios::end);
```

```
    infile>> name;
    //关闭文件
    infile.close();
    cout<< "name: " << name <<endl;
    return 0;
}
```

运行结果：

```
file size: 15
name: Tom
```

程序首先尝试打开名为“student.txt”的文件进行读取，假设文件内容为例 17-3 的运行结果。如果文件无法打开，程序将输出错误信息并返回 −1。使用 seekg(0, ios::end) 将文件位置指针移动到文件末尾，然后用 tellg()返回当前位置，即文件的总大小为 15，包含 9 个可见字符和 3 个换行，每个换行占 2 个字符。接着，使用 seekg(−5, ios::end) 从文件末尾向前移动 5 个字符，到达字符“T”的位置。然后，程序读取当前位置的字符串到对象 name，即“Tom”。最后，关闭文件，并输出对象 name 的值。

17.4 字符串流

文件流对象要绑定到指定文件，而字符串流对象需要绑定到标准库的 string 类对象，即以内存中的 string 对象代表流的源或目的。

```
string s;                    //定义 string 对象
stringstream sstream(s);     //定义字符串流对象，并绑定到 string 对象 s
```

接下来，与标准输入/输出流一致，读写字符串流可以使用提取运算符和插入运算符。

前面已经见过以每次一个单词或每次一行的方式处理输入的程序。第一种程序用支持 string 的提取运算符，而第二种则使用 getline 函数。然而，有些程序需要同时使用这两种方式：有些处理基于每行实现，而其他处理则要操纵每行中的每个单词。这里可以使用字符串流对象实现，如例 17-5。

【例 17-5】 用户在控制台输入多行文本，程序统计文本中单词的总数和每行的单词数量。

```
#include <iostream>
#include <sstream> //包含字符串流库
#include <string>
using namespace std;
int main()
{
    //声明两个字符串变量，分别用于存储读取的整行和单个单词
    string line, word;
    int totalWordCount = 0; //用于存储所有行的单词总数量
    //提示用户输入文本
    cout<< "Enter your text (type 'end' to finish):" <<endl;
    //使用循环持续从标准输入读取整行数据，直到用户输入'end'
    while (getline(cin, line) && line != "end") {
```

```
        //将读取的整行文本绑定到字符串流 stream 上
        istringstream stream(line);
        int wordCount = 0;
        while (stream >> word) {
            //计数当前行的单词数量
            wordCount++;
        }
        //将当前行的单词数量加到总单词数量上
        totalWordCount += wordCount;
        //输出当前行的单词数量
        cout<< "Line contains " <<wordCount<< " words." <<endl;
    }
    //输出所有行的单词总数量
    cout<< "Total words in all lines: " <<totalWordCount<<endl;
    return 0;
}
```

运行结果：

```
Enter your text (type 'end' to finish):
I am a student.
Line contains 4 words.
I am 19 years old.
Line contains 5 words.
My name is Tom.
Line contains 4 words.
end
Total words in all lines: 13
```

在 main 函数中，声明了两个 string 类型的变量 line 和 word，分别用于存储从标准输入读取的整行文本和分解后的单词。使用 while 循环持续从标准输入读取整行文本，直到用户输入字符串 "end"。在循环内部，使用 istringstream 对象 stream 将读取的整行文本 line 绑定到字符串流上。然后用另一个 while 循环从 stream 中读取单词，每次成功读取一个单词，就将 wordCount 计数器增加 1。每行分解完成后输出当前行的单词数量，外循环结束时输出所有行的单词数量。

17.5 综合应用

在第 12 章综合应用“图书管理系统”基础上，为 Book 类添加了无参构造函数、重载插入运算符、重载提取运算符，为 Library 类添加文件读写的成员函数，并在其他成员相应位置进行调用。程序退出时，可以保存上次的运行状态，以方便下次启动时可以继续操作。

17.5.1 图书管理系统 V3 分析

【例 17-6】 设计简单的图书管理系统，实现图书添加、显示图书列表、图书排序、图书查找、图书借阅和图书归还功能，通过文件保存数据，并提供系统交互菜单。

系统分析：

(1) 主菜单的实现（同 V2 版本）。主菜单的多次交互需要使用循环，这里选择 do-while

循环结构，方便根据用户输入判断是否继续循环。根据用户的选择，执行相应的操作，如添加图书、显示图书列表、排序图书、借阅图书或归还图书。菜单选择使用 switch-case 分支结构，以支持多路分支。

（2）图书的表示。V2 创建 Book 类表示图书，数据成员包括图书名称、作者、ISBN、价格和状态。成员函数包含构造函数、输出函数、各数据成员的 get 和 set 方法。V3 添加无参构造函数，以便创建对象用于从文件中提取；添加重载的提取运算符和插入运算符，以便对文件进行读写。

（3）系统的表示。V2 创建 Library 类表示图书管理系统。数据成员主要是图书的数组，使用 vector 表示。成员函数包括构造函数、添加图书、显示图书列表、图书排序、借阅图书、归还图书等。V3 添加读文件成员函数和写文件成员函数，并在其他成员函数的合适位置进行调用。程序运行时，如果文件不存在，程序默认添加两本书，并写入文件；否则，直接从文件中读取图书信息。

（4）退出机制和异常处理（同 V2 版本）。用户输入特定数字时退出程序，如数字 0。如果用户输入了无效的选择（即不为 0~5），程序会提示用户重新选择。

17.5.2 图书管理系统 V3 实现

项目包含 5 个文件，如图 17-2 所示。

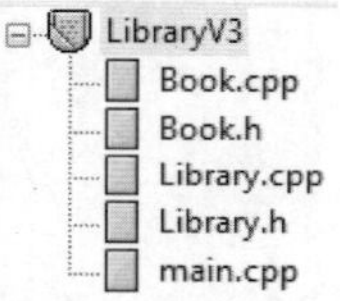

图 17-2 项目结构图

main.cpp（同 V2 版本）：

```
#include <iostream>
#include "Book.h"
#include "Library.h"
using namespace std;
//主函数
int main()
{
    Library library;
    int choice;
    do {
        //显示主菜单
        cout<< "==================================\n";
        cout<< "1. 添加图书信息\n";
        cout<< "2. 显示所有图书列表\n";
        cout<< "3. 图书排序\n";
        cout<< "4. 借阅图书\n";
        cout<< "5. 归还图书\n";
        cout<< "0. 退出系统\n";
        cout<< "==================================\n";
```

```
        cout<< "请选择操作：";
        string isbn;
        cin>> choice;
        switch (choice) {
            case 1: {
                //输入图书信息，创建对象，添加到数组，并显示列表
                cout<< "请依次输入图书名称、作者、ISBN、价格和状态：\n";
                string title, author, isbn;
                double price;
                bool status;
                cin>> title;
                cin>> author;
                cin>>isbn;
                cin>> price;
                cin>> status;
                Book book(title, author, isbn, price, status);
                library.addBook(book);
                library.showBooks();
                break;
            }
            case 2: //显示所有图书列表
                library.showBooks();
                break;
            case 3: //根据 ISBN 对图书进行排序，并显示排序后的列表
                library.sortByISBN();
                library.showBooks();
                break;
            case 4:  //提示用户输入要借阅的图书 ISBN，然后进行借阅
                cout<< "请输入要借图书 ISBN：";
                cin>>isbn;
                library.borrowBook(isbn);
                break;
            case 5: //提示用户输入要归还的图书 ISBN，然后进行归还
                cout<< "请输入要还图书 ISBN：";
                cin>>isbn;
                library.returnBook(isbn);
                break;
            case 0: //如果用户选择退出系统，则输出退出消息并结束程序
                cout<< "系统已退出。" <<endl;
                return 0;
            default: //如果用户输入了无效的选择，则提示用户重新选择
                cout<< "输入有误，请重新选择操作\n";
        }
    } while (choice != 0);  //如果用户没有选择退出系统，则继续循环
    return 0;
}
```

Book.h（添加一个构造函数，两个重载运算符）：

```
#ifndef BOOK_H
#define BOOK_H
```

```
#include <string>
using namespace std;
class Book
{
   public:
      //构造函数
      Book();
      Book(string title, string author, string isbn, double price, bool status);
      void print();              //输出图书信息
      string getISBN();          //返回图书 ISBN
      bool getStatus();          //返回图书状态
      void setStatus(bool s);    //修改图书状态
   public:
      //重载提取运算符，用于从 istream 中读取 Book 对象的数据
      friend istream &operator>>(istream &is, Book &book);
      //重载插入运算符，用于将 Book 对象的数据写入 ostream
      Friend ostream &operator<<(ostream &os, const Book &book);
   private:
      string title;      //图书的标题
      string author;     //图书的作者
      string isbn;       //图书的 ISBN
      double price;      //图书的价格
      bool status;       //图书的状态，true 表示在库中，false 表示已被借出
};
#endif
```

Book.cpp（添加一个构造函数，两个重载运算符）：

```
#include <iostream>
#include <iomanip>
#include "Book.h"
//无参构造函数
Book::Book()
{
}
//构造函数
Book::Book(string title, string author, string isbn, double price, bool status):
   title(title), author(author), isbn(isbn), price(price), status(status)
{
}
//输出图书信息
void Book::print()
{
   cout<<setw(20) << title;
   cout<<setw(10) << author;
   cout<<setw(15) <<isbn;
   cout<<setw(10) << price;
   cout<<setw(5) << status;
   cout<<endl;
}
//返回图书 ISBN
```

```
string Book::getISBN()
{
    return isbn;
}
//返回图书状态
bool Book::getStatus()
{
    return status;
}
//修改图书状态
void Book::setStatus(bool s)
{
    status = s;
}
istream &operator>>(istream &is, Book &book)
{
    is>>book.title>>book.author>>book.isbn>>book.price>>book.status;
    return is;
}
ostream &operator<<(ostream &os, const Book &book)
{
    os<<book.title<< " "
    <<book.author<< " "
    <<book.isbn<< " "
    <<book.price<< " "
    <<book.status<< " ";
    return os;
}
```

Library.h（添加读文件和写文件成员函数）：

```
#ifndef LIBRARY_H
#define LIBRARY_H
#include <vector>
#include "Book.h"
class Library
{
    public:
        Library();
        void addBook(const Book &book);        //添加图书
        void showBooks();                      //显示图书列表
        void sortByISBN();                     //根据 ISBN 进行排序
        //根据 ISBN 查找图书
        bool findBookByISBN(const string isbn, int &index);
        bool borrowBook(const string isbn);  //借阅图书
        bool returnBook(const string isbn);  //归还图书
    private:
        bool loadFromFile();                   //从文件中加载数据
        bool saveToFile();                     //保存数据到文件中
    private:
        vector<Book> books;                    //图书数组
```

```
};
#endif
```

Library.cpp（添加读文件和写文件成员函数）：

```
#include "Library.h"
#include <iostream>
#include <iomanip>
#include <fstream>
using namespace std;
//存储数据的文件名
const string FILE_NAME = "LibraryData.txt";
Library::Library()
{
    if (!loadFromFile()) {
        //默认添加两本图书信息
        Book book1("人工智能通识教程", "王万良", "9787302560470", 49.8, true);
        addBook(book1);
        Book book2("操作系统", "罗宇", "9787121365805", 52, true);
        addBook(book2);
    }
}
void Library::addBook(const Book &book)
{
    books.push_back(book);
    saveToFile();
}
//显示图书列表
void Library::showBooks()
{
    cout<< "全部图书列表:" <<endl;
    //输出标题行
    cout<<setw(20) << "书名";
    cout<<setw(10) << "作者";
    cout<<setw(15) << "ISBN";
    cout<<setw(10) << "价格";
    cout<<setw(5) << "状态";
    cout<<endl;
    for (size_t i = 0; i <books.size(); i++) {
        books[i].print();
    }
}
//根据 ISBN 进行排序
void Library::sortByISBN()
{
    //外层循环控制排序的轮数，这里使用的是冒泡排序算法
    for (size_t pass = 1; pass <books.size(); pass++) {
        //内层循环进行实际的比较和交换操作
        for (size_t i = 0; i <books.size() - pass; i++) {
            //如果当前图书的 ISBN 大于下本书的 ISBN，则交换
            if (books[i].getISBN() > books[i + 1].getISBN()) {
                //交换 books[i]和 books[i+1]
```

```
                Book temp = books[i];
                books[i] = books[i + 1];
                books[i + 1] = temp;
            }
        }
    }
    saveToFile();
}
//根据 ISBN 查找图书
bool Library::findBookByISBN(const string isbn, int &index)
{
    //遍历图书数组，查找匹配的 ISBN
    for (size_t i = 0; i <books.size(); i++) {
        //如果找到了匹配的 ISBN，记录图书下标，并返回 true
        if (books[i].getISBN() == isbn) {
            index = i;
            return true;
        }
    }
    //如果遍历完数组都没有找到匹配的 ISBN，则返回 false
    return false;
}
//借阅图书
bool Library::borrowBook(const string isbn)
{
    //声明一个索引变量
    int index;
    //调用 findBookByISBN 函数查找 ISBN 对应的图书，并记录索引
    if (findBookByISBN(isbn, index)) {
        if (books[index].getStatus()) {        //如果图书在库中
            books[index].setStatus(false);     //借出图书
            cout<< "借阅成功！" <<isbn<<endl;
            saveToFile();
            return true;
        } else { //如果图书已借出
            cout<< "图书已借出。" <<endl;
        }
    } else { //如果图书不存在
        cout<< "图书不存在。" <<endl;
    }
    //返回 false 表示图书已借出或图书不存在
    return false;
}
//归还图书
bool Library::returnBook(const string isbn)
{
    int index;
    //调用 findBookByISBN 函数查找 ISBN 对应的图书，并记录索引
    if (findBookByISBN(isbn, index)) {
        if (!books[index].getStatus()) {       //如果图书已借出
            books[index].setStatus(true);      //归还图书
```

```
            cout<< "归还成功! " <<isbn<<endl;
            saveToFile();
            return true;
        } else {
            cout<< "图书未借出。" <<endl;
        }
    } else { //如果图书不存在
        cout<< "图书不存在。" <<endl;
    }
    //返回 false 表示图书未借出或图书不存在
    return false;
}
bool Library::loadFromFile()
{
    Ifstream infile(FILE_NAME);
    if (!infile.is_open()) {
        cerr<< "***读文件时打开失败: " << FILE_NAME <<endl;
        return false;
    }
    string line;
    while (getline(infile, line)) {
        istringstream stream(line);
        Book book;
        stream>> book;
        books.push_back(book);
    }
    infile.close();
    cout<< "***读文件成功" <<endl;
    return true;
}
bool Library::saveToFile()
{
    ofstream outfile(FILE_NAME);
    if (!outfile.is_open()) {
        cerr<< "***写文件时打开失败: " << FILE_NAME <<endl;
        return false;
    }
    for (const auto &book : books) {
        outfile<< book <<endl;
    }
    outfile.close();
    cout<< "***写文件成功" <<endl;
    return true;
}
```

17.5.3 图书管理系统 V3 运行

首次启动时的运行结果（程序默认添加两本图书，然后手动添加一本图书）：

```
***读文件时打开失败: LibraryData.txt
***写文件成功
```

```
***写文件成功
================================
1. 添加图书信息
2. 显示所有图书列表
3. 图书排序
4. 借阅图书
5. 归还图书
0. 退出系统
================================
请选择操作：2
全部图书列表：
              书名      作者              ISBN      价格  状态
    人工智能通识教程    王万良  9787302560470      49.8     1
            操作系统      罗宇  9787121365805        52     1
================================
1. 添加图书信息
2. 显示所有图书列表
3. 图书排序
4. 借阅图书
5. 归还图书
0. 退出系统
================================
请选择操作：1
请依次输入图书名称、作者、ISBN、价格和状态：
机器学习 周志华 9787302423287 88 1
***写文件成功
全部图书列表：
              书名      作者              ISBN      价格  状态
    人工智能通识教程    王万良  9787302560470      49.8     1
            操作系统      罗宇  9787121365805        52     1
            机器学习    周志华  9787302423287        88     1
================================
1. 添加图书信息
2. 显示所有图书列表
3. 图书排序
4. 借阅图书
5. 归还图书
0. 退出系统
================================
请选择操作：0
系统已退出。
```

退出后，再次启动的运行结果（可以看到上次的结果保留了下来）：

```
***读文件成功
================================
1. 添加图书信息
2. 显示所有图书列表
3. 图书排序
4. 借阅图书
5. 归还图书
```

```
0. 退出系统
==================================
请选择操作：2
全部图书列表：
            书名       作者             ISBN        价格  状态
    人工智能通识教程    王万良  9787302560470     49.8     1
            操作系统      罗宇  9787121365805       52     1
            机器学习    周志华  9787302423287       88     1
==================================
1. 添加图书信息
2. 显示所有图书列表
3. 图书排序
4. 借阅图书
5. 归还图书
0. 退出系统
==================================
请选择操作：0
系统已退出。
```

17.6 小结

17.6.1 思维导图

本章思维导图如图 17-3 所示。

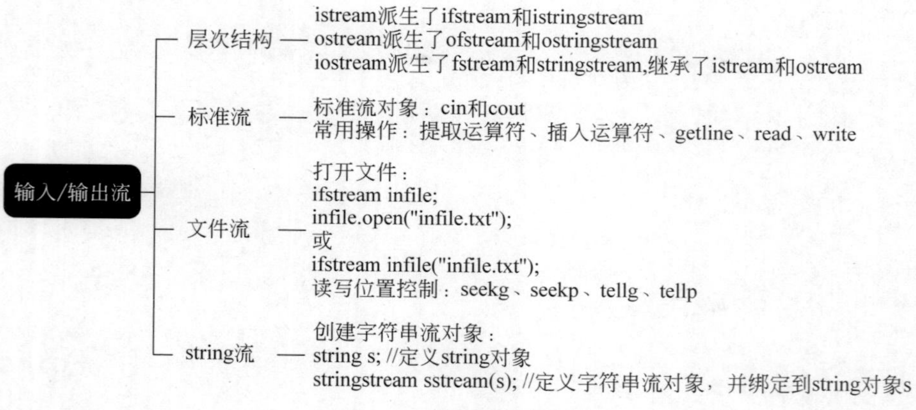

图 17-3　本章思维导图

17.6.2 思维模式

本章涉及的主要思维模式如表 17-3 所示。

表 17-3　本章主要思维模式

模　式	说　明
流	在计算机科学中，流是一种抽象的数据传输模型，它表示一个连续的数据序列，其关键特性是有序性。C++进一步发展了流的概念，通过标准库引入输入/输出流。除了编程语言，流的概念也被广泛应用于网络协议、多媒体处理等多个领域。在这些领域中，流通常用来表示数据的持续流动，如视频流、音频流等

17.6.3　逻辑结构

本章介绍了输入/输出流，以加深读者对标准输入/输出流的理解，并扩展对文件的输入/输出操作。

首先介绍输入/输出流组件的组织结构，主要包括头文件的组织和类的组织。

然后介绍标准输入/输出流的输入和输出操作，并扩展到文件流的操作，重点介绍文件流新增加的打开/关闭文件和读写位置控制。

最后介绍字符串流，演示了字符串流的典型应用，并通过综合应用演示了构造函数、重载运算符、文件操作等知识点的实际使用。

练习

一、单项选择题

1. 在 C++中，若需要设置输入/输出的格式（如设置小数点的精度），应该使用头文件中（　　）的控制符。

A. <ios>　　B. <istream>　　C. <iomanip>　　D. <sstream>

2. 在 C++中，若需要从文件中读取数据，应该使用（　　）。

A. istringstream　　B. ifstream　　C. ostringstream　　D. stringstream

3. 在 C++中，使用 istream 类的（　　）成员函数可以读取非格式化的字符数据。

A. read　　B. getline　　C. get　　D. peek

4. 在文件操作中，表示以追加方式打开文件的标志是（　　）。

A. out　　B. trunk　　C. app　　D. in

5. 在 C++中，若要设置文件流的位置到文件末尾并开始写入，应该使用哪个成员函数，以及应该为该函数选择哪个参数？（　　）

A. seekp(0, ios::beg)　　B. seekp(0, ios::cur)

C. seekp(0, ios::end)　　D. seekg(0, ios::end)

二、填空题

1. 在 C++程序中使用文件流操作需要包含头文件_________。

2. 要创建文件流对象，一种方法是通过文件流的构造函数绑定文件，另一种方法是通过文件流的成员函数__________绑定文件。

3. 文件输入流对象的成员函数________可以设置文件的读位置，文件输出流对象的成员函数________可以设置文件的写位置。

三、程序设计题

1. 编写程序，要求用户输入一个字符串，把字符串内容保存到文件中，并检查文件中是否成功保存字符串。

2. 编写程序，用户从控制台输入一段文本（多行），把文本内容保存到文件 result.txt 中，然后读取文件内容，输出到控制台，对比是否一致。

3. 编写程序，把用户从控制台输入的 6 个科目的成绩保存到文件中，然后从文件中读取成绩，计算并输出平均成绩。

附录 A
常见编译错误分析

在 C++编程中，编译错误、连接错误和运行时错误是三种常见的错误类型，它们分别发生在编译、连接和运行三个不同的阶段，需要不同的解决方法。

编译错误是指代码中违反了 C++语言的语法规则，如缺少分号、括号不匹配、错误的关键字使用等。这类错误通常在编译阶段被编译器发现。需要仔细检查代码，确保遵循 C++的语法规则。使用 IDE 或代码编辑器的语法高亮和错误提示功能可以帮助快速定位语法错误。

连接错误发生在编译阶段之后，当编译器试图将多个编译单元（如多个源文件编译后的目标文件）连接成一个可执行文件时。常见的连接错误包括未定义的引用、多重定义等。这类错误通常在连接阶段被连接器发现。要确保所有在代码中使用的变量和函数都有相应的定义。检查是否有重复定义的情况，或者是否忘记了包含定义这些变量和函数的源文件。

运行时错误是指程序在运行时发生的错误，它们不是在编译或连接时发现的，而是在程序执行过程中由于各种问题（如内存访问越界、除以零、堆栈溢出等）导致的。这类错误通常在程序运行时发生，需要使用调试工具来定位和分析运行时错误。同时，检查代码中的逻辑，确保所有内存访问都是合法的，避免除以零、数组越界等常见问题。

本节介绍编译错误和连接错误的解决思路，并以 GCC 10.3.0 编译器的输出举例分析。

A.1 编译错误

A.1.1 解决思路

解决编译错误的一般策略是“一次解决一个错误”，即每次专注于解决编译器报告的第一个错误，然后重新进行编译。这个过程需要不断重复，直到编译器不再报告任何错误。

编译错误提示消息是格式化信息，典型的错误提示消息如下。

```
main.cpp: In function 'int main()':
main.cpp:5:29: error: 'endl' was not declared in this scope
```

其中包含的信息可以分为三类，如表 A-1 所示。

表 A-1　编译错误提示消息中包含的信息

信息名称	说　明	示　例
错误位置	用于确定错误发生的位置或范围，包含文件名、函数名、行号和列号	'int main()' main.cpp:5:29
错误类型	分为 error（错误）、warning（警告）等，后面的讨论主要针对错误	error
错误描述	对错误的具体描述，用来作为推断错误原因的线索	'end1' was not declared in this scope

基于以上信息，解决编译错误的一般流程如下。

第一步，选择错误。从编译器提供的错误列表中，选择第一个类型为“error”的错误，作为要解决的目标错误。

第二步，定位错误。根据该错误的位置信息，快速定位发生错误的位置，重点关注该位置前后的语句，作为解决错误的上下文信息。

第三步，分析错误。结合错误的上下文信息，应用已经掌握的 C++语言知识，分析错误描述的含义，推断可能导致错误的原因。

第四步，修改错误。依据推断修改源代码，重新编译，查看是否还有错误。如果编译后仍有错误，重复上述步骤，直到所有错误都被解决。

下面对学生在实验和练习中出现频率较高的错误进行实例分析。

A.1.2　实例分析

1. 'XXX' was not declared in this scope

其中，XXX 表示标识符名称。错误描述的含义为：名称为 XXX 的标识符在当前作用域中未声明。错误原因可能是拼写错误、缺少头文件、变量未声明等，需要结合上下文信息进行判断。

表 A-2　相似模式表

相 似 模 式	说　明
'XXX' was not declared in this scope; did you mean 'YYY'?	XXX、YYY 为标识符
'XXX' has not been declared	XXX 为标识符

表 A-2 中的错误描述虽然含义相似，但导致错误的原因往往不同，需要结合上下文信息判断。表 A-3~表 A-6 列举了 4 种情况。

表 A-3　拼写错误

<table>
<tr><td>错误信息</td><td>main.cpp:5:29: error: 'end1' was not declared in this scope</td></tr>
<tr><td>源代码</td><td><pre>main.cpp ×
1 #include <iostream>
2 using namespace std;
3 int main()
4 {
5   cout << "Hello, World!" << end1; // 输出字符串并换行
6   return 0;
7 }</pre></td></tr>
<tr><td>错误原因</td><td>（根据行列信息定位的）光标处的标识符'end1'拼写错误</td></tr>
<tr><td>解决方案</td><td>end1 修改为 endl，即数字 1 修改为字母 l（L 的小写字母）</td></tr>
</table>

表 A-4　缺少头文件

<table>
<tr><td>错误描述</td><td>main.cpp:5:2: error: 'cout' was not declared in this scope</td></tr>
<tr><td>源代码</td><td>

```
main.cpp ×
1 #include <cmath>
2 using namespace std;
3 int main()
4 {
5     cout << "Hello, World!" << endl; // 输出字符串并换行
6     return 0;
7 }
```

</td></tr>
<tr><td>错误原因</td><td>光标处的标识符'cout'未声明，原因是未包含该标识符所在的头文件</td></tr>
<tr><td>解决方案</td><td>添加包含头文件：#include <iostream></td></tr>
</table>

表 A-5　变量未声明

<table>
<tr><td>错误描述</td><td>main.cpp:5:16: error: 'n' was not declared in this scope</td></tr>
<tr><td>源代码</td><td>

```
main.cpp ×
1 #include<iostream>
2 using namespace std;
3 int main()
4 {
5     while (cin >> n)
6     {
7         cout<<n<<endl;
8     }
9     return 0;
10 }
```

</td></tr>
<tr><td>错误原因</td><td>光标处的变量 n 在使用前未定义</td></tr>
<tr><td>解决方案</td><td>在第 5 行之前添加变量 n 的定义：int n;</td></tr>
</table>

表 A-6　超出变量的作用域

<table>
<tr><td>错误描述</td><td>main.cpp:12:14: error: 'i' was not declared in this scope</td></tr>
<tr><td>源代码</td><td>

```
main.cpp ×
1 #include<iostream>
2 #include<cmath>
3 using namespace std;
4 int main()
5 {
6     long m;
7     cin >> m;
8     double sqrtm = sqrt(m);
9     for (int i = 2; i <= sqrtm; i++)
10        if (m % i == 0)
11            break;
12    if (sqrtm < i)
13        cout << "It is prime.\n";
14    else
15        cout << "It isn't prime.\n";
16 }
```

</td></tr>
<tr><td>错误原因</td><td>变量 i 在第 9 行的 for 语句内定义，作用域在 for 语句之内。第 12 行不在 for 之内，已超出 i 的作用域</td></tr>
<tr><td>解决方案</td><td>将变量 i 定义在 for 语句之前，如：

```
int i;
for (i = 2; i <= sqrtm; i++)
```

</td></tr>
</table>

2. extended character X is not valid in an identifier

其中，X 表示一个非法字符。错误描述的含义为：扩展字符 X（出现在一个标识符中）是无效的。错误原因是 X 不属于字符集中的字符，是非法字符。往往是由于输入了中文字符引起的，如中文空格、中文标点等，需要用对应的英文字符替换。

表 A-7 非法字符

<table>
<tr><td>错误描述</td><td>main.cpp:6:19: error: extended character ’ is not valid in an identifier</td></tr>
<tr><td>源代码</td><td><pre>main.cpp
1 #include<iostream>
2 #include<iomanip>
3 using namespace std;
4 int main()
5 {
6   cout<< setfill(’ *’) << setw(4) << 21 << endl;
7   return 0;
8 }</pre></td></tr>
<tr><td>错误原因</td><td>单引号（’）为中文字符，不属于 C++的字符集</td></tr>
<tr><td>解决方案</td><td>将中文单引号修改为英文单引号（'）</td></tr>
</table>

3. \U

错误描述中出现“\U+8 位十六进制数字”的模式，如\U0000ff5d、\U0000ff1b、\U0000ff1f，分别代表中文右花括号、中文分号、中文问号，表示是非法字符错误。8 位数字代表该字符的 Unicode 编码。需要用对应的英文字符替换。

表 A-8 Unicode 表示的非法字符

<table>
<tr><td>错误描述</td><td>main.cpp:7:1: error: '\U0000ff5d' was not declared in this scope</td></tr>
<tr><td>源代码</td><td><pre>main.cpp
1 #include <iostream>
2 using namespace std;
3 int main()
4 {
5   cout << "Hello, World!" << endl; //输出字符串并换行
6   return 0;
7 ｝</pre></td></tr>
<tr><td>错误原因</td><td>右花括号（｝）为中文字符，不属于 C++的字符集</td></tr>
<tr><td>解决方案</td><td>将中文右花括号修改为英文右花括号（}）</td></tr>
</table>

4. X: No such file or directory

其中，X 表示一个文件名。错误描述的含义为：不存在 X 这个文件或目录。错误原因主要是包含的头文件名拼写错误。需要更正头文件名。

表 A-9 头文件名拼写错误

<table>
<tr><td>错误描述</td><td>main.cpp:1:10: fatal error: iostream.h: No such file or directory</td></tr>
<tr><td>源代码</td><td><pre>main.cpp
1 #include <iostream.h>
2 using namespace std;
3 int main()
4 {
5   cout << "Hello, World!" << endl; //输出字符串并换行
6   return 0;
7 }</pre></td></tr>
<tr><td>错误原因</td><td>头文件名拼写错误</td></tr>
<tr><td>解决方案</td><td>删除.h，修改为<iostream></td></tr>
</table>

5. expected 'X' before 'Y'

其中，X 代表分隔符，Y 代表标识符。错误描述的含义为：在标识符 Y 前应有 X 符号。理论上，错误原因是在指定位置（Y 之前）缺少符号 X，添加 X 即可。实际上，有很多其他的错误会间接引起该错误，需要结合上下文信息进行判断。

表 A-10　相似模式表

相 似 模 式	说　明
expected 'X' before 'Y' token	X 和 Y 均代表分隔符

表 A-11　标识符前缺失分号

错误描述	main.cpp:10:38: error: expected ';' before 'return'
源代码	main.cpp × 1 #include <iostream> 2 using namespace std; 3 const int PEP = 30; 4 int main() 5 { 6 　　int iApp, a; 7 　　cout << "请输入苹果数："; 8 　　cin >> iApp; 9 　　a = iApp / PEP; 10 　　cout << "每人可分" << a << "个" 11 　　return 0; 12 }
错误原因	第 9 行语句缺失分号
解决方案	第 9 行末尾添加分号

表 A-12　标识符前缺失运算符

错误描述	main.cpp:8:13: error: expected ';' before 'PI'
源代码	main.cpp × 1 #include<iostream> 2 using namespace std; 3 const double PI = 3.14; 4 int main() 5 { 6 　　int a, b, v; 7 　　cin >> a >> b; 8 　　v = (a * a)PI * b ; 9 　　cout << "圆柱体的体积= " << v << endl; 10 }
错误原因	第 8 行标识符 PI 之前缺失乘法运算符
解决方案	第 8 行 PI 之前添加乘法运算符*

表 A-13　标识符命名错误

错误描述	main.cpp:9:6: error: expected ';' before 'of'
源代码	main.cpp × 1 #include<iostream> 2 using namespace std; 3 const double PI = 3.14; 4 int main() 5 { 6 　　double radius, area; 7 　　cout << "enter the radius:"; 8 　　cin >> radius; 9 　　area of circle = (PI * radius * radius); 10 　　return 0; 11 }
错误原因	第 9 行的标识符 area 之后有多余的空格和名字
解决方案	第 9 行"area of circle"修改为"area"，即删除多余字符

表 A-14 分隔符前缺失分号

错误描述	main.cpp:6:10: error: expected ';' before '}' token

源代码

```cpp
main.cpp ×
1 #include <iostream>
2 using namespace std;
3 int main()
4 {
5     cout << "Hello, World!" << endl; //输出字符串并换行
6     return 0
7 }
```

错误原因	第 6 行语句缺失分号
解决方案	第 6 行末尾添加分号

表 A-15 for 关键字拼写错误

错误描述	main.cpp:7:22: error: expected ')' before ';' token

源代码

```cpp
main.cpp ×
1  #include <iostream>
2  using namespace std;
3  int main()
4  {
5      int a[5];
6      //从控制台依次输入5个整数
7      if (int i = 0; i < 5; i++) {
8          cin >> a[i];
9      }
10     //把数组的元素逆序输出
11     for (int i = 4; i >= 0; i--) {
12         cout << a[i] << " ";
13     }
14     return 0;
15 }
```

错误原因	第 7 行 for 关键字拼写错误
解决方案	第 7 行 if 修改为 for

表 A-16 函数参数用分号分隔

错误描述	main.cpp:3:17: error: expected ')' before ';' token

源代码

```cpp
main.cpp ×
1  #include <iostream>
2  using namespace std;
3  void swap1(int x; int y)
4  {
5      int temp;
6      temp = x;
7      x = y;
8      y = temp;
9      cout << "In swap1: x=" << x << " y=" << y << endl;
10 }
11 int main( )
12 {
13     int a = 10, b = 20;
14     cout << "In main: a=" << a << " b=" << b << endl;
15     swap1(a, b);          //直接调用
16     return 0;
17 }
```

错误原因	第 3 行函数参数应该用逗号分隔，而不是分号
解决方案	第 3 行的分号修改为逗号

6. expected primary-expression before 'X'

其中，X 代表标识符。错误描述的含义为：在标识符 X 前应有主表达式。错误原因是 X 之前的表达式不正确，需要补充或删除内容。

表 A-17 相似模式表

相 似 模 式	说 明
expected primary-expression before 'X' token	X 代表运算符或分隔符

表 A-18 调用函数时添加了多余的参数类型

错误描述	main.cpp:15:8: error: expected primary-expression before 'int'

源代码

```
main.cpp ×
1  #include <iostream>
2  using namespace std;
3  void swap1(int x, int y)
4  {
5      int temp;
6      temp = x;
7      x = y;
8      y = temp;
9      cout << "In swap1: x=" << x << " y=" << y << endl;
10 }
11 int main( )
12 {
13     int a = 10, b = 20;
14     cout << "In main: a=" << a << " b=" << b << endl;
15     swap1(int a, int b);          //直接调用
16     return 0;
17 }
```

错误原因	调用函数时，添加了多余的参数类型
解决方案	删除实参 a 和 b 之前的类型 int

表 A-19 操作符前缺失标识符

错误描述	main.cpp:9:2: error: expected primary-expression before '<<' token

源代码

```
main.cpp ×
1  #include <iostream>
2  #include <cmath>
3  using namespace std;
4  int main()
5  {
6      /********** Begin **********/
7      int x, y;
8      cin >> x >> y;
9      << pow(x, y) << endl;
10     /**********  End  **********/
11     return 0;
12 }
```

错误原因	第 9 行第一个<<之前缺失标识符
解决方案	第 9 行的开头添加 cout

表 A-20　初始化表达式缺少操作数

错误描述	main.cpp:7:13: error: expected primary-expression before ';' token

源代码：

```
main.cpp ×
1  #include <iostream>
2  #include <cmath>
3  using namespace std;
4  int main()
5  {
6      /********** Begin **********/
7      int x, y = ;
8      cin >> x >> y;
9      cout << pow(x, y) << endl;
10     /**********  End  **********/
11     return 0;
12 }
```

错误原因	第 7 行分号前的表达式不完整
解决方案	第 7 行的赋值运算符删除，或者在分号前添加一个数字作为初始值

7. expected unqualified-id before 'X'

其中，X 代表标识符。错误描述的含义为：在标识符 X 前应有未限定标识符，未限定标识符指的是没有使用命名空间限定符或类作用域运算符（::）的标识符。理论上，错误原因是 X 之前缺失未限定标识符，实际上，需要结合上下文判断。

表 A-21　相似模式表

相 似 模 式	说　明
expected unqualified-id before 'X' token	X 代表运算符或分隔符

表 A-22　左右花括号不匹配

错误描述	main.cpp:7:2: error: expected unqualified-id before 'return'

源代码：

```
main.cpp ×
1  #include <iostream>
2  using namespace std;
3  int main()
4  {
5      cout << "Hello, World!" << endl; //输出字符串并换行
6  }
7      return 0;
8  }
```

错误原因	左右花括号不匹配
解决方案	删除第 6 行多余的右花括号

表 A-23　函数头与函数体被分号隔断

错误描述	main.cpp:4:1: error: expected unqualified-id before '{' token

源代码

```
main.cpp ×
1  #include <iostream>
2  using namespace std;
3  void swap1(int x, int y);
4  {
5      int temp;
6      temp = x;
7      x = y;
8      y = temp;
9      cout << "In swap1: x=" << x << " y=" << y << endl;
10 }
11 int main( )
12 {
13     int a = 10, b = 20;
14     cout << "In main: a=" << a << " b=" << b << endl;
15     swap1(a, b);        //直接调用
16     return 0;
17 }
```

错误原因	函数头与函数体之间存在多余的分号
解决方案	删除第 3 行多余的分号

8. a function-definition is not allowed here before '{' token

错误描述的含义为：在{符号前不允许有函数定义。错误原因是函数之间是并列关系，不能存在嵌套定义。需要把函数的嵌套定义修改为并列定义。

表 A-24　函数不能嵌套定义

错误描述	main.cpp:12:1: error: a function-definition is not allowed here before '{' token

源代码

```
main.cpp ×
1  #include <iostream>
2  using namespace std;
3  void swap1(int x, int y)
4  {
5      int temp;
6      temp = x;
7      x = y;
8      y = temp;
9      cout << "In swap1: x=" << x << " y=" << y << endl;
10
11 int main()
12 {
13     int a = 10, b = 20;
14     cout << "In main: a=" << a << " b=" << b << endl;
15     swap1(a, b);        //直接调用
16     return 0;
17 }
18 }
```

错误原因	main 函数的定义放在了 swap1 函数之内，形成了嵌套定义
解决方案	将第 18 行的花括号移到第 10 行

9. redefinition of 'X'

其中，X 为函数、变量或类。错误描述的含义为：函数、变量或类被重复定义。错误原因是函数、变量或类不能重复定义。需要删除其中一个定义。

表 A-25　函数重复定义

错误描述	main.cpp:12:5: error: redefinition of 'int main()'

源代码

```
main.cpp
1  #include <iostream>
2  using namespace std;
3  int main()
4  {
5      int x = 10, y = 20;
6      int temp;
7      temp = x;
8      x = y;
9      y = temp;
10     cout << "In swap1: x=" << x << " y=" << y << endl;
11 }
12 int main()
13 {
14     int a = 10, b = 20;
15     cout << "In main: a=" << a << " b=" << b << endl;
16     return 0;
17 }
```

错误原因	main 函数重复定义
解决方案	删除一个 main 函数

表 A-26　变量重复定义

错误描述	main.cpp:7:6: error: redeclaration of 'int a'

源代码

```
main.cpp
1  #include <iostream>
2  using namespace std;
3  int main()
4  {
5      int a = 10, b = 20;
6      cout << "In main: a=" << a << " b=" << b << endl;
7      int a = 20;
8      return 0;
9  }
```

错误原因	变量 a 重复定义
解决方案	将第 7 行的变量 a 改名

表 A-27　类重复定义

错误描述	main.cpp:16:7: error: redefinition of 'class Point'

源代码

```
main.cpp
1  #include<iostream>
2  #include<cmath>
3  using namespace std;
4  class Point
5  {
6      public:
7          void Set(double ix, double iy)
8          {
9              x = ix;
10             y = iy;
11         }
12     protected:
13         double x;
14         double y;
15 };
16 class Point
17 {
18     public:
19         void Set(double ix, double iy)
20         {
21             a = atan2(iy, ix);
22             r = sqrt(ix * ix + iy * iy);
```

续表

错误原因	类 Point 定义重复
解决方案	将第 16 行的 Point 类改名

A.2 连接错误

A.2.1 解决思路

常见的连接错误是“未定义的标识符引用”，标识符包括变量名和函数名。这通常意味着连接器在尝试构建最终的可执行文件时，找不到某些变量或函数的定义。解决思路包括添加标识符的定义、检查标识符是否拼写正确、检查是否添加连接对应的外部库等。

连接错误提示消息也是格式化信息，典型的错误提示消息如下。

```
main.cpp:(.rdata$.refptr.n[.refptr.n]+0x0): undefined reference to 'n'
collect2.exe    [Error] ld returned 1 exit status
```

其中包含的信息可以分为三类，如表 A-28 所示。

表 A-28 连接错误提示消息中包含的信息

信息名称	说　明	示　例
错误位置	用于确定错误发生的源文件	main.cpp
错误类型	collect2.exe 表示连接错误	collect2.exe [Error] ld returned 1 exit status
错误描述	对错误的具体描述，用来作为推断错误原因的线索	undefined reference to 'n'

基于以上信息，解决连接错误的一般流程如下。

第一步，选择错误。从编译器提供的错误列表中，选择第一个类型为“error”的错误，作为要解决的目标错误。

第二步，定位错误。根据该错误的位置信息，快速定位发生错误的文件。

第三步，分析错误。针对给定的标识符，结合未定义标识符的引用信息，分析需要采用以下哪种方法：添加标识符的定义、检查标识符是否拼写正确、检查是否添加连接对应的外部库等。

第四步，修改错误。依据推断修改源代码，重新编译，查看是否还有错误。如果编译后仍有错误，重复上述步骤，直到所有错误都被解决。

下面对学生在实验和练习中出现频率较高的错误进行实例分析。

A.2.2 实例分析

undefined reference to 'XXX'

其中，XXX 表示标识符名称。错误描述的含义为：未定义的标识符引用，即引用了未定义的标识符。解决这个错误，可采用的方法包括添加标识符的定义、检查标识符是否拼写正确、检查是否添加连接对应的外部库等，如表 A-29 和表 A-30 所示。

表 A-29　未定义变量

<table>
<tr><td>错误信息</td><td>main.cpp:(.rdata$.refptr.n[.refptr.n]+0x0): undefined reference to 'n'</td></tr>
<tr><td>源代码</td><td>

```cpp
// main.cpp
#include <iostream>
using namespace std;
extern int n;
int main()
{
    cout << n << endl;
    return 0;
}
```

</td></tr>
<tr><td>错误原因</td><td>变量 n 未定义，在该文件中只有变量 n 的声明，extern 表示变量 n 的定义不在当前文件，而在另一个文件中</td></tr>
<tr><td>解决方案</td><td>在另一个文件中添加变量 n 的定义。或者删除关键字 extern，即在当前文件中定义变量 n，而不是声明为外部变量</td></tr>
</table>

表 A-30　未定义函数

<table>
<tr><td>错误描述</td><td>main.cpp:6: undefined reference to 'fun1()'</td></tr>
<tr><td>源代码</td><td>

```cpp
// main.cpp
#include <iostream>
using namespace std;
void fun1();
int main()
{
    fun1();
    return 0;
}
```

</td></tr>
<tr><td>错误原因</td><td>函数 fun1 只有声明，未定义</td></tr>
<tr><td>解决方案</td><td>在本文件或项目的其他文件中添加函数 fun1 的定义</td></tr>
</table>

附录 B Dev-C++程序调试

在编程的过程中，编译器的检查是筛选编译错误的第一道防线，它帮助我们识别代码中的语法问题，并提示错误信息。然而，即使代码顺利通过编译，也可能存在逻辑错误或运行时错误，这些问题会导致程序的输出与预期不符。此时，如果进行静态的逐行人工检查，往往很难发现问题。面对这种情况，就需要依靠编程中的一项核心技能——调试。

调试允许程序以逐行的方式执行，从而可以动态跟踪代码的执行路径，并实时监控变量值的变动。这种逐步执行的能力为我们提供了深入洞察程序行为的机会，使我们能够精确地识别和诊断逻辑错误。通过细致的调试过程，可以检查代码的每一步是否按照预期运行，从而确定错误位置。

接下来，以开发环境 Dev-C++ v6.7.5 为例，介绍 C++程序的调试。

B.1 调试准备

B.1.1 设置编译选项

在菜单中选择“工具”→“编译选项”，打开“编译器选项”，如图 B-1 所示。

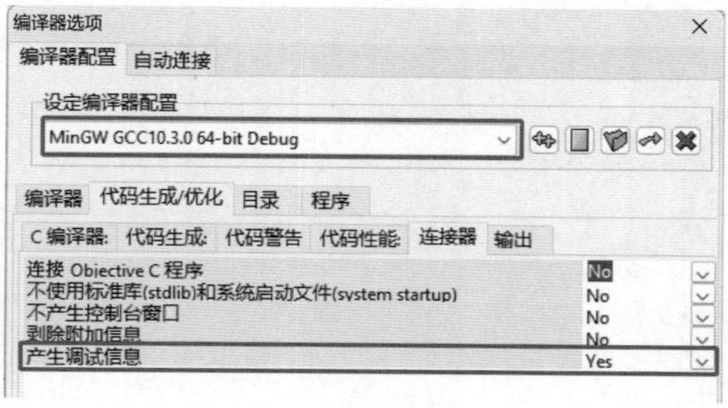

图 B-1 编译器选项

在“设定编译器配置”下拉列表中选择以“Debug”结尾的项，然后选择“代码生成/优化”选项卡中的“连接器”，将“产生调试信息”开关设置为 Yes。

B.1.2 选择 Debug 模式

在工具栏的编译选项下拉列表中，选择 Debug 模式，如图 B-2 所示。

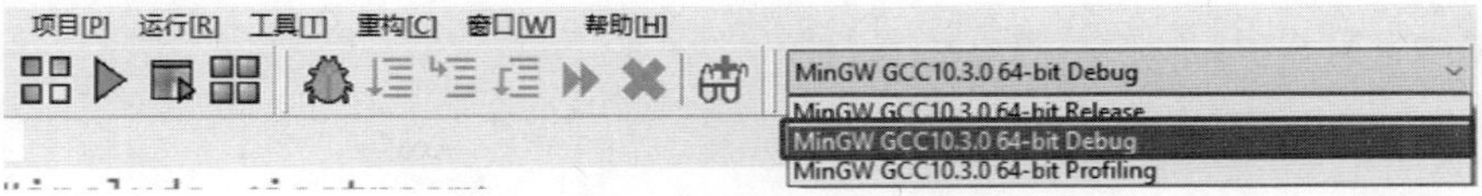

图 B-2　选择 Debug 模式

B.2　调试过程

B.2.1　设置断点

断点是调试过程中的一个重要工具，它允许将程序的执行在特定位置暂停，以便检查变量的值和程序的执行流程。

在 Dev-C++中，设置断点是一个直观的操作：只需在代码编辑窗口中单击希望程序暂停的那一行代码的行号。一旦断点设置成功，该行代码的行号左侧会显示一个红色的圆圈，清晰地标示出断点的位置，如图 B-3 中的第 8 行。

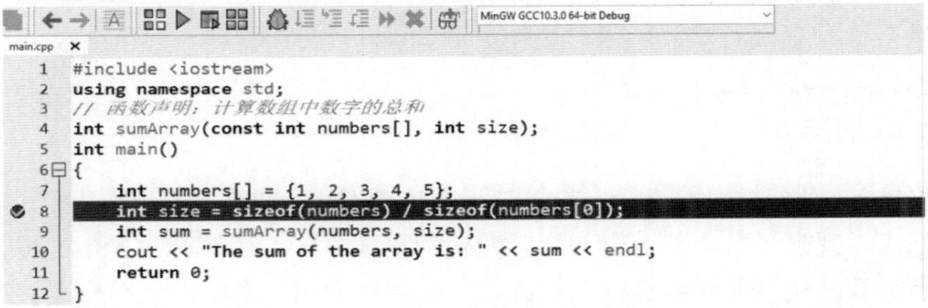

图 B-3　设置断点

B.2.2　启动调试

一旦断点设置完成，便可以启动调试过程。通过单击菜单栏中的“运行”选项，然后选择“调试”，或者单击工具栏的“调试”按钮，或者直接使用快捷键 F5，程序将开始以调试方式运行，并在遇到第一个断点时自动暂停，如图 B-4 所示。图中第 8 行和第 18 行分别设置了断点，蓝色箭头指向当前行（第 8 行），即接下来将要执行的行。窗口左侧自动打开了“监视”子窗口，窗口底部打开了“调试”子窗口，其中又包含主控台、调用栈、断点、局部变量。在这个暂停点，我们能够利用调试窗口中提供的控件来精细地管理程序的执行流程，并实时查看变量的当前值。

B.2.3　单步执行

成功启动调试后，工具栏上“调试”按钮右边的 6 个针对调试操作的按钮 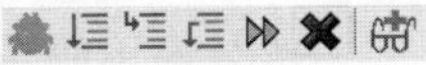 变成可用状态，它们为调试工作提供了极大的便利。以下是这些调试按钮的功能简述。

- 单步执行：执行当前行代码，若当前行为函数调用，则执行该函数但不进入其内部。这个按钮允许我们快速跳过函数的内部执行，直接查看函数调用的结果。快捷键为 F7。

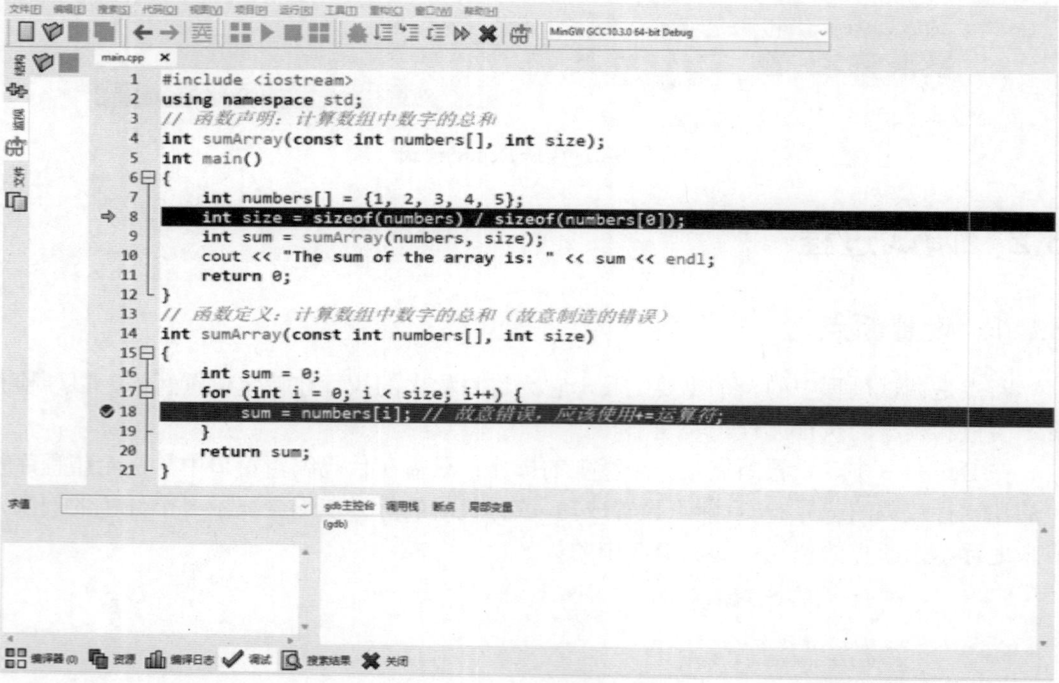

图 B-4 启动调试

- 单步进入：执行当前行代码，若当前行为函数调用，则深入该函数内部，逐行执行。这是深入观察函数内部逻辑和变量变化的极佳方式。快捷键为 F8。
- 跳出函数：从当前函数执行至结束，并返回到调用该函数的代码位置。这个功能允许我们从当前函数的执行中跳出，回到上一层调用位置。快捷键为 Ctrl + F8。
- 继续：从当前断点继续执行程序，直到遇到下一个断点或程序运行结束。快捷键为 F4。
- 停止执行：终止当前的调试会话，返回到代码编辑界面。快捷键为 F6。
- 添加监视：允许我们监控特定变量的值，并实时观察这些值的变化。在调试过程中，可以将多个关键变量添加到监视列表中，以便随时跟踪它们的值。

这些按钮使得调试过程更加直观和高效，让我们能够精确控制程序的执行流程，并深入分析程序的行为，从而快速定位和解决代码中的问题。

B.2.4 查看变量

在调试过程中，实时查看变量的值对于理解程序行为和定位问题至关重要。Dev-C++提供了多种便捷的方式来查看变量的值。

光标悬停查看变量：在调试时，只需将光标悬停在代码中的变量上，该变量的当前值便会在提示框中显示出来。这种方法直观且易于操作，使得查看变量值变得轻而易举。

监视列表查看变量：通过单击调试窗口中的“添加监视”按钮，输入想要监视的变量名称，并确认添加。该变量随后会显示在监视列表中，允许我们随时监控其值的变化，这对于跟踪变量状态和调试复杂逻辑非常有帮助，如图 B-5 左侧所示。

“局部变量”窗口：此窗口展示了当前函数内所有局部变量的实时值，便于开发者快速查看和监控这些变量的状态，如图 B-5 底部所示。

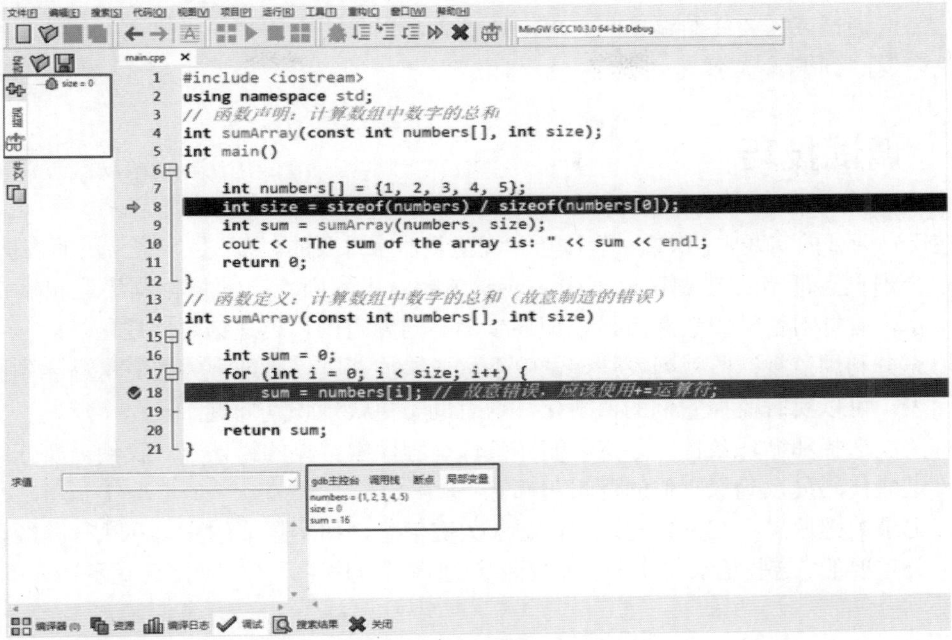

图 B-5　第 8 行未执行时的变量值

基于图 B-5 的情境，当单击“单步执行”按钮后，程序的执行情况更新，如图 B-6 所示。通过观察可以发现，执行这一行代码后，变量 size 的值由 0 更新为 5，表明数组的长度已被正确计算。同时，代表“当前行”的箭头也相应地下移至下一行代码，显示出程序执行的连续性和进度。这一变化显示了程序的执行流程和变量值的动态变化。

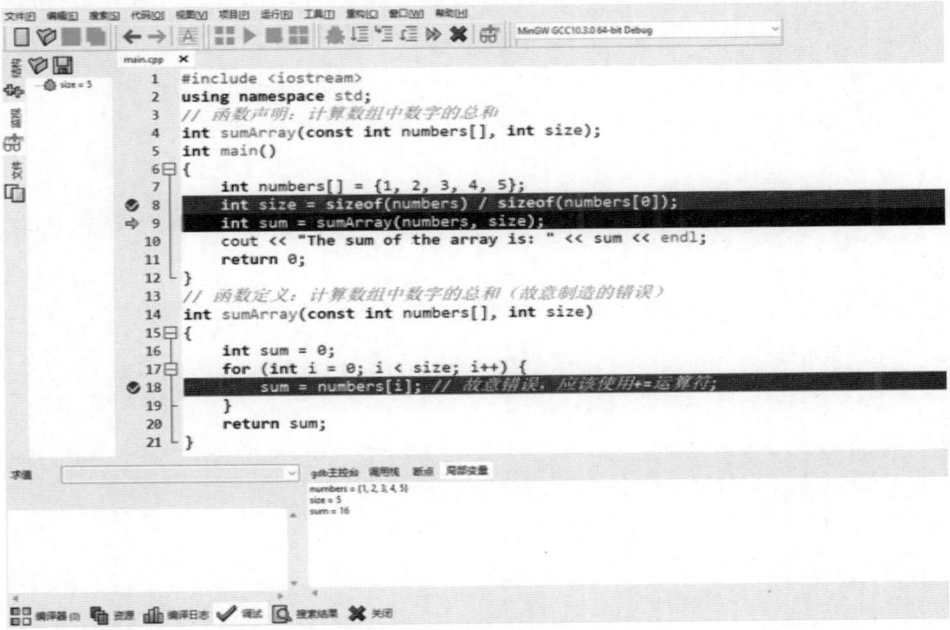

图 B-6　第 8 行执行之后的变量值

B.2.5 结束调试

当完成调试或需要终结调试时，可以通过单击工具栏中的“停止执行”按钮来终止调试会话，返回到编辑状态。

B.3 调试技巧

在代码调试的实践中，积累一些技巧和经验是非常重要的。以下是一些常用的调试技巧。

- 合理设置断点：在调试过程中，应避免随意设置断点。应依据程序逻辑和错误提示，有针对性地设置断点，以便逐步缩小问题范围，迅速锁定问题区域。
- 充分利用监视：监视列表是调试中不可或缺的工具。通过将关键变量添加到监视列表，可以实时监控它们的值变化，这有助于更快地识别问题。
- 关注选择和循环条件：分支和循环条件是程序中常见的错误点。我们需要仔细审查这些代码段，确保它们的逻辑正确。
- 记录关键信息：在调试过程中，记录关键信息，如变量值的变化和执行路径，是至关重要的。这些记录将帮助我们更深入地理解程序的运行机制，并揭示错误的原因。

参考文献

[1] cplusplus.com. Standard C++ Library reference[EB/OL]. [2024-12-06]. https://cplusplus.com/reference/.

[2] 杨卫明，李晓虹. C++程序设计案例教程（线上线下混合版）[M]. 北京：清华大学出版社，2023.

[3] 谭浩强. C++程序设计[M].4 版. 北京：清华大学出版社，2021.

[4] 钱能. C++程序设计教程通用版[M]. 3 版. 北京：清华大学出版社，2019.

[5] 董鑫正，单缅，傅晓阳. C++教学中的知识点逻辑关系探讨[J]. 计算机教育, 2016，(9): 163-166.

[6] Stanley B L，Josée L，Barbara E M. C++ Primer[M]. 王刚，杨巨峰，译. 5 版. 北京：电子工业出版社，2013.

图书资源支持

感谢您一直以来对清华版图书的支持和爱护。为了配合本书的使用，本书提供配套的资源，有需求的读者请扫描下方的“书圈”微信公众号二维码，在图书专区下载，也可以拨打电话或发送电子邮件咨询。

如果您在使用本书的过程中遇到了什么问题，或者有相关图书出版计划，也请您发邮件告诉我们，以便我们更好地为您服务。

我们的联系方式：

清华大学出版社计算机与信息分社网站：https://www.shuimushuhui.com/

地　　址：北京市海淀区双清路学研大厦 A 座 714

邮　　编：100084

电　　话：010-83470236　010-83470237

客服邮箱：2301891038@qq.com

QQ：2301891038（请写明您的单位和姓名）

资源下载：关注公众号“书圈”下载配套资源。

资源下载、样书申请

书圈

图书案例

清华计算机学堂

观看课程直播